수학 좀 한다면

최상위 초등수학 1-1

펴낸날 [초판 1쇄] 2023년 10월 1일 [초판 2쇄] 2024년 1월 29일
펴낸이 이기열
펴낸곳 (주)디딤돌 교육
주소 (03972) 서울특별시 마포구 월드컵북로 122 청원선와이즈타워
대표전화 02-3142-9000
구입문의 02-322-8451
내용문의 02-323-9166
팩시밀리 02-338-3231
홈페이지 www.didimdol.co.kr
등록번호 제10-718호
구입한 후에는 철회되지 않으며 잘못 인쇄된 책은 바꾸어 드립니다.

최상위 수학 1·1 학습 스케줄표

짧은 기간에 집중력 있게 한 학기 과정을 학습할 수 있도록 설계하였습니다.
방학 때 미리 공부하고 싶다면 8주 완성 과정을 이용하세요.

공부한 날짜를 쓰고 하루 분량 학습을 마친 후, 부모님께 확인 check☑를 받으세요.

주					
1주	월 일	월 일	월 일	월 일	월 일
	1. 9까지의 수				
	10~13쪽 ☐	14~17쪽 ☐	18~20쪽 ☐	21~22쪽 ☐	23~24쪽 ☐
2주	월 일	월 일	월 일	월 일	월 일
	1. 9까지의 수			2. 여러 가지 모양	
	25~26쪽 ☐	27~28쪽 ☐	29쪽 ☐	34~35쪽 ☐	36~37쪽 ☐
3주	월 일	월 일	월 일	월 일	월 일
	2. 여러 가지 모양				
	38~40쪽 ☐	41~42쪽 ☐	43~44쪽 ☐	45~46쪽 ☐	47~48쪽 ☐
4주	월 일	월 일	월 일	월 일	월 일
	2. 여러 가지 모양	3. 덧셈과 뺄셈			
	49쪽 ☐	54~57쪽 ☐	58~61쪽 ☐	62~64쪽 ☐	65~67쪽 ☐

공부를 잘 하는 학생들의 좋은 습관 8가지

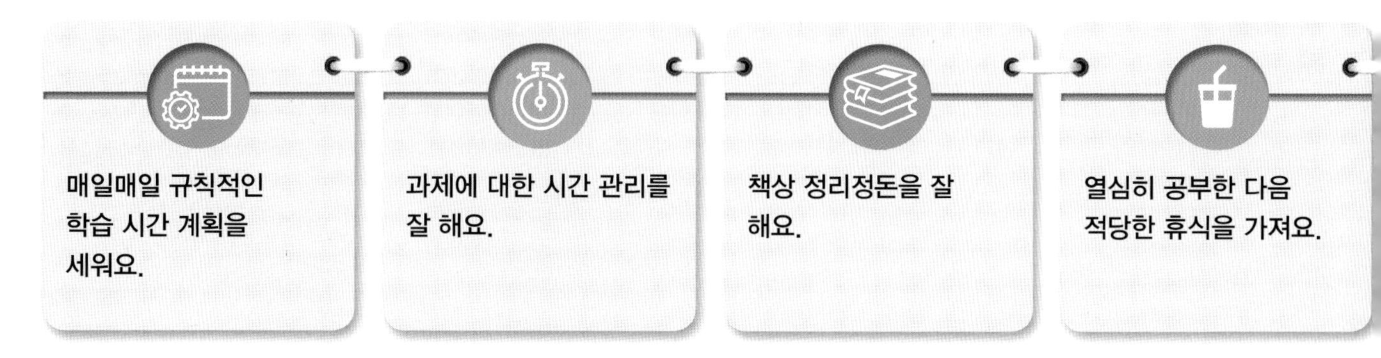

자르는 선 ✂

7주	월 일	월 일	월 일	월 일	월 일
	3. 덧셈과 뺄셈				
	66~67쪽 ☐	68~69쪽 ☐	70~71쪽 ☐	72쪽 ☐	73쪽 ☐

8주	월 일	월 일	월 일	월 일	월 일
	3. 덧셈과 뺄셈	**4. 비교하기**			
	74쪽 ☐	78~79쪽 ☐	80~81쪽 ☐	82~83쪽 ☐	84~85쪽 ☐

9주	월 일	월 일	월 일	월 일	월 일
	4. 비교하기				
	86쪽 ☐	87쪽 ☐	88쪽 ☐	89~90쪽 ☐	91~92쪽 ☐

10주	월 일	월 일	월 일	월 일	월 일
	4. 비교하기			**5. 50까지의 수**	
	93쪽 ☐	94쪽 ☐	95쪽 ☐	100~101쪽 ☐	102~103쪽 ☐

11주	월 일	월 일	월 일	월 일	월 일
	5. 50까지의 수				
	104~105쪽 ☐	106~107쪽 ☐	108~109쪽 ☐	110~111쪽 ☐	112~113쪽 ☐

12주	월 일	월 일	월 일	월 일	월 일
	5. 50까지의 수				
	114쪽 ☐	115~116쪽 ☐	117쪽 ☐	118쪽 ☐	119쪽 ☐

자르는 선

최상위 수학 1·1 학습 스케줄표

부담되지 않는 학습량으로 공부 습관을 기를 수 있도록 설계하였습니다.
학기 중 교과서와 함께 공부하고 싶다면 12주 완성 과정을 이용하세요.

공부한 날짜를 쓰고 하루 분량 학습을 마친 후, 부모님께 확인 check☑를 받으세요.

주					
1주	월 일	월 일	월 일	월 일	월 일
	1. 9까지의 수				
	10~11쪽 □	12~13쪽 □	14~15쪽 □	16~17쪽 □	18~19쪽 □
2주	월 일	월 일	월 일	월 일	월 일
	1. 9까지의 수				
	20~21쪽 □	22~23쪽 □	24쪽 □	25~26쪽 □	27쪽 □
3주	월 일	월 일	월 일	월 일	월 일
	1. 9까지의 수		2. 여러 가지 모양		
	28쪽 □	29쪽 □	34~35쪽 □	36~37쪽 □	38~39쪽 □
4주	월 일	월 일	월 일	월 일	월 일
	2. 여러 가지 모양				
	40~41쪽 □	42쪽 □	43쪽 □	44쪽 □	45쪽 □
5주	월 일	월 일	월 일	월 일	월 일
	2. 여러 가지 모양				3. 덧셈과 뺄셈
	46쪽 □	47쪽 □	48쪽 □	49쪽 □	54~55쪽 □
6주	월 일	월 일	월 일	월 일	월 일
	3. 덧셈과 뺄셈				
	56~57쪽 □	58~59쪽 □	60~61쪽 □	62~63쪽 □	64~65쪽 □

5주	월 일	월 일	월 일	월 일	월 일
	3. 덧셈과 뺄셈				4. 비교하기
	68~69쪽 ☐	70~71쪽 ☐	72~73쪽 ☐	74쪽 ☐	78~79쪽 ☐

6주	월 일	월 일	월 일	월 일	월 일
	4. 비교하기				
	80~83쪽 ☐	84~86쪽 ☐	87~88쪽 ☐	89~90쪽 ☐	91~92쪽 ☐

7주	월 일	월 일	월 일	월 일	월 일
	4. 비교하기		5. 50까지의 수		
	93~94쪽 ☐	95쪽 ☐	100~103쪽 ☐	104~107쪽 ☐	108~110쪽 ☐

8주	월 일	월 일	월 일	월 일	월 일
	5. 50까지의 수				
	111~112쪽 ☐	113~114쪽 ☐	115~116쪽 ☐	117~118쪽 ☐	119쪽 ☐

초등 1·1

상위권의 기준

최상위 수학

수학 좀 한다면

구성과 특징

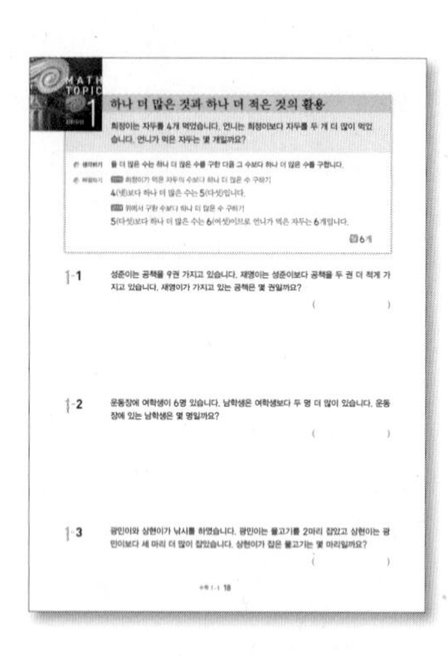

MATH TOPIC

엄선된 대표 심화 유형들을 집중 학습함으로써 문제 해결력과 사고력을 향상시키는 단계입니다.

2

1

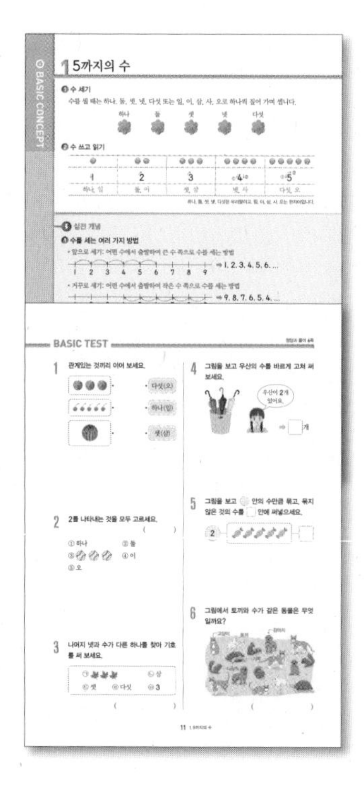

BASIC CONCEPT

개념 설명과 함께 구성되어 있습니다.
교과서 개념 이외의 실전 개념, 연결 개념, 주의 개념, 사고력 개념을 함께 정리하여 심화 학습의 기본기를 갖출 수 있게 하였습니다.

BASIC TEST

본격적인 심화 학습에 들어가기 전 단계로 개념을 적용해 보며 기본 실력을 확인합니다.

4

HIGH LEVEL

교외 경시 대회에서 출제되는 수준 높은 문제들을 풀어 봄으로써 상위 3% 최상위권에 도전하는 단계입니다.

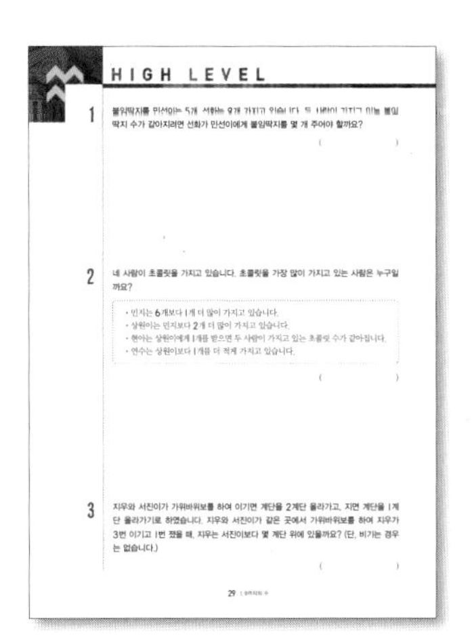
HIGH LEVEL

윗 단계로 올라가는 데 어려움이 없도록 **BRIDGE 문제**들을 각 코너별로 배치하였습니다.

3

LEVEL UP TEST

대표 심화 유형 외의 다양한 심화 문제들을 풀어 봄으로써 해결 전략과 방법을 학습하고 상위권으로 한 걸음 나아가는 단계입니다.

LEVEL UP TEST

차례

9까지의 수

대표심화유형

1 하나 더 많은 것과 하나 더 적은 것의 활용

2 수의 순서와 크기 비교

3 조건을 모두 만족하는 수 구하기

4 전체 수 구하기

5 수의 크기 비교 활용

6 □ 안에 공통으로 들어갈 수 있는 수 구하기

7 9까지의 수를 활용한 교과통합유형

사람과 수

원시인들은 수를 어떻게 세었을까요?

1, 2, 3, …과 같은 수가 생기기 이전의 원시인들도 수를 세어야 하는 일이 있었고 나름대로의 방법으로 수를 세었다고 해요. 1은 하나를 나타내는 사자 머리를 사용하였고, 2는 두 개를 나타내는 매의 날개를 사용하였어요. 3은 셋을 나타내는 세잎클로버를 사용하였고, 4는 다리가 네 개인 양의 다리를 사용했다고 해요. 하지만 이런 사물을 이용하는 셈은 4보다 큰 수를 나타내는 데 매우 불편했어요. 그래서 원시인들은 몸의 일부인 손가락 열 개로 수를 세기 시작했고, 손가락 수보다 더 큰 수를 세어야 할 때에는 발가락까지 사용했어요. 몸의 일부로 셀 수 없는 더 큰 수를 세어야 할 때에는 돌멩이, 식물의 씨앗, 조개껍데기 같은 작은 것들을 여러 개 모아서 하나씩 세거나 뼈다귀에 눈금을 새겨서 세기도 했답니다. 원시인들의 수 세기를 보면 우리가 지금 얼마나 편리한 방법으로 수를 세고 있는지 알 수 있을 거예요.

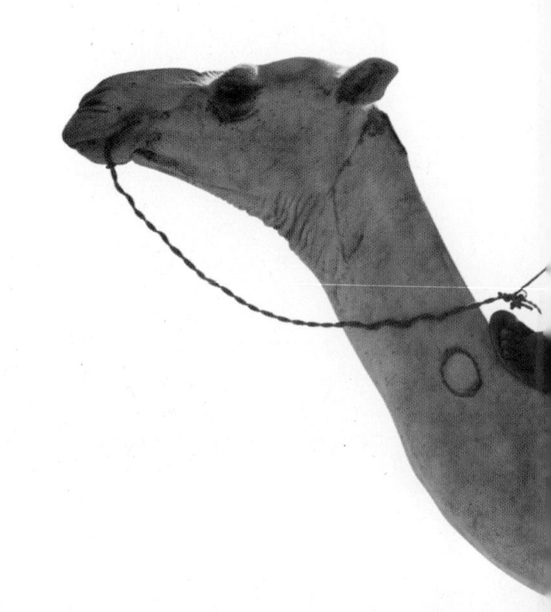

수는 어디에서 처음 만들어졌을까요?

우리가 사용하는 0부터 9까지의 숫자를 아라비아 숫자 또는 인도-아라비아 숫자라고 해요. 이 숫자를 처음 발명한 사람이 누구인지, 언제 만들어졌는지는 정확하지 않지만 아주 오래전에 인도에서 생겨났다는 사실만 전해지고 있어요. 인도에서 만들어진 이 숫자는 인도에서 상업을 하던 아라비아 상인들에 의해 아라비아로 전해지게 됐어요. 그리고 아라비아와 무역을 하던 유럽 상인들에 의해 다시 유럽으로 건너가게 되었어요. 그래서 유럽 상인들은 이 숫자를 '아라비아 숫자'라고 이름을 붙여 사용하였고, 그 당시 세계 최강국이었던 유럽의 사람들이 부른 이름을 다른 나라도 따라 부르게 되면서 전 세계에 퍼지게 된 것이랍니다.

동물도 수를 알까요?

사람처럼 수를 아는 영리한 동물이 있어요. 밤의 제왕이라 불리는 부엉이가 그 주인공이에요.
하지만 부엉이는 하나와 둘밖에는 세지 못해요. 그래서 먹이가 세 개 있을 때에는 '하나, 둘, 하나!'라고 세어 먹이가 하나 있는 것으로 알고, 먹이가 네 개 있을 때에는 '하나, 둘, 하나, 둘!'이라고 세어 먹이가 두 개 있는 것으로 알아요. 즉, 부엉이는 마지막에 센 것만 기억한답니다. 부엉이뿐만 아니라 원숭이, 쥐, 개, 말 같은 동물 등은 1부터 3까지의 수를, 침팬지는 1부터 5까지의 수를 이해할 수 있다고 해요. 물론 사람은 이런 동물보다 훨씬 더 큰 수를 이해할 수 있지만 사람도 한 번 보고 기억할 수 있는 수는 4개까지라고 해요. 그래서 자동차 번호판과 같이 네 개의 숫자로 이루어진 것들이 많답니다.

1 5까지의 수

❶ 수 세기

수를 셀 때는 하나, 둘, 셋, 넷, 다섯 또는 일, 이, 삼, 사, 오로 하나씩 짚어 가며 셉니다.

하나 둘 셋 넷 다섯

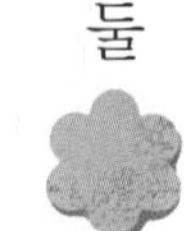  

❷ 수 쓰고 읽기

●	●●	●●●	●●●●	●●●●●
1	2	3	4	5
하나, 일	둘, 이	셋, 삼	넷, 사	다섯, 오

하나, 둘, 셋, 넷, 다섯은 우리말이고, 일, 이, 삼, 사, 오는 한자어입니다.

실전 개념

❶ 수를 세는 여러 가지 방법

• 앞으로 세기: 어떤 수에서 출발하여 큰 수 쪽으로 수를 세는 방법

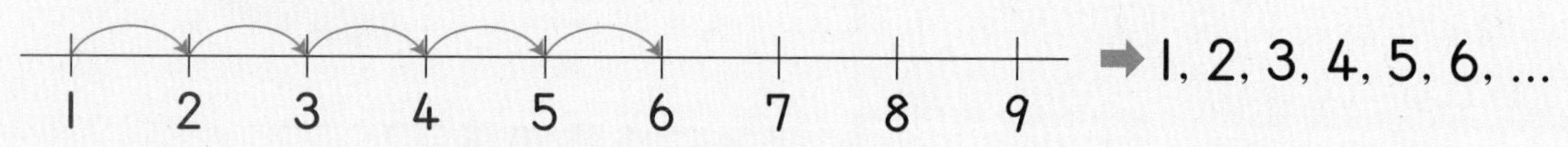

➡ 1, 2, 3, 4, 5, 6, ...

• 거꾸로 세기: 어떤 수에서 출발하여 작은 수 쪽으로 수를 세는 방법

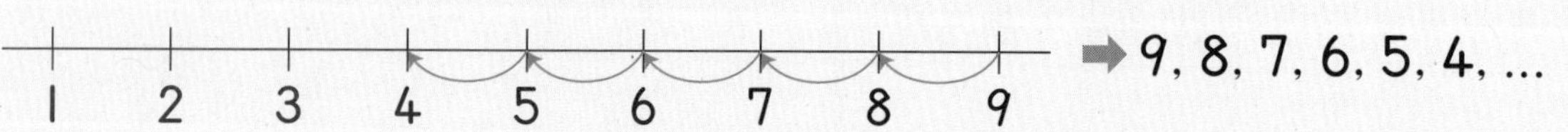

➡ 9, 8, 7, 6, 5, 4, ...

• 뛰어 세기: 하나씩 세지 않고 둘씩, 셋씩, 넷씩, ... 뛰어서 세는 방법

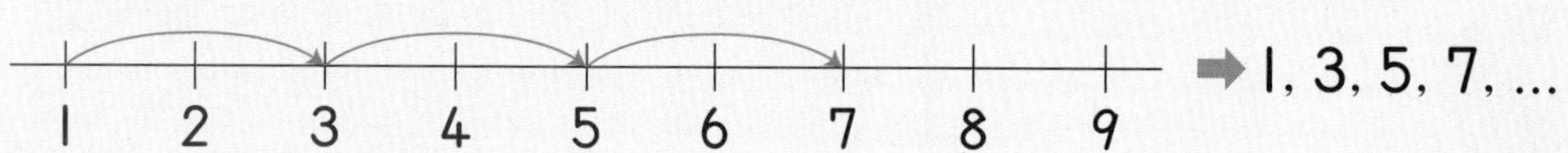

➡ 1, 3, 5, 7, ...

연결 개념 덧셈과 뺄셈

❶ 수를 세는 방법으로 덧셈과 뺄셈하기

• $2+4$ 계산하기

앞으로 세는 방법을 통해 손가락 2개를 접은 후 하나씩 더 접으면서 더합니다.

• $6-4$ 계산하기

거꾸로 세는 방법을 통해 손가락 6개를 접은 상태에서 하나씩 펴면서 뺍니다.

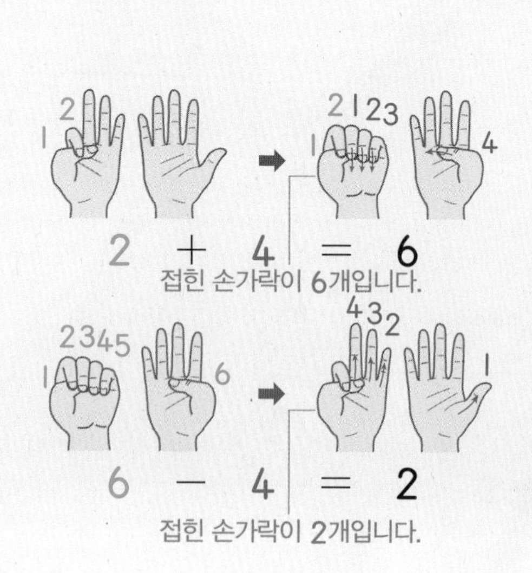

BASIC TEST

1 관계있는 것끼리 이어 보세요.

2 2를 나타내는 것을 모두 고르세요.

(　　　　)

① 하나　② 둘

③ ⚾ ⚾ ⚾　④ 이

⑤ 오

3 나머지 넷과 수가 다른 하나를 찾아 기호를 써 보세요.

(　　　　)

4 그림을 보고 우산의 수를 바르게 고쳐 써 보세요.

➡ □개

5 그림을 보고 ○ 안의 수만큼 묶고, 묶지 않은 것의 수를 □ 안에 써넣으세요.

6 그림에서 토끼와 수가 같은 동물은 무엇일까요?

(　　　　)

2 9까지의 수

❶ 수 쓰고 읽기

6	7	8	9
여섯, 육	일곱, 칠	여덟, 팔	아홉, 구

실전 개념

❶ 수의 여러 가지 의미

수는 상황에 따라 다르게 읽습니다.

- 개수나 양을 나타내는 수는 '하나, 둘, 셋, ...'으로 읽습니다.

  예 6개 → 여섯 개,   6명 → 여섯 명,   6마리 → 여섯 마리,   6대 → 여섯 대

- 측정한 값을 나타낼 때 사용하는 수는 '일, 이, 삼, ...'으로 읽습니다.

  예 8cm → 팔 센티미터,   8kg → 팔 킬로그램
  (cm: 길이의 단위: 센티미터, kg: 무게의 단위: 킬로그램)

- 순서를 나타내는 수는 '첫째, 둘째, 셋째, ...' 또는 '일, 이, 삼, ...'으로 읽습니다.

  예 3학년 → 삼 학년,   3등 → 삼 등,   3층 → 삼 층,   3월 → 삼 월

- 서로 다름을 나타내는 기호로서의 수는 '일, 이, 삼, ...'으로 읽습니다.

  예 운동선수 등번호   버스의 번호   휴대전화 번호   자동차 번호판   도로명 주소

칠

8
팔

영일영–일이삼–사오육칠

영일 가 일이삼사

반포대로 삼길

주의 개념

❶ 나이를 말할 때의 수와 단위

나이를 나타내는 단위에는 '살'과 '세'가 있습니다.
'살'로 말할 때는 하나, 둘, 셋, ...으로 읽고, '세'로 말할 때는 일, 이, 삼, ...으로 읽습니다.

예 8살 → 여덟 살(○), 팔 살(×)
   5세 → 다섯 세(×), 오 세(○)

BASIC TEST

1 수를 거꾸로 세어 빈칸에 써넣으세요.

(1) 9 — ○ — 7 — ○ — 5

(2) ○ — 6 — ○ — 4 — ○

2 □의 수가 다른 하나에 ○표 하세요.

( ) ( ) ( )

3 7을 나타내는 것이 아닌 것을 모두 고르세요. ( )

① 팔 ② 칠
③ 아홉 ④ ▲▲▲▲▲
⑤ 일곱

4 수를 잘못 읽은 학생의 이름을 써 보세요.

정은: 나는 한 학년입니다.
수지: 토끼가 여섯 마리 있습니다.

( )

5 딸기를 7개만큼 묶고, 묶지 않은 것의 수를 □ 안에 써넣으세요.

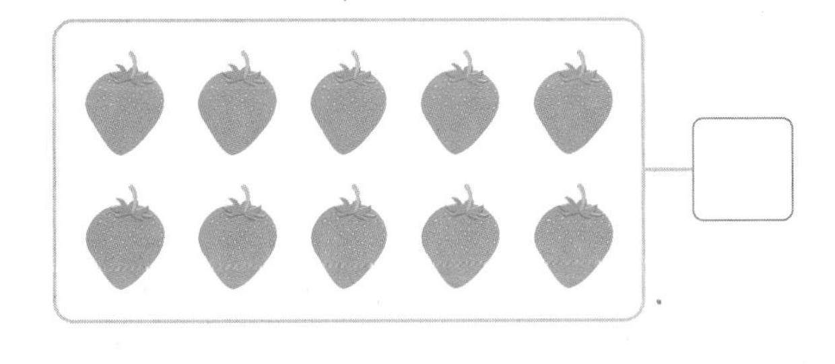

6 재석이는 고리를 8개 쌓으려고 합니다. 지금까지 쌓은 고리는 다음과 같습니다. 고리를 몇 개 더 쌓아야 할까요?

( )

3 수의 순서

❶ 9까지 수의 순서

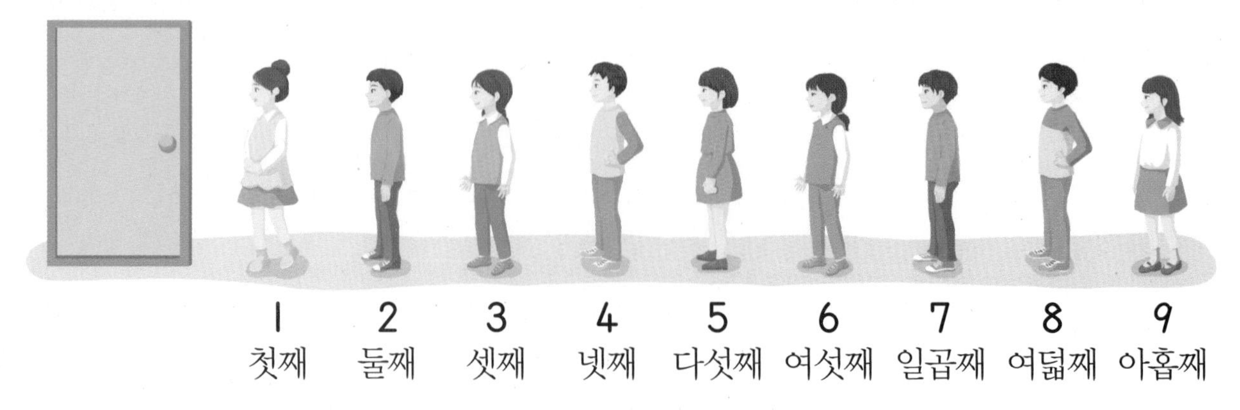

❷ 1만큼 더 큰 수와 1만큼 더 작은 수

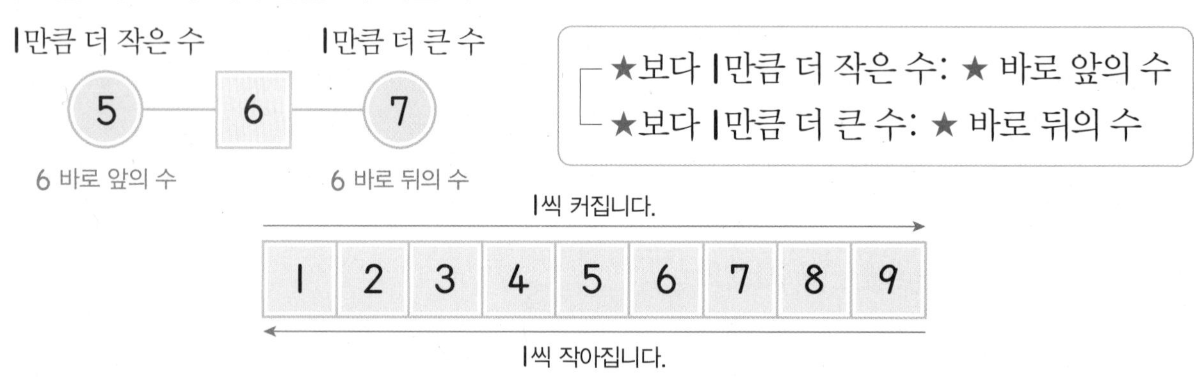

★보다 1만큼 더 작은 수: ★ 바로 앞의 수
★보다 1만큼 더 큰 수: ★ 바로 뒤의 수

실전 개념

❶ 수의 순서를 이용하여 전체 수 구하기

내가 앞에서 여섯째, 뒤에서 둘째에 서 있을 때 줄 서 있는 전체 사람 수 구하기

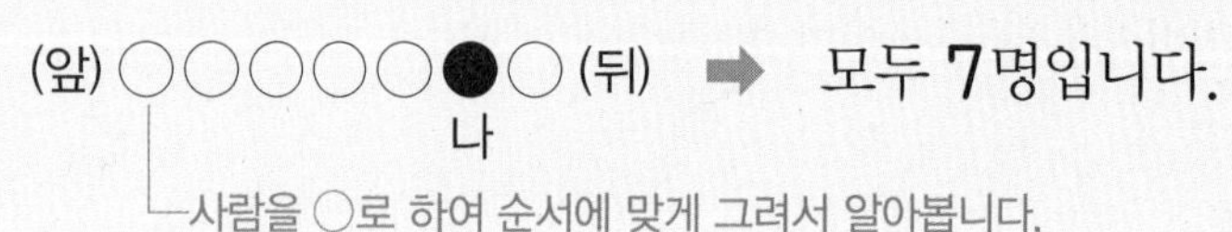

➡ 모두 7명입니다.

❷ 수의 의미

수는 사용하는 방법에 따라 그 의미가 다릅니다.

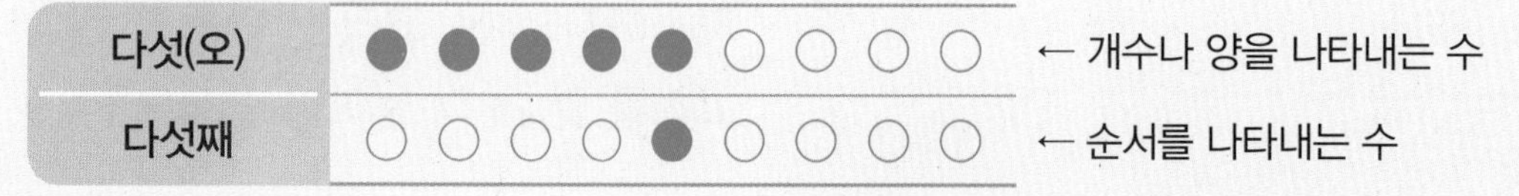

← 개수나 양을 나타내는 수
← 순서를 나타내는 수

연결 개념 50까지의 수

❶ 10 알아보기

9보다 1만큼 더 큰 수
읽기 십 또는 열

BASIC TEST

1 나타내는 수를 왼쪽에서부터 알맞게 색칠해 보세요.

넷(사)	♡ ♡ ♡ ♡ ♡
넷째	♡ ♡ ♡ ♡ ♡

2 그림의 수보다 하나 더 많은 수에 ○표, 하나 더 적은 수에 △표 하세요.

(1, 2, 3, 4, 5)

3 진호는 앞에서 몇째로 달리고 있을까요?

(　　　　　　　)

4 1부터 9까지의 수를 순서대로 쓸 때, 6보다 뒤에 놓이는 수를 모두 써 보세요.

(　　　　　　　)

5 □ 안에 조건에 맞는 수를 써넣으세요.

- 맨 왼쪽의 수는 가운데 수보다 1만큼 더 작은 수입니다.
- 맨 오른쪽의 수는 가운데 수보다 1만큼 더 큰 수입니다.

7, □, □

6 진호네 모둠은 오늘 단체줄넘기를 9번 넘었습니다. 어제는 오늘보다 하나 더 적게 넘었다면 어제 넘은 단체줄넘기는 몇 번일까요?

(　　　　　　　)

4 0 알아보기, 수의 크기 비교

❶ 0 알아보기

아무것도 없는 것을 0이라 쓰고, 영이라고 읽습니다.

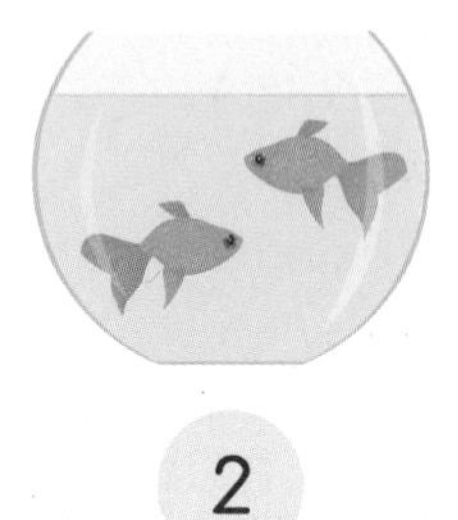

2 　 1 　 0

0은 1보다 1만큼 더 작은 수로 1 바로 앞의 수입니다.

❷ 두 수의 크기 비교

하나씩 짝지었을 때, 남는 쪽이 더 큰 수이고 모자라는 쪽이 더 작은 수입니다.

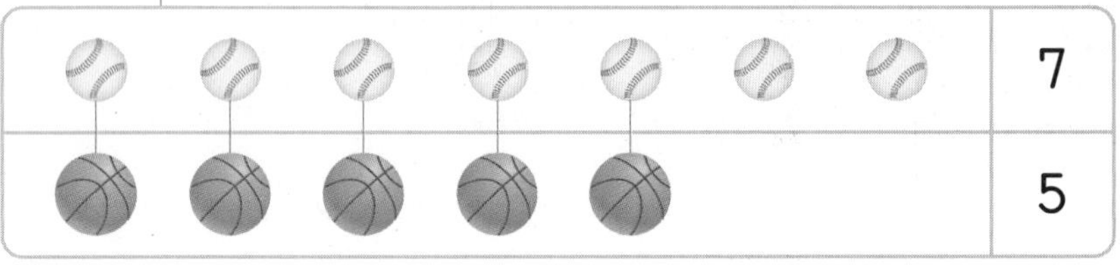

야구공은 농구공보다 많습니다. ➡ 7은 5보다 큽니다.
농구공은 야구공보다 적습니다. ➡ 5는 7보다 작습니다.

연결 개념 (덧셈과 뺄셈) (50까지의 수)

❶ 어떤 수에 0을 더하기

어떤 수에 0을 더해도 달라지지 않습니다.

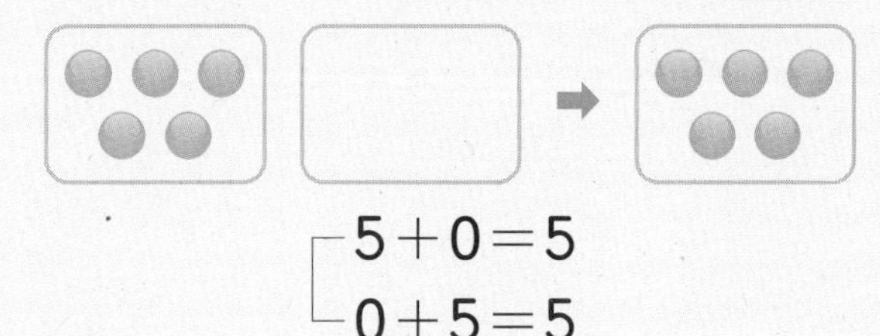

$5+0=5$
$0+5=5$

❷ 50까지 수의 순서

1씩 커집니다.

0	1	2	3	4	5	6	7	8	9
10	11	12	13	14	15	16	17	18	19
20	21	22	23	24	25	26	27	28	29
30	31	32	33	34	35	36	37	38	39
40	41	42	43	44	45	46	47	48	49
50	…								

10씩 커집니다.

실전 개념

❶ 여러 수의 크기를 비교하는 방법

㉮ 5, 8, 6, 9, 3의 크기 비교

수를 순서대로 써서 크기를 비교합니다.

➡ 3 　 5 　 6 　 8 　 9

(3: 가장 작은 수, 9: 가장 큰 수)

맨 앞에 있는 수가 가장 작고, 맨 뒤에 있는 수가 가장 큽니다.

1 관계있는 것끼리 이어 보세요.

2 수만큼 ○를 그리고, 두 수의 크기를 비교해 보세요.

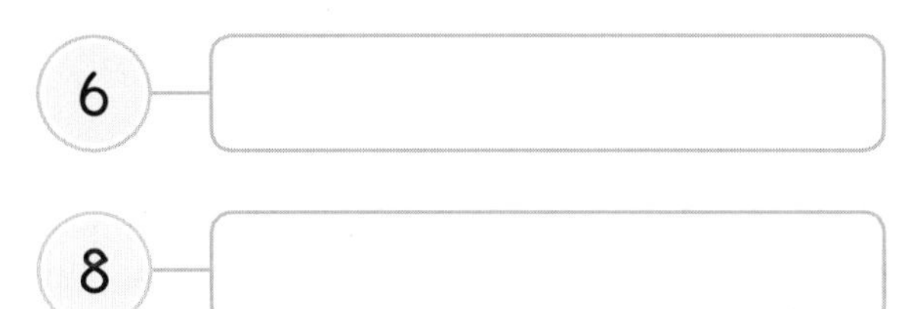

6은 8보다 (큽니다 , 작습니다).

8은 6보다 (큽니다 , 작습니다).

3 □ 안에 알맞은 수를 써넣고, 크기를 비교해 보세요.

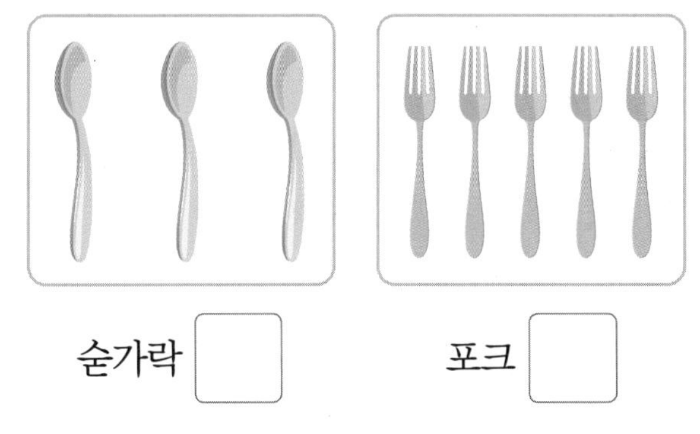

숟가락 □ 포크 □

숟가락은 포크보다 (많습니다 , 적습니다).

□ 은/는 □ 보다 큽니다.

4 가장 큰 수에 ○표, 가장 작은 수에 △표 하세요.

4 7 2 8

5 나타내는 수가 가장 작은 것을 찾아 기호를 써 보세요.

㉠ 구 ㉡ (사탕 그림)

㉢ 사 ㉣ 여섯

( )

6 바구니에 체리가 4개 있었는데 민수가 모두 먹었습니다. 바구니에 남은 체리는 몇 개일까요?

( )

하나 더 많은 것과 하나 더 적은 것의 활용

희정이는 자두를 4개 먹었습니다. 언니는 희정이보다 자두를 두 개 더 많이 먹었습니다. 언니가 먹은 자두는 몇 개일까요?

생각하기 둘 더 많은 수는 하나 더 많은 수를 구한 다음 그 수보다 하나 더 많은 수를 구합니다.

해결하기 1단계 희정이가 먹은 자두의 수보다 하나 더 많은 수 구하기

4(넷)보다 하나 더 많은 수는 5(다섯)입니다.

2단계 위에서 구한 수보다 하나 더 많은 수 구하기

5(다섯)보다 하나 더 많은 수는 6(여섯)이므로 언니가 먹은 자두는 6개입니다.

답 6개

1-1 성준이는 공책을 9권 가지고 있습니다. 재영이는 성준이보다 공책을 두 권 더 적게 가지고 있습니다. 재영이가 가지고 있는 공책은 몇 권일까요?

( )

1-2 운동장에 여학생이 6명 있습니다. 남학생은 여학생보다 두 명 더 많이 있습니다. 운동장에 있는 남학생은 몇 명일까요?

( )

1-3 광민이와 상현이가 낚시를 하였습니다. 광민이는 물고기를 2마리 잡았고 상현이는 광민이보다 세 마리 더 많이 잡았습니다. 상현이가 잡은 물고기는 몇 마리일까요?

( )

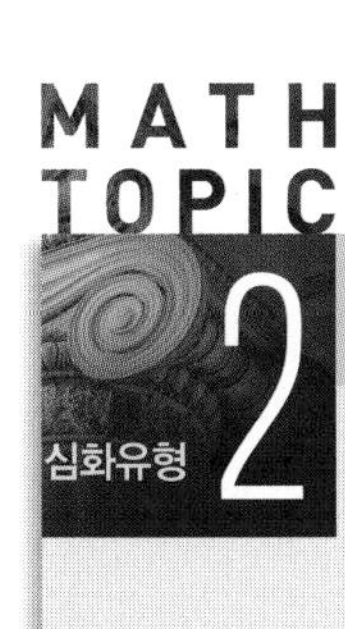

수의 순서와 크기 비교

다음 수 카드의 수를 작은 수부터 순서대로 쓸 때, 왼쪽에서 셋째에 오는 수는 얼마일까요?

6 1 3 8 7 0

생각하기 0부터 9까지의 수를 순서대로 써 보면
0－1－2－3－4－5－6－7－8－9입니다.

해결하기 1단계 수를 작은 수부터 순서대로 쓰기
수를 작은 수부터 순서대로 쓰면 0－1－3－6－7－8입니다.

2단계 왼쪽에서 셋째에 오는 수 구하기
0－1－3－6－7－8에서 왼쪽에서 셋째에 오는 수는 3입니다.
첫째 둘째 셋째

답 3

2-1 다음 수 카드의 수를 큰 수부터 순서대로 쓸 때, 왼쪽에서 다섯째에 오는 수는 얼마일까요?

5 7 4 9 2 8

(　　　　　　　)

2-2 다음 수 카드의 수를 작은 수부터 순서대로 쓸 때, 오른쪽에서 다섯째에 오는 수는 얼마일까요?

4 8 3 0 2 9 6

(　　　　　　　)

2-3 다음 수 카드의 수를 큰 수부터 순서대로 쓸 때, 오른쪽에서 셋째에 오는 수와 왼쪽에서 셋째에 오는 수는 각각 얼마인지 차례로 써 보세요.

2 0 7 1 5 8 4

(　　　　　　　), (　　　　　　　)

MATH TOPIC

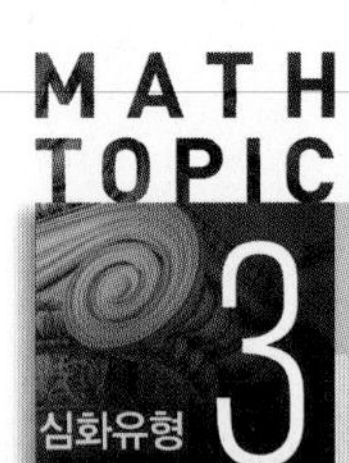

심화유형 3

조건을 모두 만족하는 수 구하기

다음을 만족하는 수를 모두 구해 보세요.

- 4와 9 사이에 있는 수입니다.
- 6보다 큰 수입니다.

생각하기 ■와 ▲ 사이에 있는 수 ➡ ■보다 크고 ▲보다 작은 수 ➡ ■와 ▲는 포함되지 않습니다.

■보다 큰 수
■보다 작은 수 ➡ ■는 포함되지 않습니다.

해결하기 1단계 4와 9 사이에 있는 수 구하기

4와 9 사이에 있는 수는 5, 6, 7, 8입니다.

2단계 두 조건을 만족하는 수 모두 구하기

5, 6, 7, 8 중에서 6보다 큰 수는 7, 8입니다.
따라서 두 조건을 만족하는 수는 7, 8입니다.

답 7, 8

3-1 다음을 만족하는 수를 모두 구해 보세요.

- 3과 8 사이에 있는 수입니다.
- 7보다 작은 수입니다.

( )

3-2 다음을 만족하는 수는 모두 몇 개일까요?

- 1과 7 사이에 있는 수입니다.
- 2보다 큰 수입니다.

( )

정답과 풀이 7쪽

심화유형 4

전체 수 구하기

컵케이크를 한 줄로 놓았습니다. 그중에서 초콜릿 맛은 왼쪽에서 넷째, 오른쪽에서 셋째에 놓여 있습니다. 컵케이크는 모두 몇 개일까요? (단, 초콜릿 맛 컵케이크는 한 개입니다.)

생각하기 (왼쪽) 첫째 둘째 셋째 넷째 다섯째 여섯째 일곱째 여덟째 아홉째

아홉째 여덟째 일곱째 여섯째 다섯째 넷째 셋째 둘째 첫째 (오른쪽)

해결하기 1단계 컵케이크를 ○와 ●로 그려 위치 나타내기

컵케이크를 ○로, 초콜릿 맛 컵케이크를 ●로 그려 순서를 나타냅니다.

왼쪽에서 넷째: (왼쪽) ○○○●

오른쪽에서 셋째: ●○○ (오른쪽)

따라서 컵케이크를 (왼쪽) ○○○●○○ (오른쪽)과 같이 나타낼 수 있습니다.

2단계 컵케이크의 개수 구하기

(왼쪽) ○○○●○○ (오른쪽) ➡ ○와 ●의 수를 세어 보면 6개이므로 컵케이크는 모두 6개입니다.

↑ 초콜릿 맛

답 6개

4-1 민형이는 아래에서 둘째 층, 위에서 넷째 층에 살고 있습니다. 민형이가 살고 있는 건물은 몇 층까지 있을까요?

(　　　　　　　　)

4-2 혜영이는 친구들과 달리기를 하고 있습니다. 혜영이는 앞에서 셋째, 뒤에서 여섯째로 달리고 있습니다. 달리기를 하고 있는 어린이는 모두 몇 명일까요?

(　　　　　　　　)

4-3 시원이는 놀이 공원에서 꼬마 기차를 탔습니다. 시원이는 앞에서 일곱째 칸, 뒤에서 셋째 칸에 타고 있습니다. 꼬마 기차는 모두 몇 칸일까요?

(　　　　　　　　)

MATH TOPIC

심화유형 5

수의 크기 비교 활용

장미꽃을 2송이씩 묶었더니 4묶음이 되었고, 백합꽃을 3송이씩 묶었더니 3묶음이 되었습니다. 장미꽃과 백합꽃 중 어느 꽃이 몇 송이 더 많을까요?

생각하기 꽃을 ●로 그려서 생각해 봅니다.

해결하기 1단계 장미꽃과 백합꽃의 수 각각 구하기

장미꽃: 2송이씩 4묶음 ●● ●● ●● ●● ➡ 8송이

1 2 3 4 5 6 7 8

└그림을 그린 다음 왼쪽에서부터 차례로 세어 보면 모두 8송이입니다.

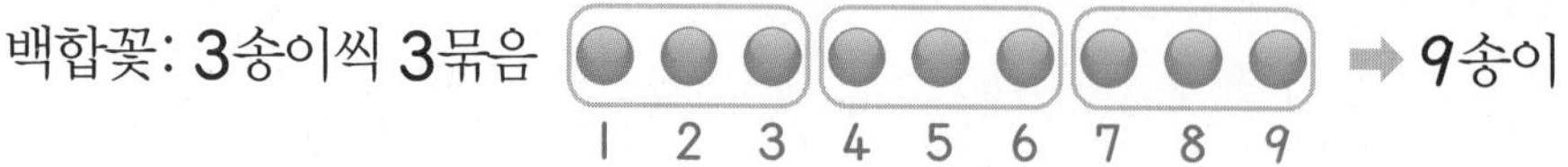

백합꽃: 3송이씩 3묶음 ●●● ●●● ●●● ➡ 9송이

1 2 3 4 5 6 7 8 9

2단계 어느 꽃이 몇 송이 더 많은지 구하기

9는 8보다 1만큼 더 큰 수이므로 백합꽃이 1송이 더 많습니다.

답 백합꽃, 1송이

5-1 참외를 4개씩 봉지에 담았더니 2봉지가 되었고, 복숭아를 2개씩 봉지에 담았더니 3봉지가 되었습니다. 참외와 복숭아 중 어느 과일이 몇 개 더 많을까요?

( ), ( )

5-2 민아는 블록을 한 층에 1개씩 5층으로 쌓았고, 송이는 한 층에 2개씩 3층으로 쌓았습니다. 누가 블록을 몇 개 더 많이 사용했을까요?

( ), ( )

MATH TOPIC

심화유형 6

□ 안에 공통으로 들어갈 수 있는 수 구하기

0부터 9까지의 수 중에서 □ 안에 공통으로 들어갈 수 있는 수를 모두 구해 보세요.

- 2는 □보다 작습니다.
- □은(는) 5보다 작습니다.

생각하기 ■는 ▲보다 작습니다. ➡ ▲는 ■보다 큽니다.

해결하기 1단계 첫째 조건에서 □ 안에 들어갈 수 있는 수 모두 구하기

2는 □보다 작습니다. 즉, □은(는) 2보다 큽니다.

➡ □ 안에 들어갈 수 있는 수는 3, 4, 5, 6, 7, 8, 9입니다.

2단계 둘째 조건에서 □ 안에 들어갈 수 있는 수 모두 구하기

□은(는) 5보다 작습니다.

➡ □ 안에 들어갈 수 있는 수는 4, 3, 2, 1, 0입니다.

3단계 □ 안에 공통으로 들어갈 수 있는 수 모두 구하기

③, ④, 5, 6, 7, 8, 9와 ④, ③, 2, 1, 0에서 공통인 수는 3과 4입니다.

답 3, 4

6-1 0부터 9까지의 수 중에서 □ 안에 공통으로 들어갈 수 있는 수를 모두 구해 보세요.

- □은(는) 1보다 큽니다.
- 4는 □보다 큽니다.

(　　　　　　　　)

6-2 0부터 9까지의 수 중에서 □ 안에 공통으로 들어갈 수 있는 수를 모두 구해 보세요.

- 3은 □보다 큽니다.
- □은(는) 4보다 작습니다.

(　　　　　　　　)

9까지의 수를 활용한 교과통합유형

STEAM형

수학+미술

오른쪽은 조선 시대 화가인 김홍도의 작품입니다. 김홍도의 다른 작품인 우물가에 나오는 사람 수는 자리짜기에 나오는 사람 수보다 많고, 대장간에 나오는 사람 수보다 적다고 합니다. 우물가에 나오는 사람은 몇 명일까요?

자리짜기

대장간

생각하기 ■보다 많고 ▲보다 적은 수 ➡ ■와 ▲ 사이에 있는 수

해결하기 **1단계** 김홍도의 작품 자리짜기와 대장간에 나오는 사람 수 각각 구하기

자리짜기에 나오는 사람은 3명이고, 대장간에 나오는 사람은 5명입니다.

2단계 김홍도의 다른 작품인 우물가에 나오는 사람 수 구하기

우물가에 나오는 사람은 3명보다 많고 5명보다 적습니다.

3과 5 사이에 있는 수는 ☐이므로 우물가에 나오는 사람은 ☐명입니다.

답 ☐명

수학+국어

7-1 다음은 유나의 그림일기입니다. 유나네 가족은 몇 명일까요?

(   )

LEVEL UP TEST

1 복숭아가 7개 있습니다. 자두는 복숭아보다 하나 더 적습니다. 자두는 몇 개일까요?

(　　　　　　　　)

2 더 큰 수에 ○표 하세요.

4보다 1만큼 더 큰 수	7보다 1만큼 더 작은 수
(　　)	(　　)

수학+국어

STEAM형 **3** 「해와 달이 된 오누이」라는 전래 동화 내용 중의 일부분입니다. 어머니에게 남은 떡은 몇 개일까요?

> 어머니는 떡이 5개 담긴 바구니를 들고 산을 넘어가고 있었습니다. 그때 호랑이가 나타나서 "떡 하나 주면 안 잡아먹지."라고 말했습니다. 어머니는 너무 겁이 나서 호랑이에게 떡을 하나 주었습니다.

(　　　　　　　　)

서술형 **4** 주어진 수 중에서 4보다 크고 8보다 작은 수는 모두 몇 개인지 풀이 과정을 쓰고 답을 구해 보세요.

8	5	4	1	9	0	6

풀이 ....

....

....

답 ....

5 색칠된 칸 수가 가장 적은 모양을 찾아 기호를 써 보세요.

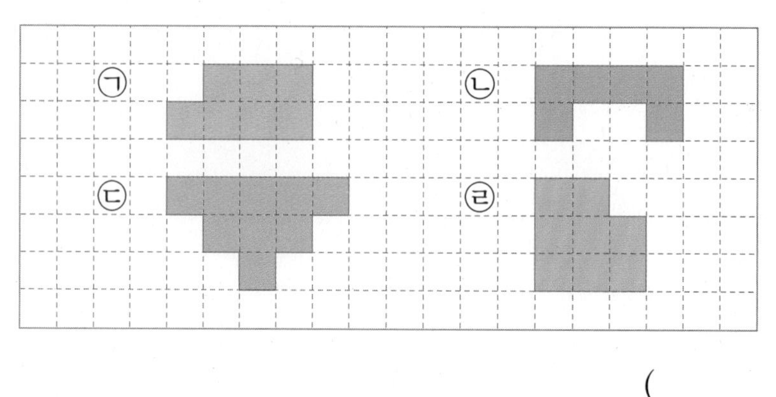

(   )

6 우리, 나라, 만세는 각각 사탕을 가지고 있습니다. 우리는 사탕을 4개 가지고 있고, 나라는 우리보다 하나 더 많이 가지고 있습니다. 만세는 나라보다 하나 더 많이 가지고 있다면 만세가 가지고 있는 사탕은 몇 개일까요?

(   )

7 오른쪽은 친구들이 0부터 9까지의 수 중 어떤 한 수를 보고 말한 것입니다. 이 수는 어떤 수일까요?

세윤: 7보다 작아.
안나: 4보다 커.
선아: 6은 아니야.

( )

8 과자를 명진이는 7개, 유정이는 9개 가지고 있습니다. 두 사람이 가지고 있는 과자 수가 같아지려면 유정이가 명진이에게 과자를 몇 개 주어야 할까요?

( )

9 다음 수 카드의 수를 작은 수부터 순서대로 쓸 때, 왼쪽에서 일곱째에 오는 수보다 1만큼 더 큰 수를 써 보세요.

8	4	7	0	2	9	6	5

( )

서술형 **10**

원준이는 정훈이보다 연필을 하나 더 적게 가지고 있습니다. 정훈이의 연필 수보다 하나 더 많은 수는 8입니다. 원준이는 연필을 몇 자루 가지고 있는지 풀이 과정을 쓰고 답을 구해 보세요.

풀이 ....

....

....

답 ....

11

투호 놀이에서 항아리에 화살을 연지네 편은 7개보다 2개 더 적게 넣었고, 민호네 편은 3개보다 3개 더 많이 넣었습니다. 화살을 더 많이 넣은 편이 이긴다고 할 때, 누구네 편이 이겼을까요?

(   )

12

다음을 읽고 연수는 지은이보다 몇 계단 위에 있는지 구해 보세요. (단, 한 칸에 한 명씩만 있습니다.)

- 9칸의 계단이 있습니다.
- 현경이는 아래에서 첫째 계단에 있고, 연수는 현경이보다 4계단 위에 있습니다.
- 선호는 가장 위의 계단에 있고, 선호는 지은이보다 7계단 위에 있습니다.

(   )

HIGH LEVEL

1 붙임딱지를 민선이는 5개, 선화는 9개 가지고 있습니다. 두 사람이 가지고 있는 붙임딱지 수가 같아지려면 선화가 민선이에게 붙임딱지를 몇 개 주어야 할까요?

( )

2 네 사람이 초콜릿을 가지고 있습니다. 초콜릿을 가장 많이 가지고 있는 사람은 누구일까요?

- 민지는 6개보다 1개 더 많이 가지고 있습니다.
- 상원이는 민지보다 2개 더 많이 가지고 있습니다.
- 현아는 상원이에게 1개를 받으면 두 사람이 가지고 있는 초콜릿 수가 같아집니다.
- 연수는 상원이보다 1개 더 적게 가지고 있습니다.

( )

3 지우와 서진이가 가위바위보를 하여 이기면 계단을 2계단 올라가고, 지면 계단을 1계단 올라가기로 하였습니다. 지우와 서진이가 같은 곳에서 가위바위보를 하여 지우가 3번 이기고 1번 졌을 때, 지우는 서진이보다 몇 계단 위에 있을까요? (단, 비기는 경우는 없습니다.)

( )

연필 없이 생각 톡

더 긴 선에 ○표 하세요.

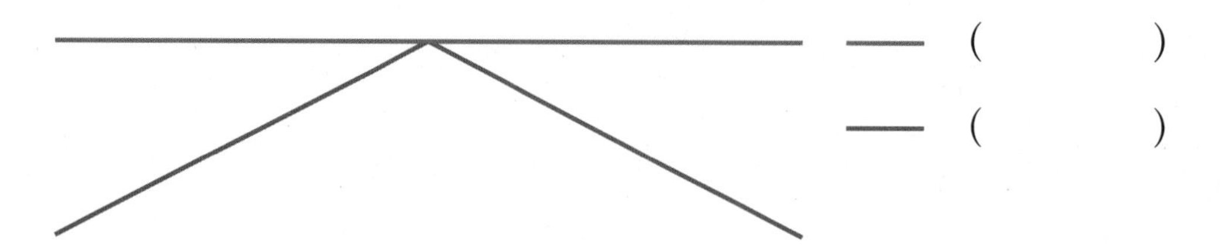

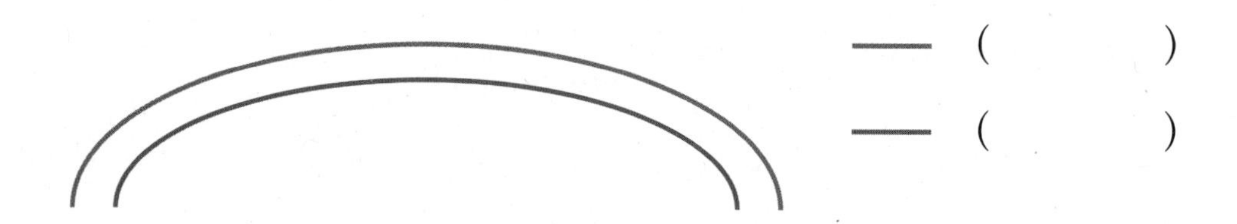

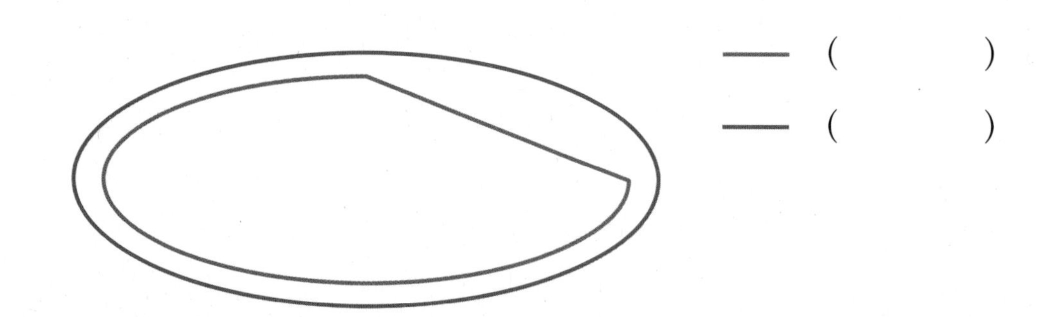

여러 가지 모양

대표심화유형

자연 속 여러 가지 모양

둥근 모양을 찾아볼까요?

나무 기둥, 민들레 씨앗, 포도, 수박, 새알의 공통점은 무엇일까요? 모두 둥근 모양을 하고 있다는 거예요. 이런 것들이 둥근 모양인 것은 각각의 이유가 있답니다.

먼저 나무 기둥은 왜 둥근기둥 모양일까요? 나무는 키가 자라면서 기둥도 함께 굵어져요. 이때 뿌리에서 받은 영양분이 나무 기둥의 중심에서 바깥쪽으로 똑같이 퍼지게 되므로 둥근 모양으로 굵어지는 것이랍니다. 영양분을 효율적으로 골고루 전달하기 위한 나무의 노력이 돋보이는군요.

들판에 피어 있는 민들레 씨앗은 동그란 공 모양이에요. 민들레 씨앗에는 갓털이라는 솜털이 붙어 있는데 이 갓털이 바람을 타고 사방으로 멀리 날아가 여러 장소에 꽃을 피운답니다. 따라서 민들레 씨앗은 여러 방향으로 불어오는 바람에 골고루 잘 날아가기 위해 동그란 공 모양으로 생긴 것이에요.

우리가 맛있게 먹는 과일 또한 동그란 모양이 대부분이에요. 과일이 동그란 모양인 이유는 영양분을 골고루 분배하기 위해서이고, 영양분 중의 하나인 태양의 빛을 많이 받기 위해서랍니다. 둥근 모양은 다른 모양에 비해 빛을 받는 부분이 넓기 때문이죠.

이와 같이 자연 속에서 둥근 모양을 하고 있는 것들은 주어진 환경에 가장 효과적으로 적응하기 위함입니다.

다르면서도 같은 새알의 모양

개구리나 날치, 연어와 같은 어류의 알은 공 모양을 닮은 것들이 많아요. 그런데 새들의 알의 경우에는 대부분 한쪽으로 길쭉한 둥근 모양이에요. 그 이유는 무엇일까요?

달걀을 평평한 책상 위에 올려놓고 굴리면 달걀이 굴러가다가 신기하게도 제자리로 다시 되돌아오는 것을 볼 수 있어요. 만약 공 모양의 구슬을 책상 위에 올려놓고 굴리면 어디로 굴러갈지 그 방향을 짐작할 수도 없고, 결국 책상 밑으로 떨어질 거예요. 하지만 새알은 길쭉한 모양 덕분에 어미 새가 알지 못하는 사이에 굴러가더라도 먼 곳으로 가 버리지 않고 도중에 저절로 정지하거나 어미 새에게 되돌아오게 된답니다. 또 한쪽으로 길쭉한 모양은 알과 알 사이의 틈을 적게 만들어 어미 새가 알을 더 따뜻하게 품을 수 있게 한답니다. 이처럼 새알의 모양도 환경에 적응하기 위한 모양이라고 할 수 있어요.

1 여러 가지 모양(1)

❶ , , 모양 알아보기

주변의 물건	모양	특징
		• 평평한 부분과 뾰족한 부분이 있습니다. • 잘 굴러가지 않습니다. • 잘 쌓을 수 있습니다.
		• 평평한 부분과 둥근 부분이 있습니다. • 눕히면 잘 굴러갑니다. ─ 눕혀서 둥근 부분으로 굴립니다. • 세우면 쌓을 수 있습니다. ─ 세워서 평평한 부분으로 쌓습니다.
		• 모든 부분이 다 둥글고 뾰족한 부분이 없습니다. • 잘 굴러갑니다. ─ 어느 방향으로도 잘 굴러갑니다. • 쌓을 수 없습니다.

실전 개념

❶ 부분을 보고 전체 모양 알기

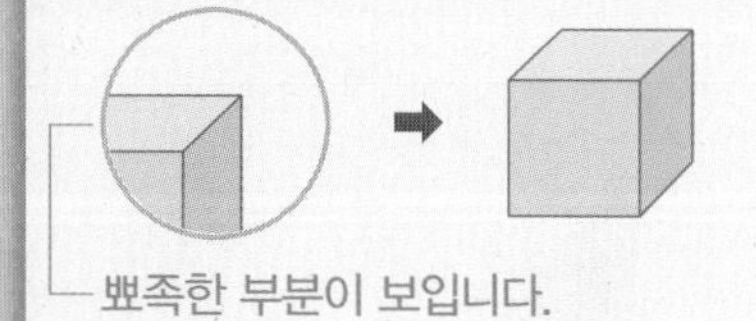
뾰족한 부분이 보입니다.

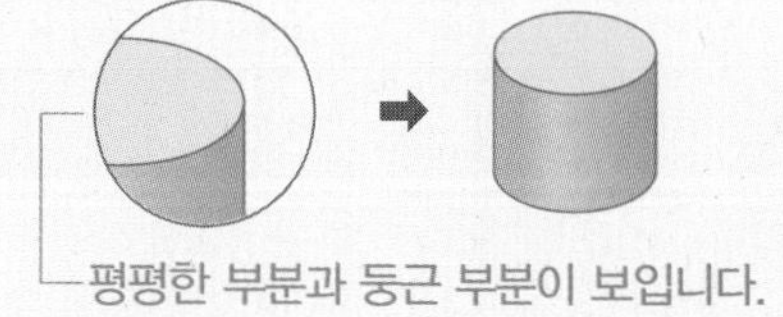
평평한 부분과 둥근 부분이 보입니다.

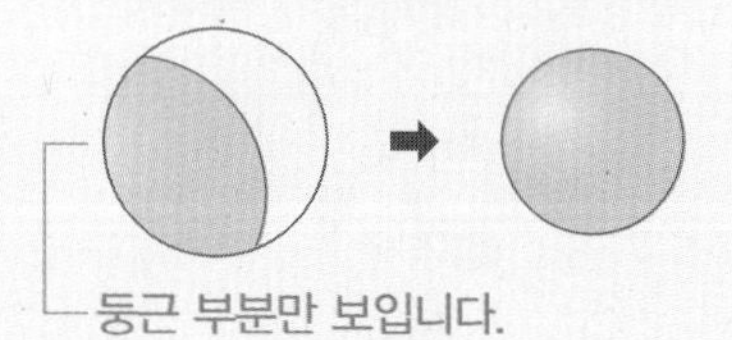
둥근 부분만 보입니다.

사고력 개념

❶ , , 모양을 위, 앞, 옆에서 본 모양

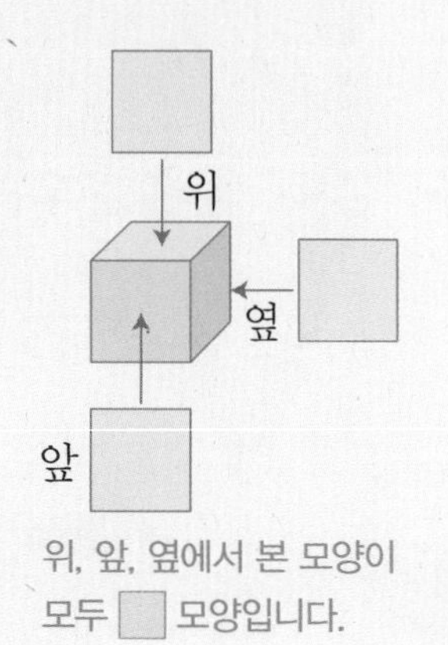

위, 앞, 옆에서 본 모양이 모두 모양입니다.

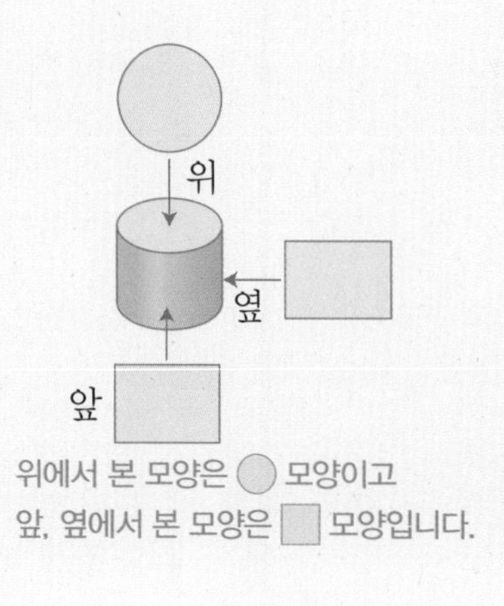

위에서 본 모양은 모양이고 앞, 옆에서 본 모양은 모양입니다.

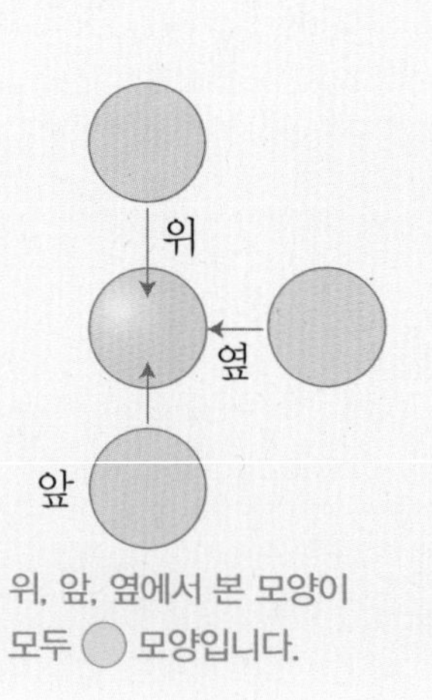

위, 앞, 옆에서 본 모양이 모두 모양입니다.

1 모양에 □표, 모양에 △표, 모양에 ○표 하세요.

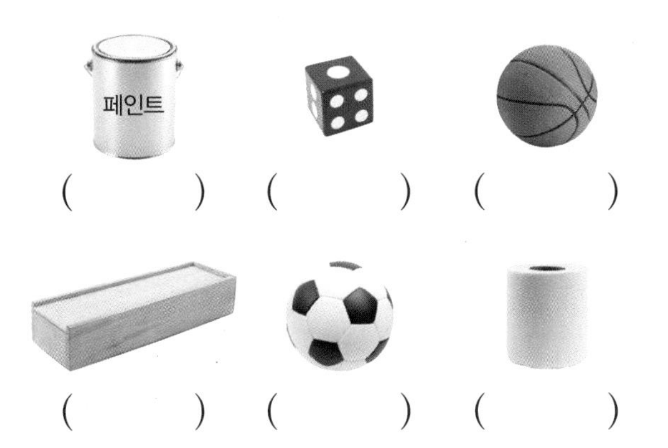

( ) ( ) ( )

( ) ( ) ( )

2 그림에서 사용하지 않은 모양을 찾아 ○표 하세요.

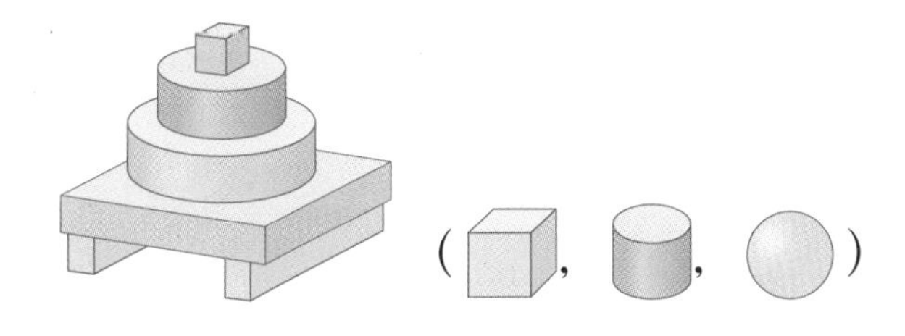

(, ,)

3 모양은 모두 몇 개일까요?

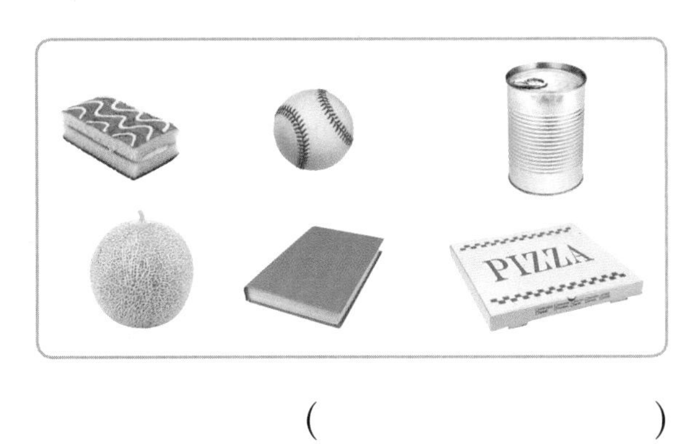

( )

4 설명에 알맞은 모양의 물건에 ○표 하세요.

( ) ( ) ( )

5 부분의 모양이 오른쪽과 같은 물건을 찾아 기호를 써 보세요.

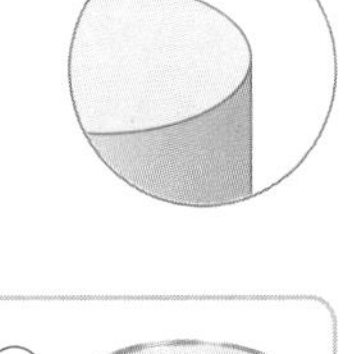

㉠ ㉡ ㉢

( )

6 모양과 모양의 다른 점을 써 보세요.

다른 점

2 여러 가지 모양(2)

❶ , , 모양으로 분류하기

(분류: 섞여 있는 것들을 기준에 따라 가르는 것)

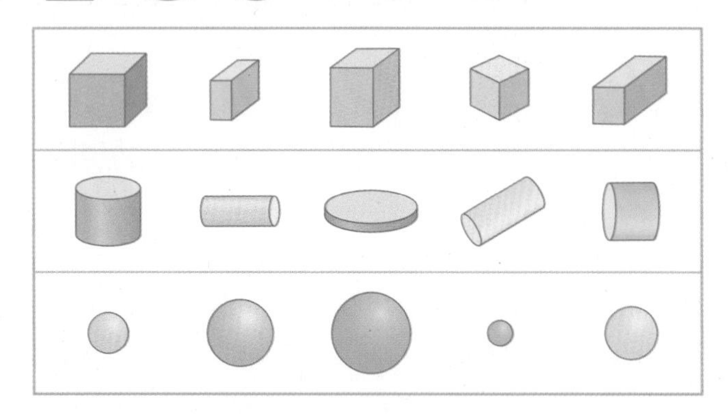

모양의 특징에 따라 분류하는 것이므로 크기나 색깔이 달라도 같은 모양으로 분류합니다.

❷ 여러 가지 모양 만들기

, , 모양을 이용하여 여러 가지 모양을 만들 수 있습니다.

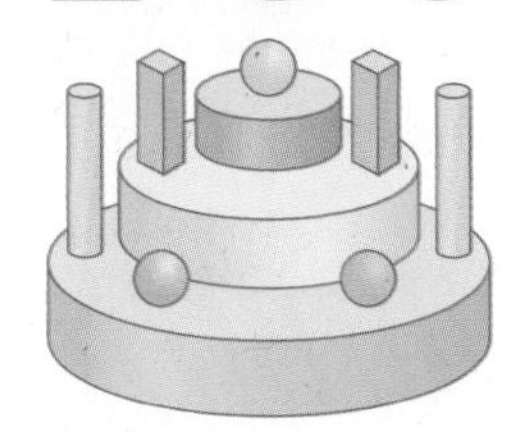

➡ 모양 2개, 모양 5개, 모양 3개로 케이크 모양을 만들었습니다.

실전 개념

❶ 규칙 찾기

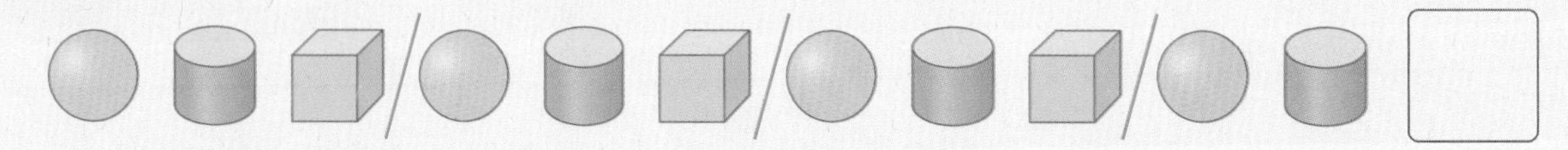

➡ , , 모양이 반복되는 규칙이므로 빈칸에 알맞은 모양은 입니다.

연결 개념 직육면체 원기둥, 원뿔, 구

❶ 직육면체, 원기둥, 구

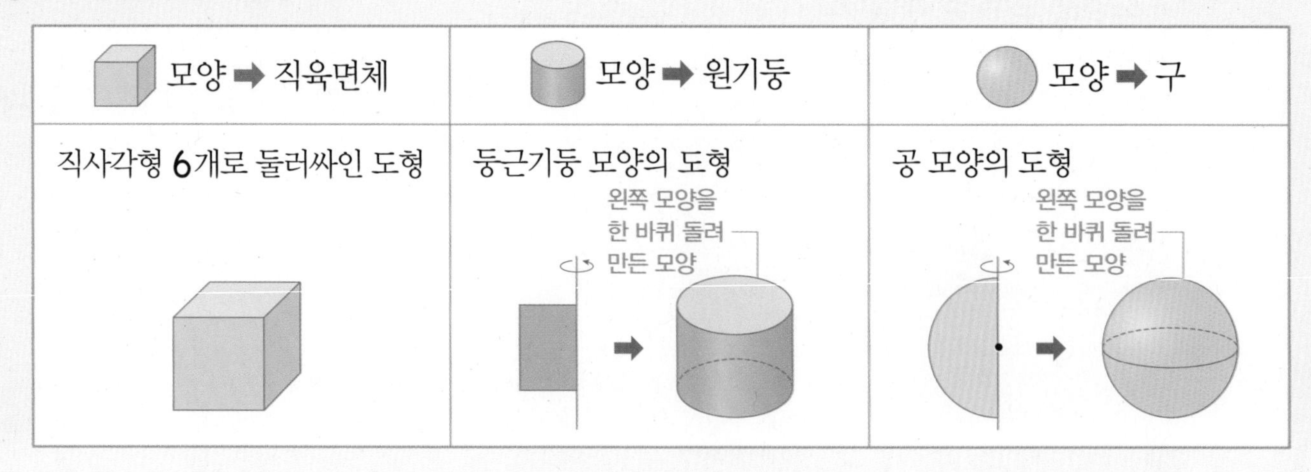

모양 ➡ 직육면체	모양 ➡ 원기둥	모양 ➡ 구
직사각형 6개로 둘러싸인 도형	둥근기둥 모양의 도형	공 모양의 도형

1 물건을 같은 모양끼리 모은 사람은 누구일까요?

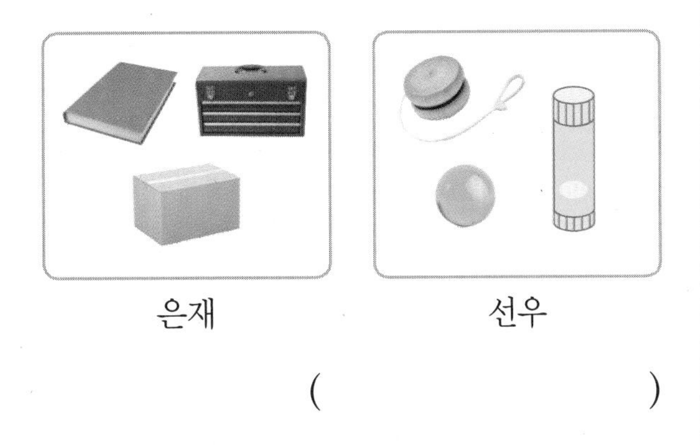

(　　　　　　　　　)

2 오른쪽 모양을 보고 , , 모양을 각각 몇 개 사용했는지 세어 보세요.

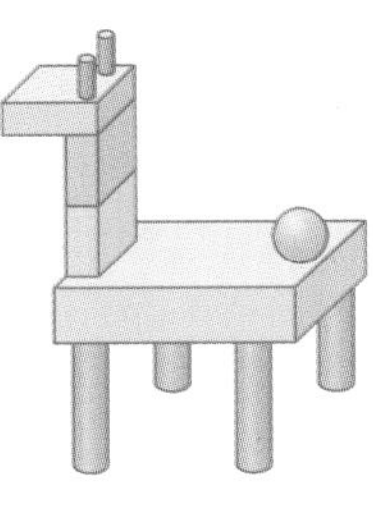

(　　　　　　　　　)

(　　　　　　　　　)

(　　　　　　　　　)

3 왼쪽 그림은 모양의 물체를 어느 방향에서 본 모양인지 번호를 써 보세요.

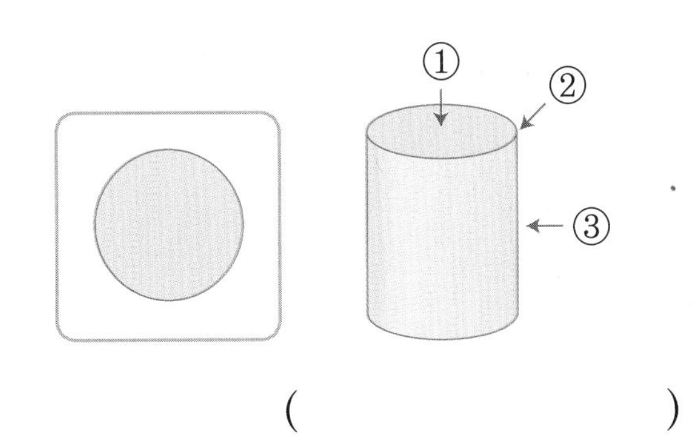

(　　　　　　　　　)

4 규칙에 따라 빈칸에 들어갈 물건에 맞는 모양을 찾아 ○표 하세요.

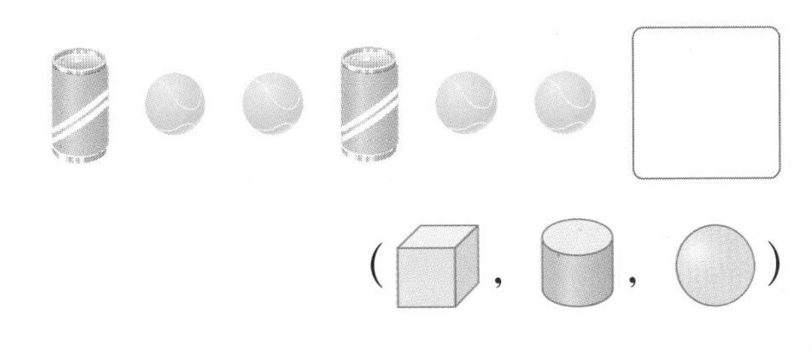

(, ,)

5 다음 모양을 보고 사용한 모양의 개수가 다른 하나를 찾아 ○표 하세요.

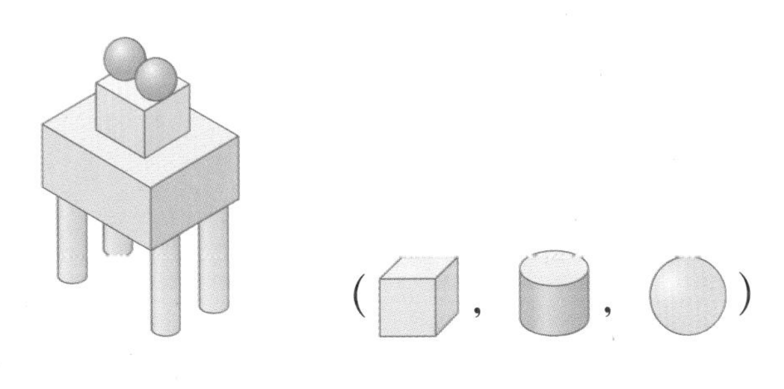

(, ,)

6 다음 모양을 모두 사용하여 만든 모양을 찾아 기호를 써 보세요.

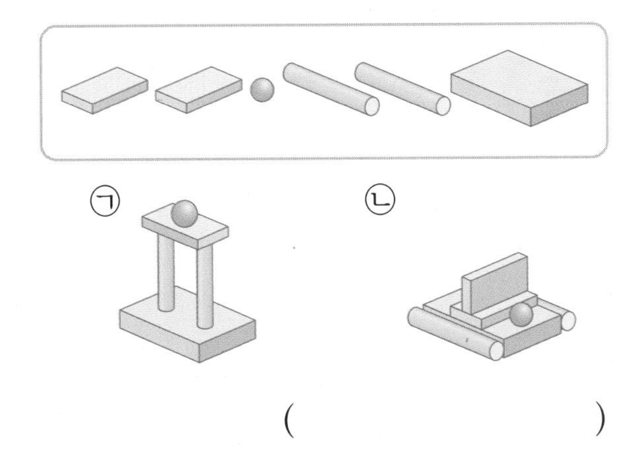

(　　　　　　　　　)

가장 많이 사용한 모양 알아보기

다음 모양을 만드는 데 가장 많이 사용한 모양에 ○표 하세요.

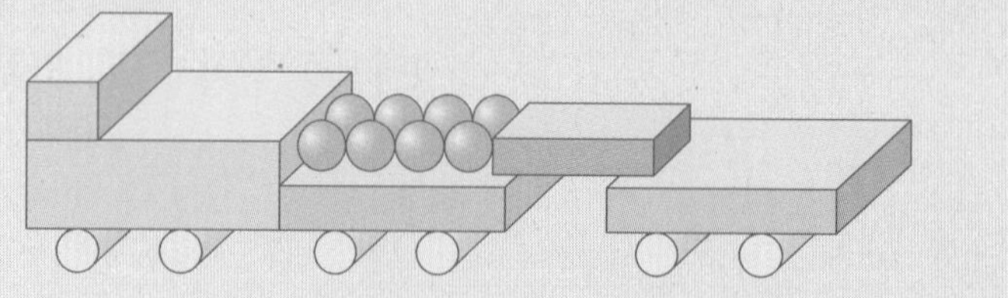

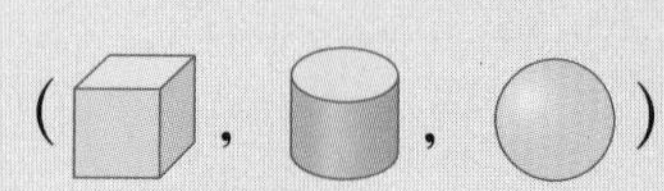

● 생각하기 크기와 색깔이 달라도 모양이 같으면 같은 모양입니다.

● 해결하기 1단계 사용한 □, ▭, ○ 모양의 개수 각각 구하기

□ 모양은 5개, ▭ 모양은 6개, ○ 모양은 8개 사용하였습니다.

2단계 가장 많이 사용한 모양 알아보기

개수를 비교하면 8개가 가장 많으므로 가장 많이 사용한 모양은 ○ 모양입니다.

답 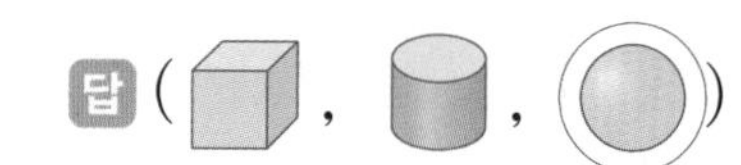

1-1 다음 모양을 만드는 데 가장 많이 사용한 모양에 ○표 하세요.

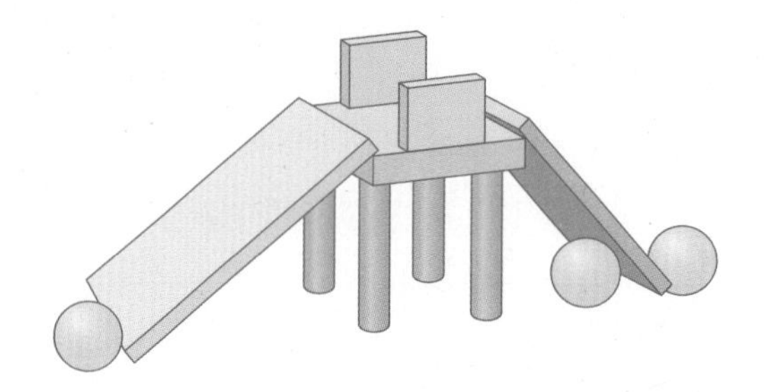

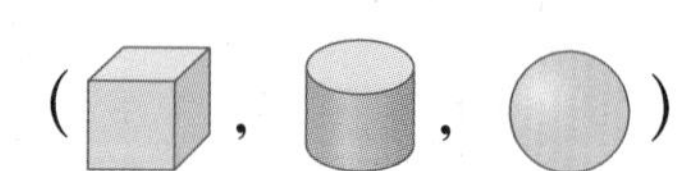

1-2 다음 모양을 만드는 데 가장 적게 사용한 모양에 ○표 하세요.

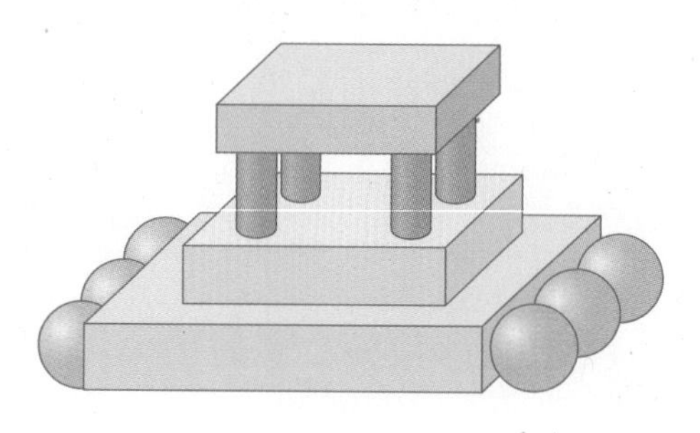

(□ , ▭ , ○)

공통으로 있는 모양 알아보기

윤미와 선경이가 가지고 있는 물건입니다. , , 모양 중에서 두 사람이 모두 가지고 있는 모양에 ○표 하세요.

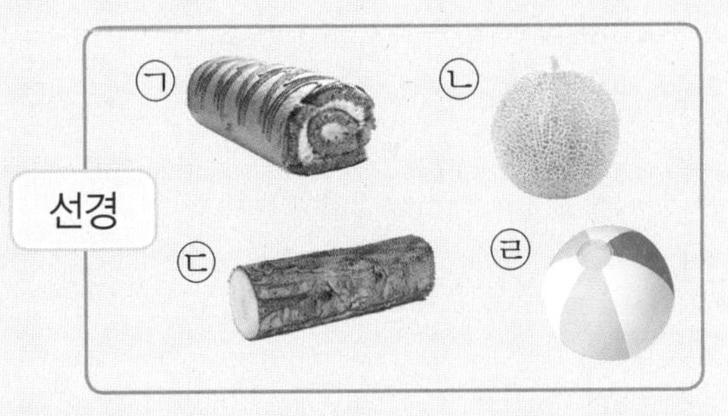

생각하기 윤미와 선경이가 가지고 있는 물건의 모양을 각각 분류해 봅니다.
└ 분류: 기준에 따라 가르는 것

해결하기 **1단계** 윤미가 가지고 있는 모양 알아보기

㉠과 ㉣은 모양, ㉡과 ㉢은 모양이므로
윤미가 가지고 있는 모양은 , 모양입니다.

2단계 선경이가 가지고 있는 모양 알아보기

㉠과 ㉢은 모양, ㉡과 ㉣은 모양이므로
선경이가 가지고 있는 모양은 , 모양입니다.

3단계 두 사람이 모두 가지고 있는 모양 알아보기

두 사람이 모두 가지고 있는 모양은 모양입니다.

답 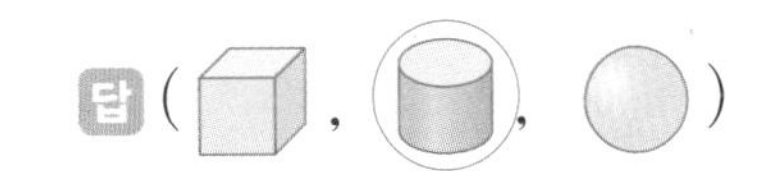

2-1

상진이와 희정이네 집에 있는 물건입니다. , , 모양 중에서 두 사람의 집에 모두 있는 모양에 ○표 하세요.

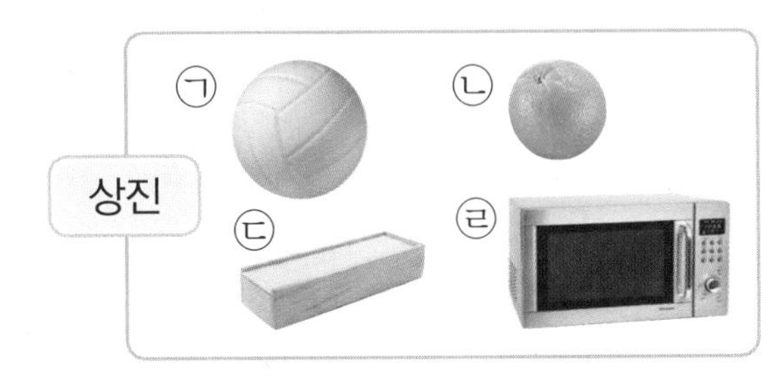

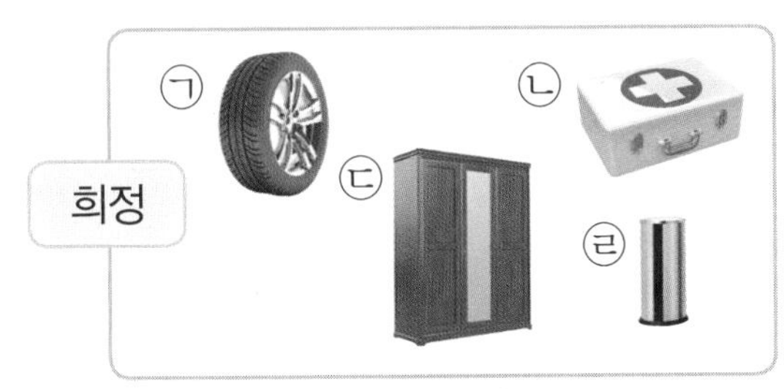

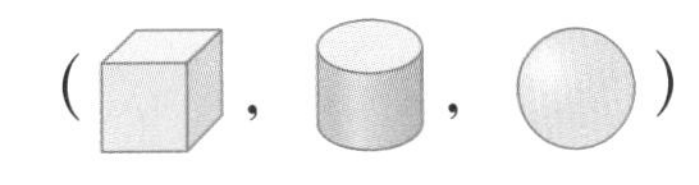

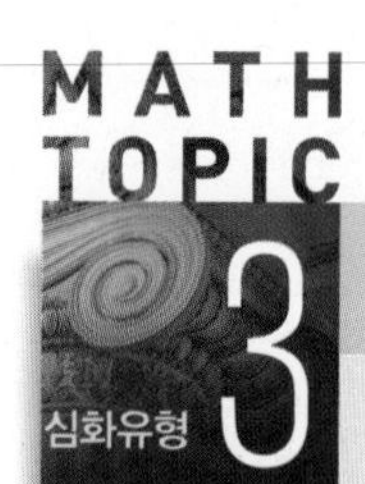

MATH TOPIC 3 심화유형

주어진 모양으로 만들 수 있는 것 찾기

왼쪽 모양을 모두 사용하여 만들 수 있는 것을 찾아 써 보세요.

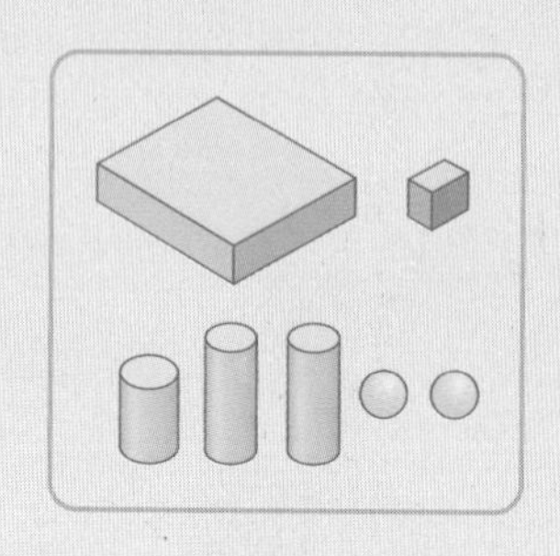

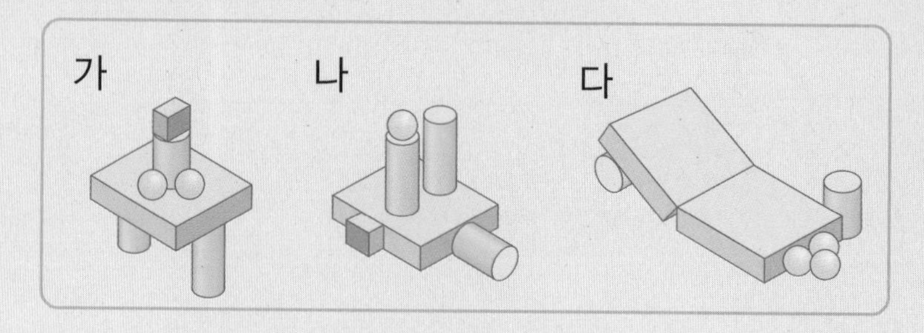

● 생각하기 ▢, ▢, ◯ 모양의 개수를 셀 때는 빠트리지 않도록 표시하면서 셉니다.

● 해결하기 1단계 왼쪽 모양에서 ▢, ▢, ◯ 모양의 개수 각각 구하기

▢ 모양 2개, ▢ 모양 3개, ◯ 모양 2개입니다.

2단계 가, 나, 다에서 ▢, ▢, ◯ 모양의 개수 각각 구하기

가: ▢ 모양 2개, ▢ 모양 3개, ◯ 모양 2개입니다.

나: ▢ 모양 2개, ▢ 모양 3개, ◯ 모양 1개입니다.

다: ▢ 모양 2개, ▢ 모양 2개, ◯ 모양 3개입니다.

3단계 왼쪽 모양을 모두 사용하여 만들 수 있는 것 찾기

왼쪽 모양과 ▢, ▢, ◯ 모양의 개수가 같은 것을 찾으면 가입니다.

답 가

3-1 왼쪽 모양을 모두 사용하여 만들 수 있는 것을 찾아 써 보세요.

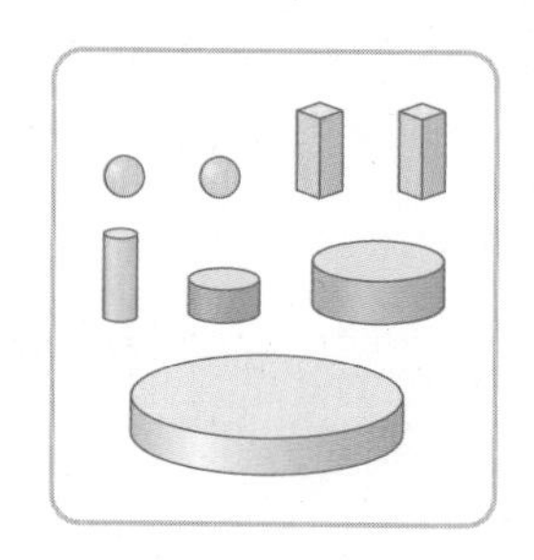

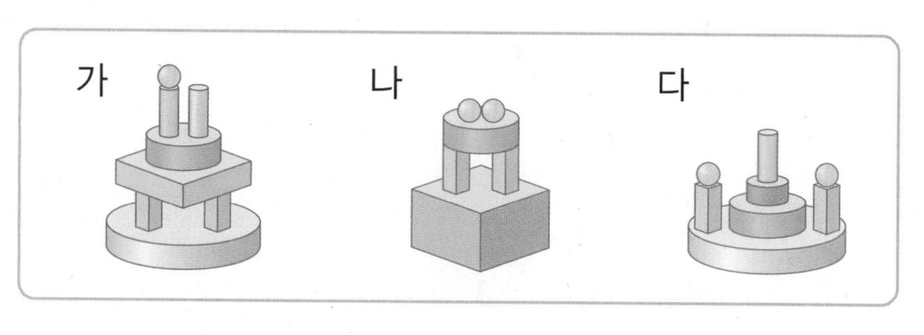

(　　　　　　　　)

심화유형 4

설명하는 모양과 같은 모양의 물건 찾기

▢, ▢, ◯ 모양 중에서 설명하는 모양과 같은 모양의 물건을 우리 주변에서 2개만 찾아 써 보세요.

뾰족한 부분이 있습니다.

생각하기 ▢ 모양: 주사위, 큐브 등, ▢ 모양: 통조림통, 북 등, ◯ 모양: 야구공, 축구공 등

해결하기 1단계 설명하는 모양 알아보기

▢, ▢, ◯ 모양 중에서 뾰족한 부분이 있는 모양은 ▢ 모양입니다.

2단계 설명하는 모양의 물건 찾기

▢ 모양의 물건을 주변에서 찾아보면 택배 상자, 국어사전, 전자레인지 등이 있습니다.

답 예 택배 상자, 국어사전

4-1 **▢, ▢, ◯ 모양 중에서 설명하는 모양과 같은 모양의 물건을 우리 주변에서 2개만 찾아 써 보세요.**

- 눕히면 잘 굴러갑니다.
- 평평한 부분이 있습니다.

( )

4-2 **▢, ▢, ◯ 모양 중에서 설명하는 모양과 같은 모양의 물건을 우리 주변에서 2개만 찾아 써 보세요.**

- 잘 굴러갑니다.
- 쌓을 수 없습니다.

( )

조건에 맞는 모양 찾기

오른쪽 모양을 만드는 데 사용한 모양 중 조건에 맞는 모양의 개수를 세어 빈칸에 써넣으세요.

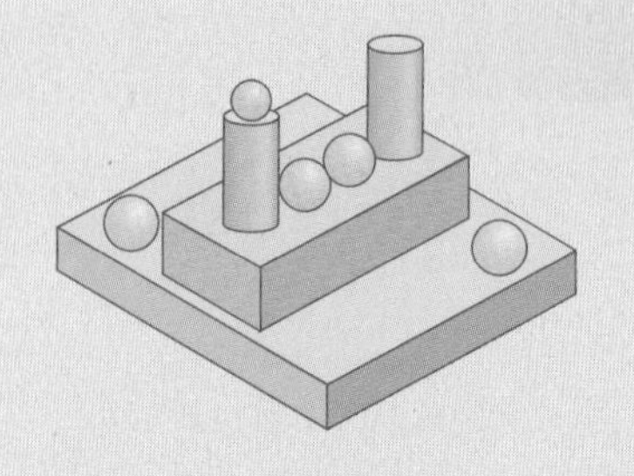

평평한 부분의 개수	0개	2개	6개
사용한 모양의 개수			

생각하기 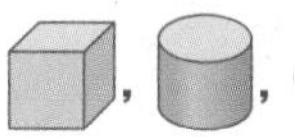,  모양 중 평평한 부분이 0개, 2개, 6개인 것이 각각 무엇인지 알아봅니다.

해결하기 1단계 , , 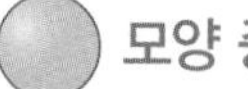 모양 중 평평한 부분이 0개, 2개, 6개인 모양 알아보기

- 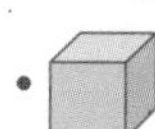 모양의 평평한 부분의 개수: 6개 • 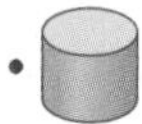 모양의 평평한 부분의 개수: 2개
-  모양의 평평한 부분의 개수: 0개

 오른쪽 모양을 만드는 데 사용한 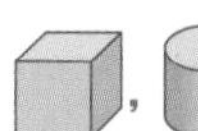,  모양의 개수 각각 구하기

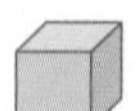 모양은 2개, 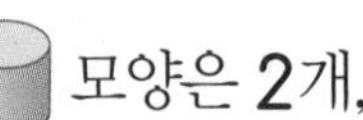 모양은 2개,  모양은 5개 사용하였습니다.

3단계 사용한 모양 중 조건에 맞는 모양의 개수 세기

평평한 부분이 0개인 모양은 5개, 2개인  모양은 2개, 6개인 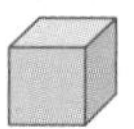 모양은 2개 사용하였습니다.

답 5개, 2개, 2개

5-1

오른쪽 모양을 만드는 데 사용한 모양 중 조건에 맞는 모양의 개수를 세어 빈칸에 써넣으세요.

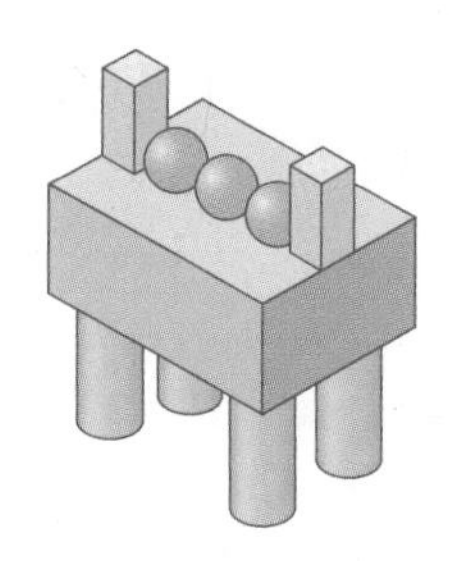

평평한 부분이 있는 모양	평평한 부분이 없는 모양

5-2

오른쪽 모양에서 평평한 부분이 2개인 모양은 평평한 부분이 6개인 모양보다 몇 개 더 많을까요?

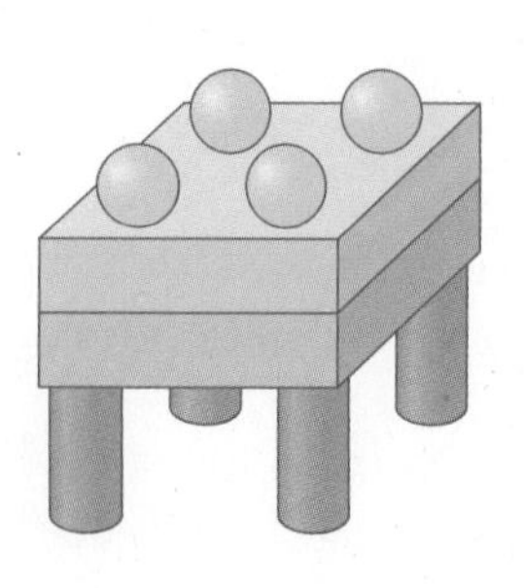

( )

설명에 없는 모양 알아보기

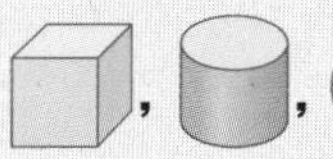 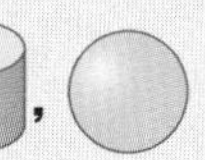 **모양 중 설명에 없는 모양을 찾아 ○표 하세요.**

- 눕히면 잘 굴러갑니다.
- 평평한 부분과 뾰족한 부분이 모두 있습니다.
- 평평한 부분과 둥근 부분이 모두 있습니다.

(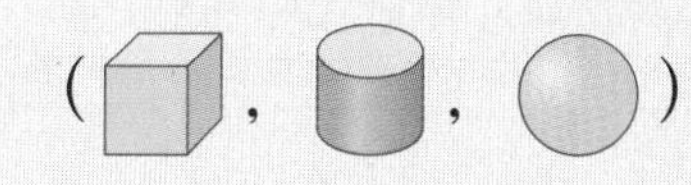)

생각하기 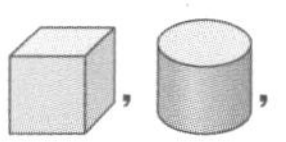 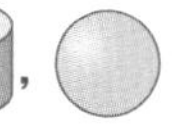 모양의 특징을 생각해 봅니다.

해결하기 1단계 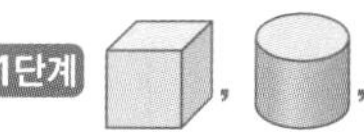  모양 중 설명하는 모양 알아보기

- 눕히면 잘 굴러가는 모양은 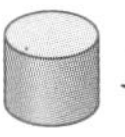 모양입니다.
- 평평한 부분과 뾰족한 부분이 모두 있는 모양은 (상자) 모양입니다.
- 평평한 부분과 둥근 부분이 모두 있는 모양은 (원기둥) 모양입니다.

2단계 설명에 없는 모양 찾기

따라서 설명에 없는 모양은 (공) 모양입니다.

답 (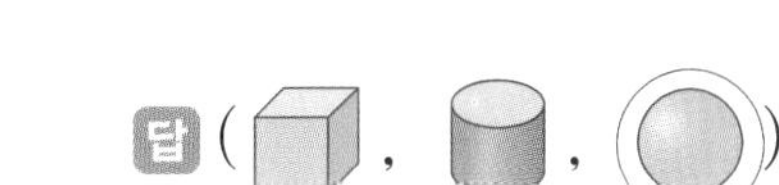 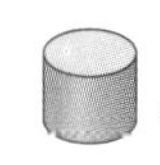 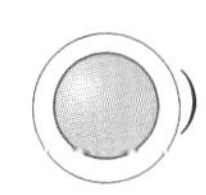)

6-1

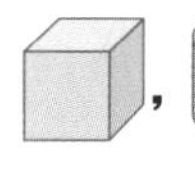 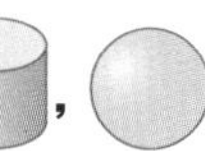 **모양 중 설명에 없는 모양을 찾아 ○표 하세요.**

- 축구공과 같은 모양입니다.
- 평평한 부분이 없습니다.
- 잘 굴러가지 않습니다.

(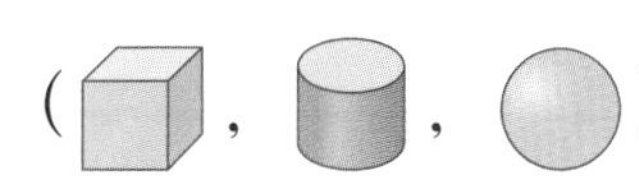)

6-2

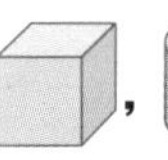 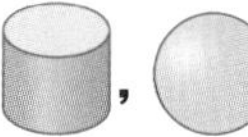 **모양 중 설명에 없는 모양을 찾아 ○표 하세요.**

- 평평한 부분이 2개입니다.
- 모든 방향으로 잘 굴러갑니다.
- 딱풀과 같은 모양입니다.
- 쌓을 수 없습니다.

(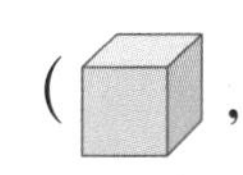 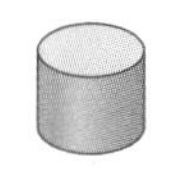 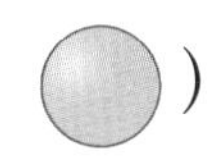)

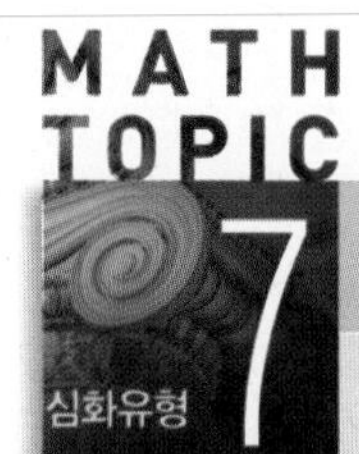

MATH TOPIC 7 여러 가지 모양을 활용한 교과통합유형

심화유형

수학+음악

악기는 크게 가락악기와 리듬악기로 구분할 수 있습니다. 단소와 리코더는 입으로 불어서 높거나 낮은 음을 내는 가락악기이고, 북과 탬버린은 두드리거나 흔들어서 박자를 맞추는 데 사용하는 리듬악기입니다. 다음은 □, □, ○ 모양 중 하나의 모양의 악기를 모은 것입니다. 이 모양의 특징을 한 가지만 써 보세요.

단소 리코더 북 탬버린

● 생각하기 악기들의 모양을 보고 □, □, ○ 모양 중 어떤 모양인지 알아봅니다.

● 해결하기 1단계 어떤 모양의 악기들인지 알아보기

단소, 리코더, 북, 탬버린은 모두 (□ , □ , ○) 모양입니다.

2단계 위에서 구한 모양의 특징 알아보기

(□ , □ , ○) 모양을 살펴보면 평평한 부분과 둥근 부분이 있고, 눕히면 잘 굴러갑니다.

특징 ....

수학+생활

7-1

우리 조상들은 예부터 집안에 큰 일이 있을 때 떡을 만들어 이웃과 나누어 먹었고, 그 풍습은 지금도 이어지고 있습니다. 떡은 재료와 만드는 방법에 따라 다양한 종류가 있습니다. 다음은 여러 가지 종류의 떡입니다. 다음 떡의 모양은 □, □, ○ 모양 중 한 가지 모양으로만 되어 있습니다. 이 모양의 특징을 한 가지만 써 보세요.

백설기 시루떡 인절미 무지개떡

특징 ....

LEVEL UP TEST

1 두 모양을 만드는 데 공통으로 사용한 모양에 ○표 하고, 모두 몇 개를 사용하였는지 구해 보세요.

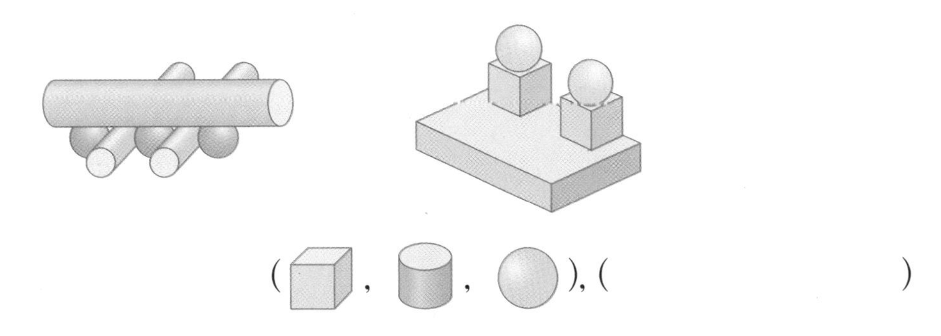

(▢ , ▢ , ○), (　　　　　　)

2 ▢, ▢, ○ 모양 중에서 사진에 없는 모양의 물건을 주변에서 2개만 찾아 써 보세요.

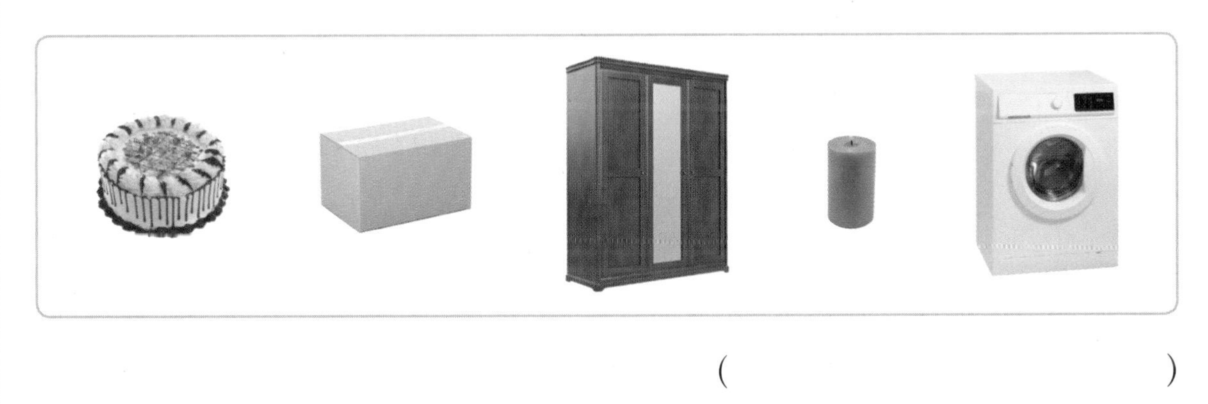

(　　　　　　　　　　)

3 평평한 부분의 개수가 같은 모양의 물건끼리 모아 기호를 써 보세요.

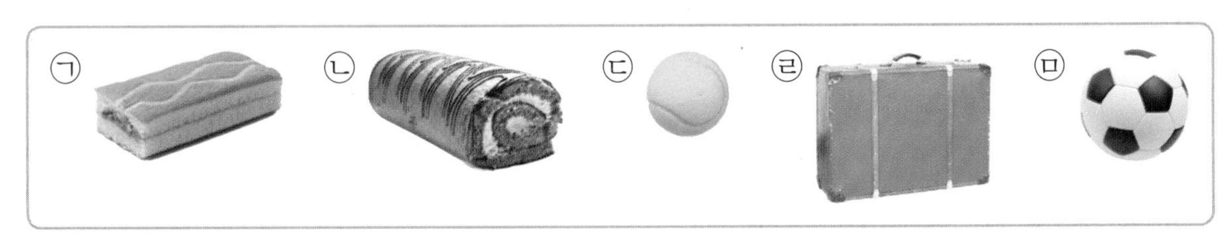

평평한 부분의 개수	0개	2개	6개
물건			

4 다음은 선영이와 세진이가 상자 안을 들여다보고 그린 그림입니다. 상자 안에 들어 있는 모양과 같은 모양의 물건을 찾아 기호를 써 보세요.

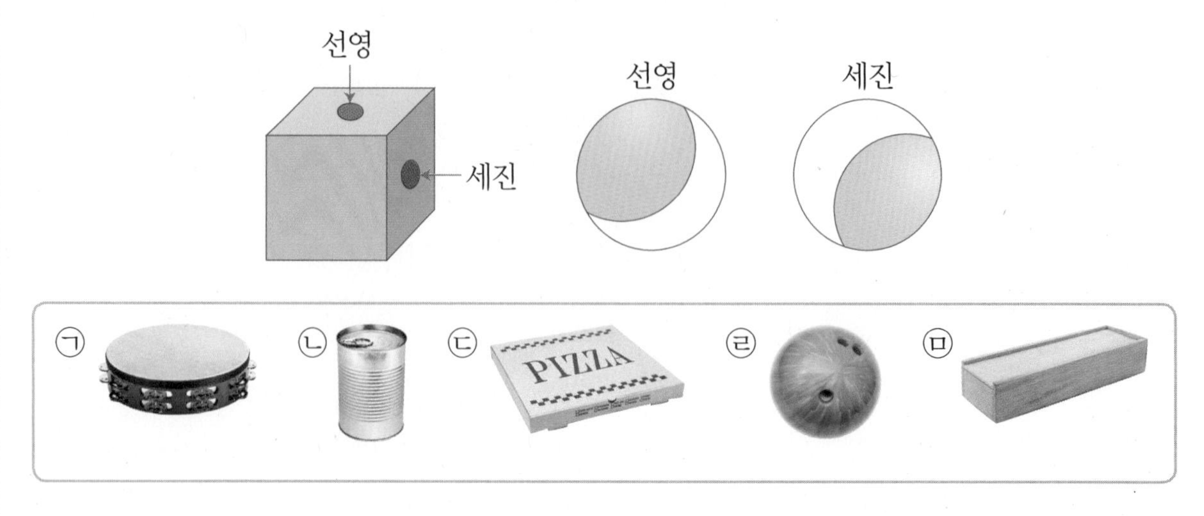

( )

5 경희는 모양 4개, 모양 3개, 모양 5개를 사용하여 모양을 만들었습니다. 경희가 만든 모양을 찾아 써 보세요.

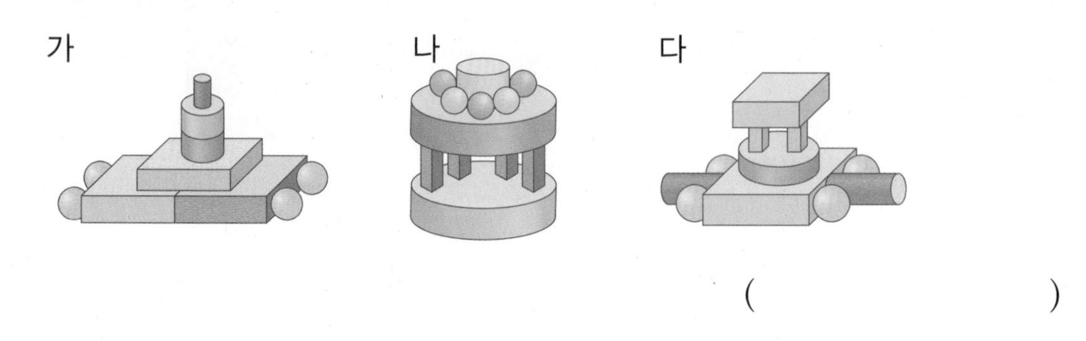

( )

서술형 **6** 오른쪽은 여러 가지 모양을 사용하여 만든 모양입니다. 둘째로 적게 사용한 모양은 가장 적게 사용한 모양보다 몇 개 더 많이 사용하였는지 풀이 과정을 쓰고 답을 구해 보세요.

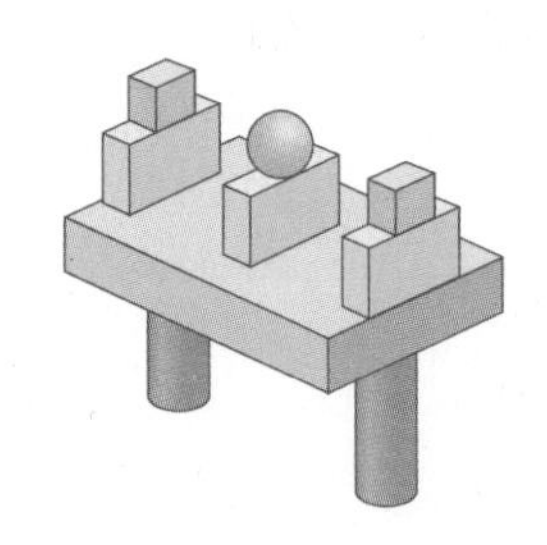

풀이

답

7 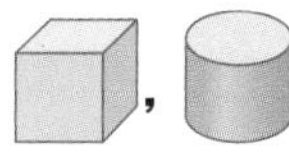  **모양 중 설명에 없는 모양을 찾아 ○표 하세요.**

- 뾰족한 부분이 있습니다.
- 야구공과 같은 모양입니다.
- 잘 굴러가지 않습니다.

(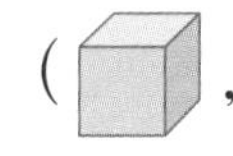 , 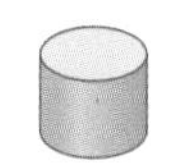 , 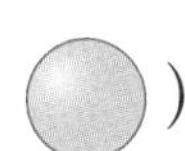)

수학+미술

STEAM형 **8** **모빌은 미국의 조각가 칼더의 움직이는 조각을 모빌이라 부른 것에서 유래되었습니다. 모빌은 여러 가지 모양의 조각을 철사나 실에 매달아 만드는 것입니다. 다음은 세 사람이 만든 모빌입니다. 눕히면 잘 굴러가는 모양을 가장 많이 사용한 사람은 누구일까요?**

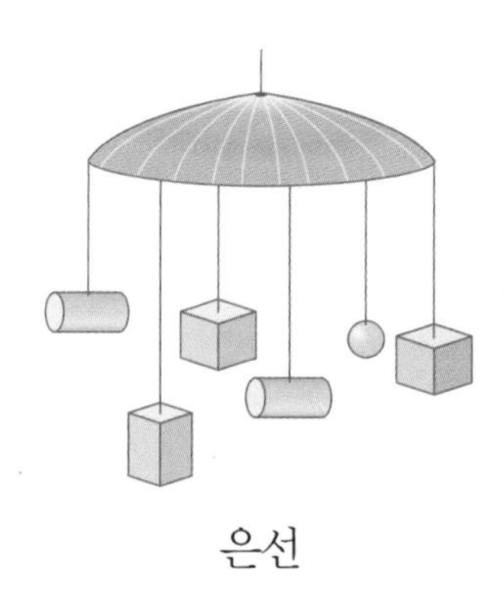
은선

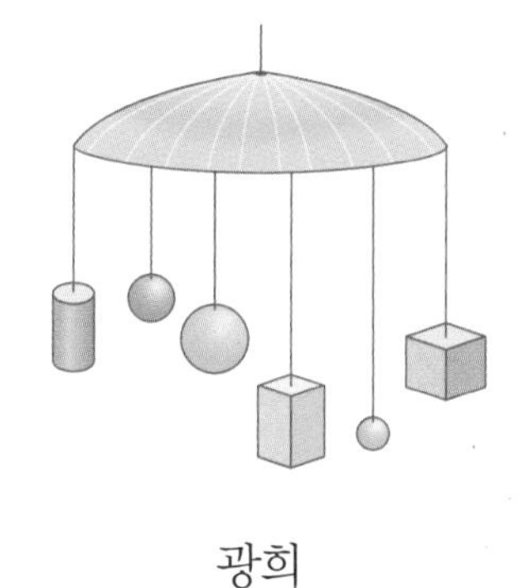
광희

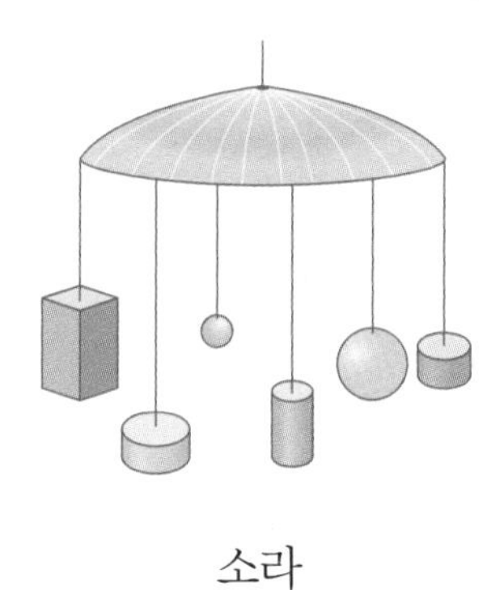
소라

(   )

9

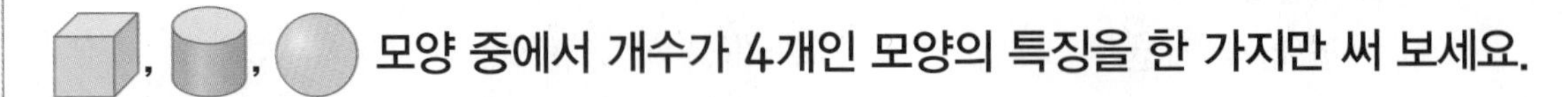

모양 중에서 개수가 4개인 모양의 특징을 한 가지만 써 보세요.

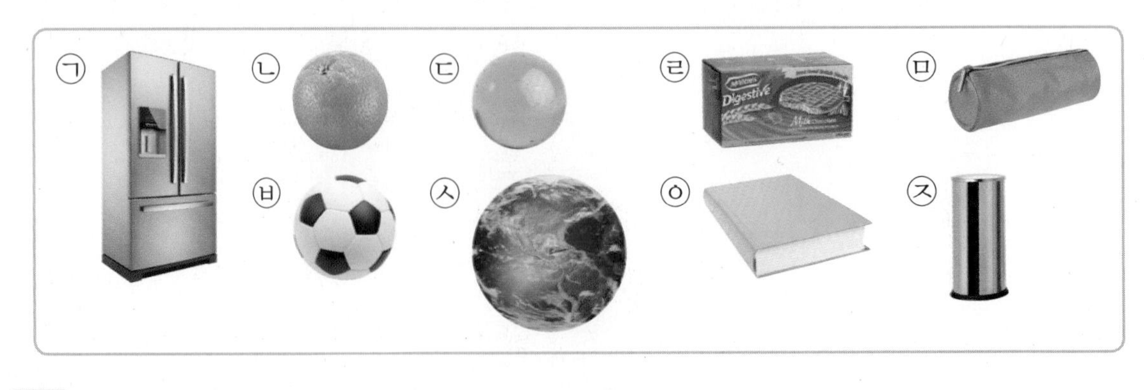

특징 ....

서술형 10

현진이가 가지고 있는 모양으로 오른쪽과 같은 모양을 만들려면 ▢, ▢ 모양은 2개씩 남고, ○ 모양은 1개 부족합니다. 현진이가 가지고 있는 ▢, ▢, ○ 모양은 각각 몇 개인지 풀이 과정을 쓰고 답을 구해 보세요.

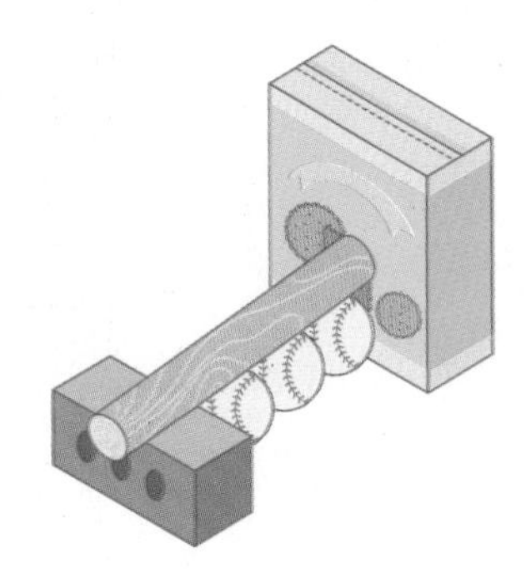

풀이 ....

....

....

답 ▢: , ▢: , ○:

HIGH LEVEL

1 오른쪽 모양은 어떤 모양의 일부분입니다. 어떤 모양인지 찾아 기호를 써 보세요.

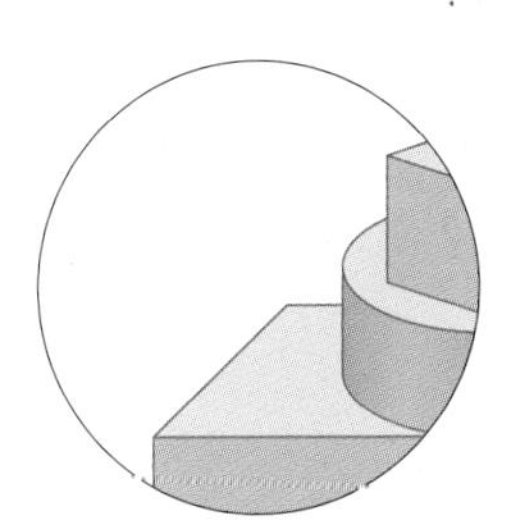

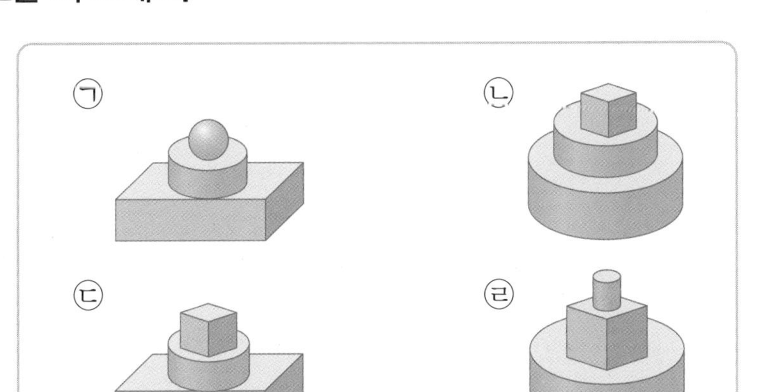

( )

2 규칙에 따라 모양을 늘어놓았습니다. 빈칸에 들어갈 모양은 어떤 모양인지 ○표 하고, 무슨 색인지 써 보세요.

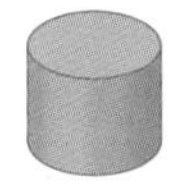   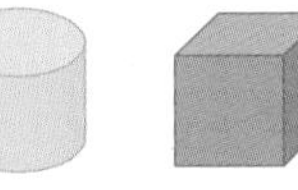 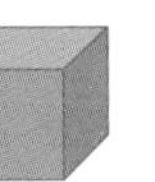 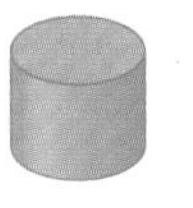   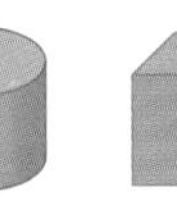 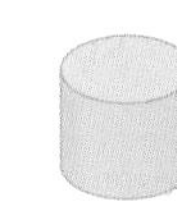 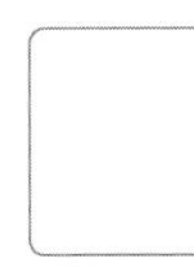

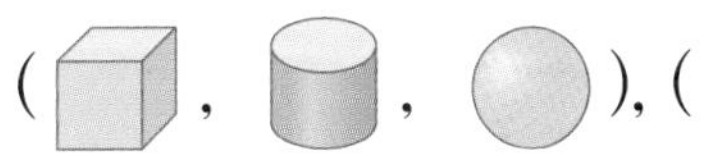
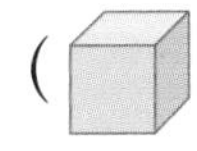

(, ,), ( )

연필 없이 생각 톡

밧줄의 양쪽 끝을 잡아당겼을 때, 매듭은 몇 개 만들어질까요?

덧셈과 뺄셈

대표심화유형

수와 기호로 된 언어

어리석은 원숭이들

옛날에 원숭이를 좋아하는 사람이 많은 원숭이를 기르고 있었어요. 그런데 원숭이가 늘어나면서 먹이를 사는 데 들어가는 돈이 점점 많아져 걱정이 가득했어요. 그래서 주인은 결심을 하고 원숭이들에게 이렇게 말했어요. "오늘부터 너희들에게 바나나를 아침에 세 개, 저녁에 네 개를 주겠다." 그러자 원숭이들은 바나나를 너무 적게 준다고 소란을 피우며 반대를 했어요. 당황한 주인은 꾀를 내어 원숭이들에게 다음과 같이 말했어요. "좋아. 그럼 아침에는 네 개, 저녁에는 세 개를 주도록 하지." 그때서야 원숭이들은 신이 나서 손뼉까지 치며 즐거워했다고 합니다.

사실 아침에 세 개, 저녁에 네 개를 먹으나 아침에 네 개, 저녁에 세 개를 먹으나 바나나의 수는 일곱 개로 모두 같아요. 원숭이들은 어리석게도 당장 아침에 받는 바나나 수만 보고 기뻐했던 것이에요. 이 이야기를 고사성어로 조삼모사(朝三暮四)라고 한답니다.

朝 三 暮 四

아침 **조** | 셋 **삼** | 저녁 **모** | 넷 **사**

아침에 세 개, 저녁에 네 개라는 뜻으로, 눈앞에 보이는 차이만 알고 결과가 같은 것을 모르는 어리석은 상황을 비유하는 말입니다.

수학은 약속이에요!

수학에서 1 더하기 1은 2라고 하죠? 하지만 수학 밖에서 생각하면 조금 다른 답이 나올 수 있어요. 예를 들어 물방울 하나가 다른 물방울 하나를 만나면 큰 물방울 하나가 되어 1+1=1이 될 수 있고, 물방울 하나가 다른 물방울 두 개를 만나 더 큰 물방울 하나가 되어 1+2=1이 될 수 있어요. 같은 방법으로 생각하면 1+3=1, 1+4=1, 1+5=1이 될 수 있어요.

따라서 1+1=2라는 것은 1에 1을 더하여 얻은 수 2라고 약속한 거예요. 수학에서는 이런 약속들이 많은데, 이렇게 약속이 많은 이유는 사람마다 답이 달라지면 헷갈릴 수 있기 때문이에요.

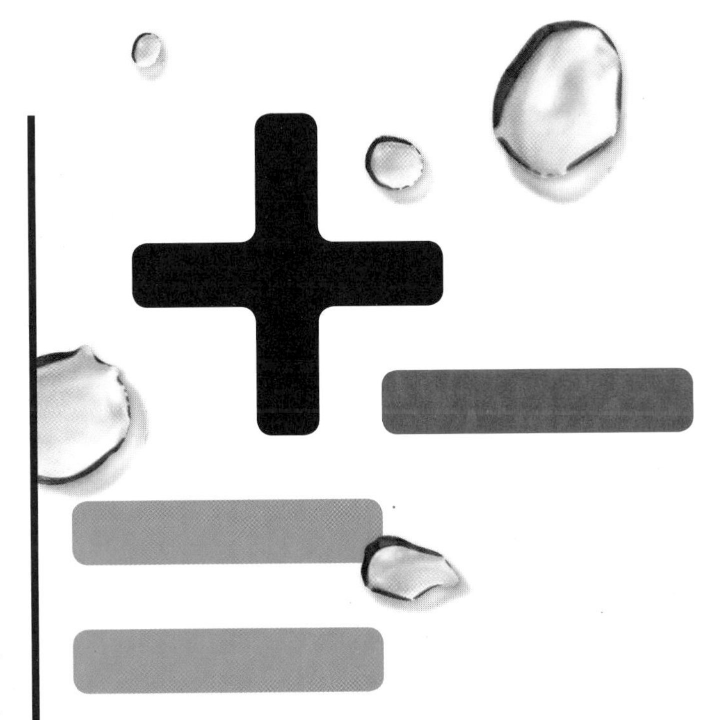

+, −, = 기호의 유래

우리가 사용하고 있는 수학 기호들은 어떻게 만들어진 걸까요? 더하기 기호 '+'는 라틴어 et(and와 같은 의미)을 쓰는 과정에서 '+'로 변하여 만들어졌어요. 빼기 기호 '−'는 모자란다는 뜻의 라틴어 minus의 약자 m을 필기체로 빠르게 쓰는 것에서 점차 '−'로 변하였어요.

같다는 기호 '='는 영국의 수학자 레코드가 1557년 대수학 책인 〈지혜의 숫돌〉에서 처음 썼으며 그의 묘비에도 새겨져 있어요. 레코드는 등호(같다는 기호)로 =를 사용한 이유가 '같다'라는 것을 표현하는 것으로 평행선만한 것이 없다고 생각했기 때문이라고 해요. 그래서 처음에는 '═══════'와 같이 옆으로 길게 썼으며 점점 짧아져 현재의 '=' 기호가 되었다고 해요.

BASIC CONCEPT

1 모으기와 가르기

❶ 모으기와 가르기

두 수를 하나의 수로 모으기하거나 하나의 수를 두 수로 가르기할 수 있습니다.

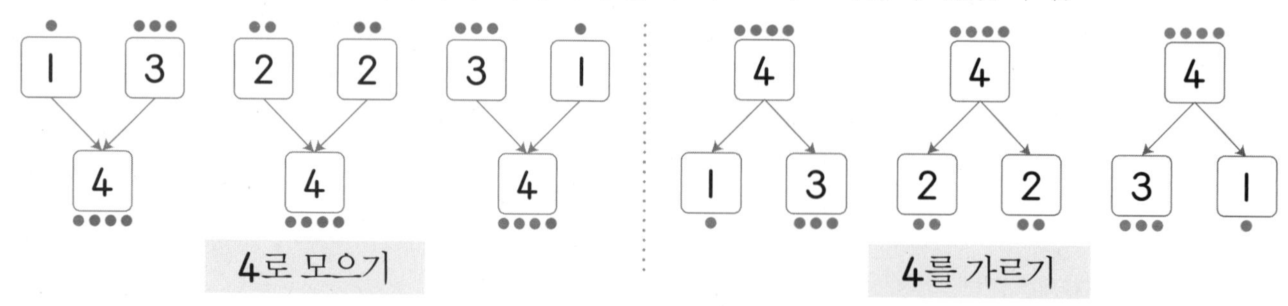

❷ 그림을 보고 이야기 만들기

그림을 보고 덧셈과 뺄셈이 되는 이야기를 만들 수 있습니다.

- 덧셈 이야기: 쿠키 5개와 머핀 3개를 합하면 8개입니다.
- 뺄셈 이야기: 쿠키가 5개이고 머핀이 3개이므로 쿠키가 2개 더 많습니다.

실전 개념

❶ 9까지의 수를 모든 경우로 가르기하기

한쪽의 수를 1씩 커지게 하고, 다른 쪽의 수를 1씩 작아지게 합니다.

2	3	4	5	6	7	8	9
1, 1	1, 2	1, 3	1, 4	1, 5	1, 6	1, 7	1, 8
	2, 1	2, 2	2, 3	2, 4	2, 5	2, 6	2, 7
		3, 1	3, 2	3, 3	3, 4	3, 5	3, 6
			4, 1	4, 2	4, 3	4, 4	4, 5
				5, 1	5, 2	5, 3	5, 4
					6, 1	6, 2	6, 3
						7, 1	7, 2
							8, 1

1씩 커집니다.
1씩 작아집니다.

연결 개념 덧셈과 뺄셈

❶ 모으기와 가르기를 하는 이유

모으기와 가르기를 통해 덧셈과 뺄셈을 할 수 있습니다.

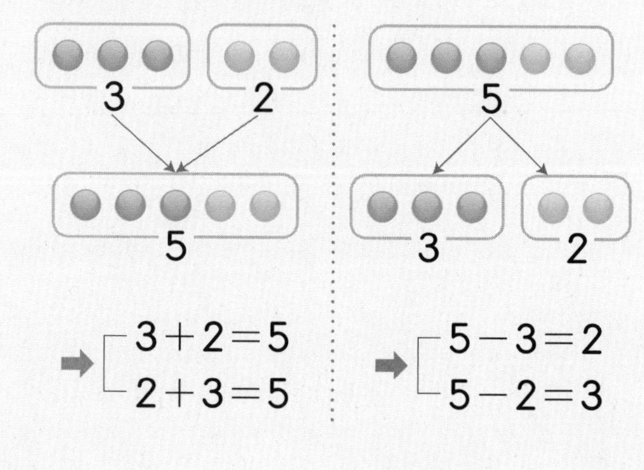

➡ $3+2=5$, $2+3=5$

➡ $5-3=2$, $5-2=3$

❷ 10이 되도록 두 수를 모으기

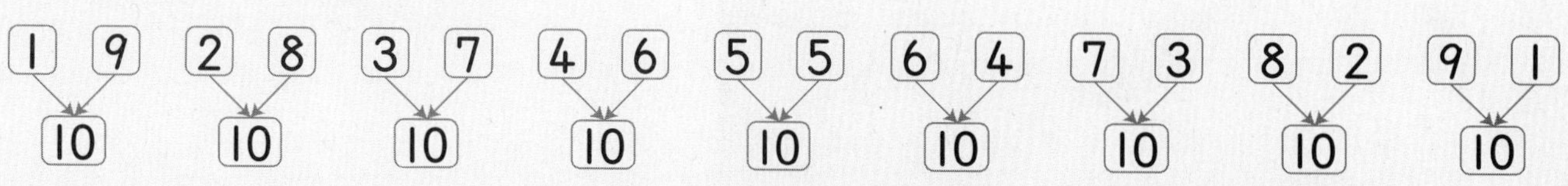

1 빈칸에 구슬을 그려 넣고, 모으기와 가르기를 해 보세요.

(1)

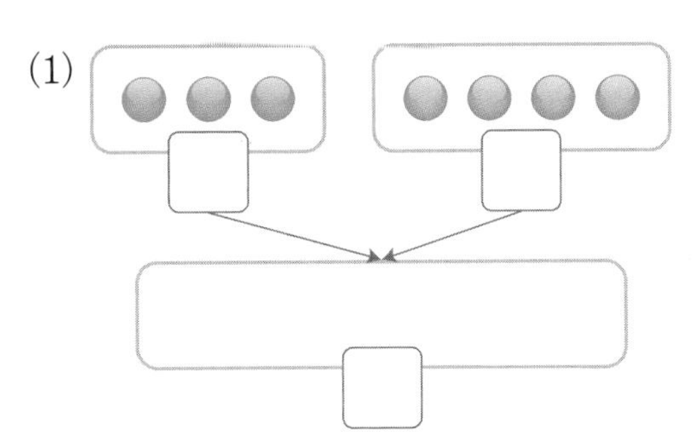

(2)

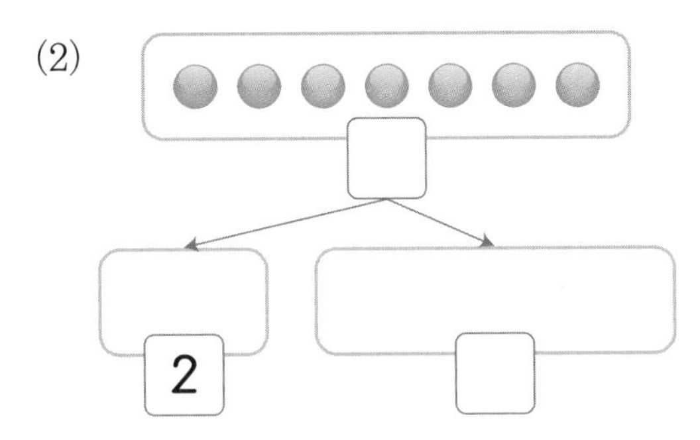

2 6을 여러 가지 방법으로 가르기해 보세요.

1	5

2	

3 이웃한 두 수를 모으기하여 9가 되는 수를 모두 찾아 묶어 보세요.

2	1	3	6
8	3	7	4
4	7	5	1
5	6	2	8

이런 경우도 찾아봅니다.

4 □ 안에 알맞은 수를 써넣으세요.

5와 3을 모으기한 수는 3과 □ 을/를 모으기한 수와 같습니다.

5 빈칸에 알맞은 수를 써넣으세요.

7 → 2, □
□ → □, 1

6 두 수를 모으기한 수가 가장 큰 것을 찾아 기호를 써 보세요.

㉠ 2와 2 ㉡ 3과 3 ㉢ 1과 4

(　　　　　　)

2 덧셈

❶ 더하기 알아보기

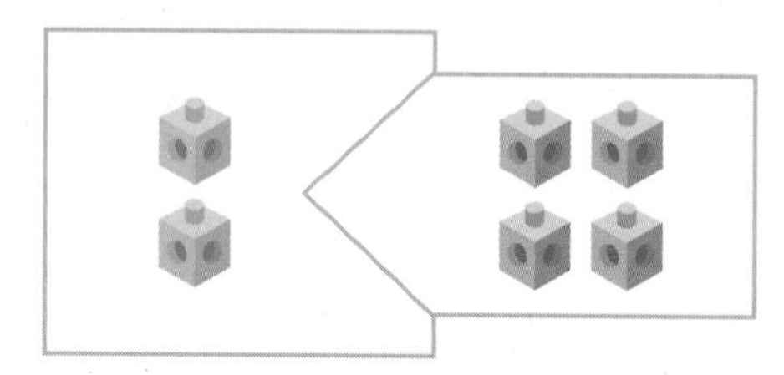

쓰기 $2+4=6$

읽기 2 더하기 4는 6과 같습니다.
2와 4의 합은 6입니다.
合(합할 합, 여럿을 한데 모음.)

- '+'는 앞의 수와 뒤의 수를 더하는 기호이고 '더하기'라고 읽습니다.
- '='는 양쪽이 같음을 나타내는 기호입니다.

❷ 덧셈하기

- $3+5$의 계산

방법1 더하는 수만큼 그림을 그려 차례로 세어 봅니다.

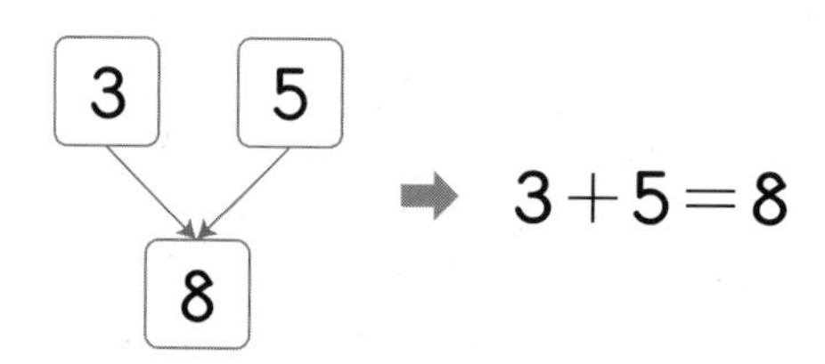

방법2 3과 5를 모으기해 봅니다.

3 5 → 8 ➡ $3+5=8$

실전 개념

❶ 덧셈의 특징

두 수를 바꾸어 더해도 계산한 값은 같습니다.

$3+5=8$ ⟷ $5+3=8$

❷ 수 카드 중 두 장을 뽑아 합이 가장 크게 되는 식 만들기

5 3 4 1 ➡ 가장 큰 수와 둘째로 큰 수를 뽑아 덧셈식을 만듭니다.

$5+4=9$ (5: 가장 큰 수, 4: 둘째로 큰 수)

두 수를 바꾸어 더해도 계산한 값은 같으므로 $4+5=9$로 만들어도 됩니다.

❸ 여러 수의 덧셈

두 수를 더한 다음 나머지 수를 차례로 더합니다.

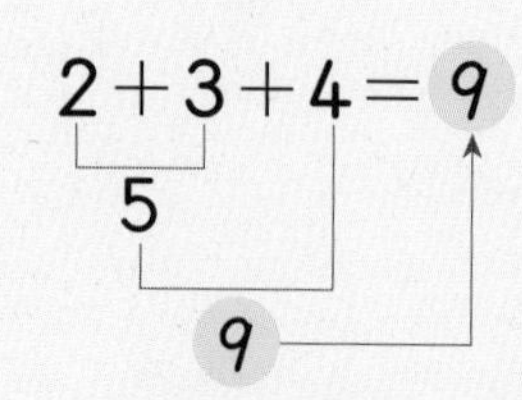

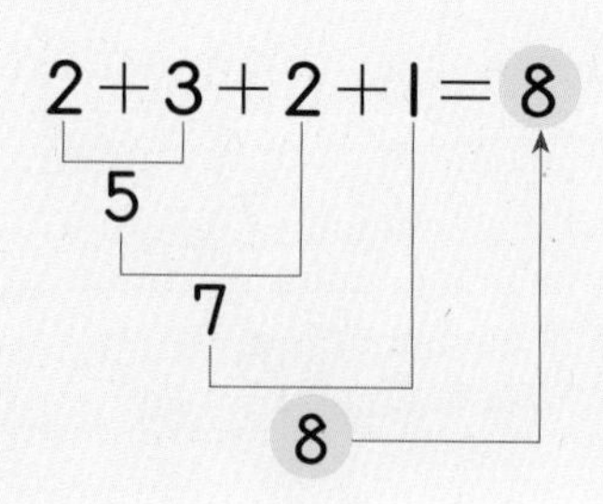

1 관계있는 것끼리 이어 보세요.

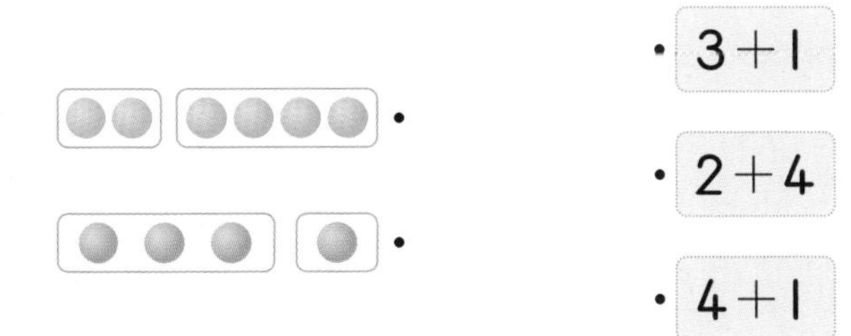

2 덧셈식으로 쓰고 읽어 보세요.

덧셈식 4+□=□

읽기 ....

3 모으기를 한 다음 덧셈을 해 보세요.

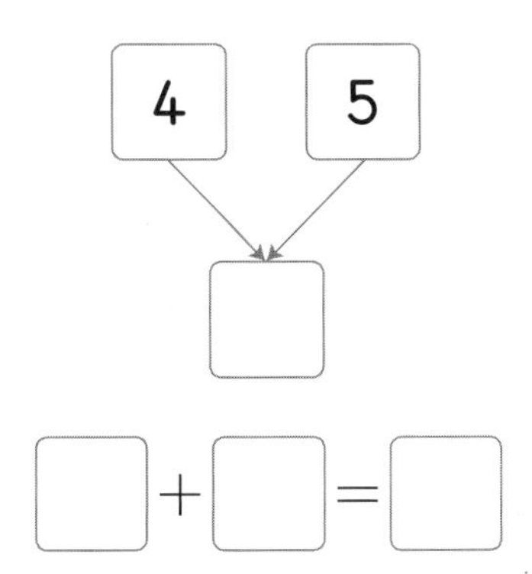

4 계산 결과가 다른 하나는 어느 것일까요?

(　　　)

① 5+3　② 6+3　③ 4+4
④ 6+2　⑤ 7+1

5 합이 가장 작은 것에 ○표 하세요.

1+1	1+3	1+2
(　　)	(　　)	(　　)

6 바구니에 옥수수가 2개, 감자가 2개 들어 있습니다. 바구니에 들어 있는 옥수수와 감자는 모두 몇 개일까요?

(　　　　　)

3 뺄셈

❶ 빼기 알아보기

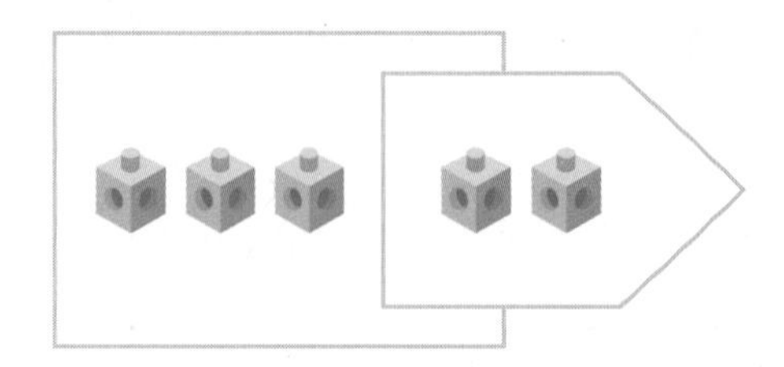

쓰기 $5-2=3$

읽기 5 빼기 2는 3과 같습니다.
5와 2의 차는 3입니다.
差(다를 차, 덜어 내고 남은 것)

- '－'는 앞의 수에서 뒤의 수를 빼는 기호이고 '빼기'라고 읽습니다.
- '＝'는 양쪽이 같음을 나타내는 기호입니다.

❷ 뺄셈하기

- $7-3$의 계산

방법1 주어진 수만큼 그림을 그려 덜어 냅니다.

$7 - 3 = 4$

남은 구슬의 수를 셉니다.

방법2 주어진 수만큼 그림을 그려 하나씩 짝지어 봅니다.

7 ➡ ●●●●●●●
3 ➡ ●●●

$7-3=4$ 남은 구슬의 수를 셉니다.

방법3 7을 3과 몇으로 가르기해 봅니다.

7 → 3, 4 ➡ $7-3=4$

7에서 3을 빼면 4가 됩니다.

실전 개념

❶ 수 카드 중 두 장을 뽑아 차가 가장 크게 되는 식 만들기

5 3 4 1 ➡ 가장 큰 수와 가장 작은 수를 뽑아 뺄셈식을 만듭니다.

$5 - 1 = 4$

(5: 가장 큰 수, 1: 가장 작은 수)

❷ 세 수의 뺄셈

앞에서부터 차례로 두 수씩 계산합니다.

$8-4-1=3$

(8－4＝4, 4－1＝3)

BASIC TEST

1 뺄셈식으로 쓰고 읽어 보세요.

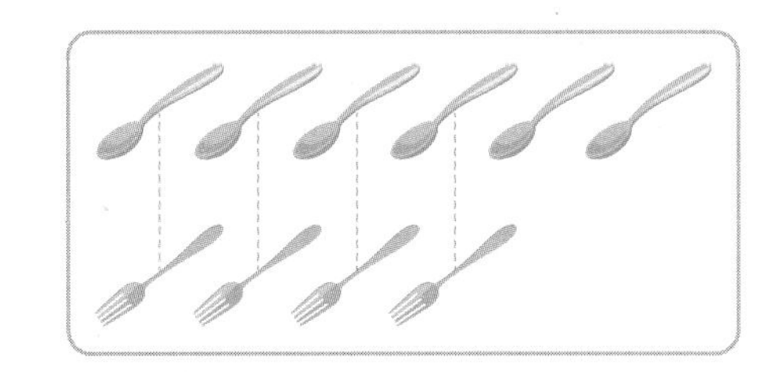

뺄셈식 6 ☐ 4 = ☐

읽기

2 가르기를 한 다음 뺄셈을 해 보세요.

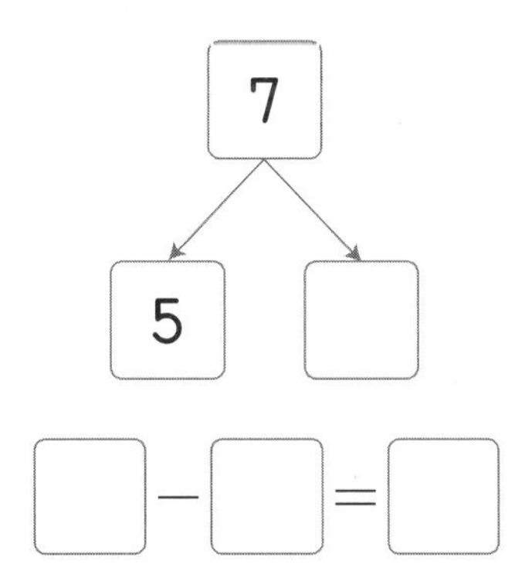

☐ − ☐ = ☐

3 계산 결과가 다른 하나는 어느 것일까요? (　　　)

① 9 − 5　② 6 − 2　③ 7 − 3
④ 5 − 2　⑤ 8 − 4

4 뺄셈을 하고, 규칙을 찾아 써 보세요.

4 − 1 = ☐

4 − 2 = ☐

4 − 3 = ☐

규칙

5 수 카드 중에서 가장 큰 수와 가장 작은 수의 차를 구해 보세요.

2　7　4　1

☐ − ☐ = ☐

6 상자 속에 빨간 구슬 4개와 노란 구슬 3개가 있습니다. 이 중에서 빨간 구슬 2개를 꺼냈습니다. 상자 속에 남아 있는 구슬은 몇 개일까요?

(　　　　　　)

4 덧셈과 뺄셈

❶ 0을 더하거나 빼기

- 어떤 수와 0을 더하면 항상 어떤 수가 됩니다. ➡ $7+0=7$, $0+7=7$
- 어떤 수에서 0을 빼면 항상 어떤 수가 됩니다. ➡ $7-0=7$
- 전체에서 전체를 빼면 0이 됩니다. ➡ $7-7=0$
- 0끼리 더하거나 빼면 0이 됩니다. ➡ $0+0=0$, $0-0=0$

→ 0은 '없음'을 나타내는 수이므로 더하거나 빼도 수가 달라지지 않습니다.

❷ 덧셈식과 뺄셈식의 관계

- 덧셈식을 만들 수 있는 세 수로 네 가지 식을 만들 수 있습니다.

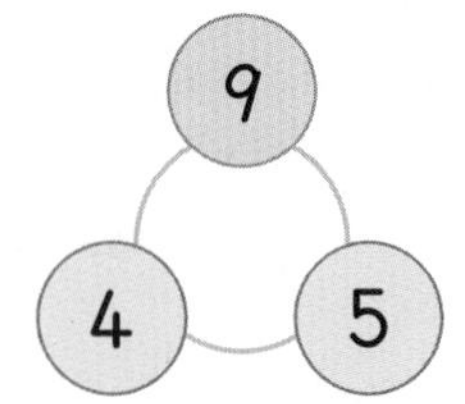

덧셈식	뺄셈식
$4+5=9$	$9-4=5$
$5+4=9$	$9-5=4$

❸ 덧셈과 뺄셈의 관계를 이용하여 모르는 수 구하기

□가 답이 되는 식을 만들어 구합니다.

- 4 + □ = 8

  8 − 4 = □ ➡ □=4

- 6 − □ = 4

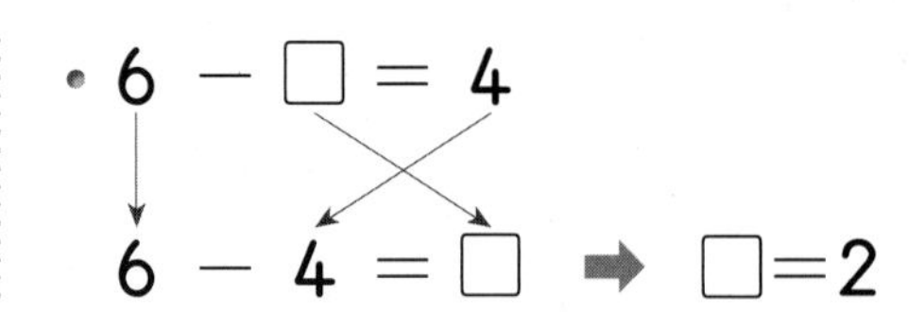

배경 지식

❶ 덧셈과 뺄셈의 관계에서 부분과 전체 알기

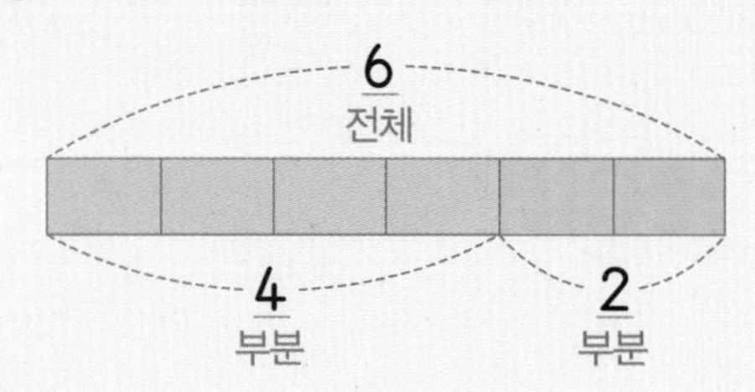

- 부분들을 합하면 전체가 됩니다.

  $4+2=6$, $2+4=6$

- 전체에서 한 부분을 덜어 내면 다른 부분이 남습니다.

  $6-4=2$, $6-2=4$

실전 개념

❶ 결과를 보고 +, − 기호 넣기

4 □ 3 = 7 ➡ 결과가 계산하기 전의 수보다 크므로 더한 것입니다.

4 ⊞ 3 = 7

4 □ 3 = 1 ➡ 결과가 가장 왼쪽의 수보다 작으므로 뺀 것입니다.

4 ⊟ 3 = 1

1 계산 결과가 같은 것끼리 이어 보세요.

$4-1$ •	• $5+2$
$9-2$ •	• $4+4$
$8-0$ •	• $3+0$

2 덧셈식을 보고 뺄셈식을 2개 만들어 보세요.

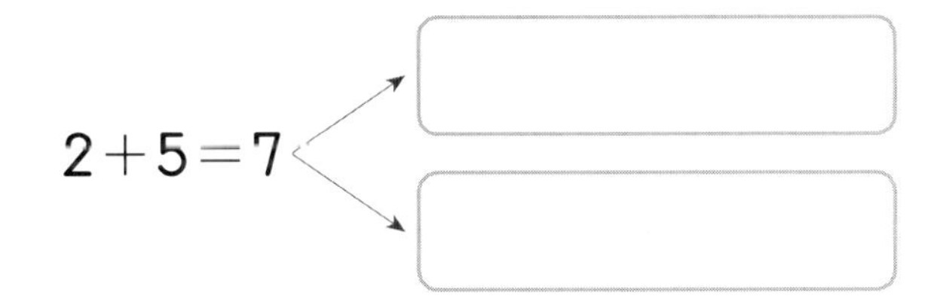

3 뺄셈식을 보고 만들 수 있는 덧셈식을 모두 고르세요. (　　　　)

$8-7=1$

① $1+7=8$　② $1+8=7$
③ $2+6=8$　④ $7+2=9$
⑤ $7+1=8$

4 세 수로 덧셈식과 뺄셈식을 만들어 보세요.

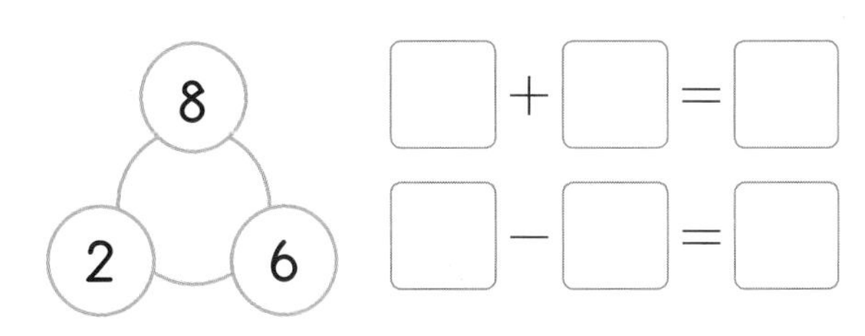

5 □가 있는 덧셈식과 뺄셈식을 만들고, □의 값을 구해 보세요.

(1) [고추 3개] + □ = [고추 6개]

식 ....

□=(　　　　)

(2)

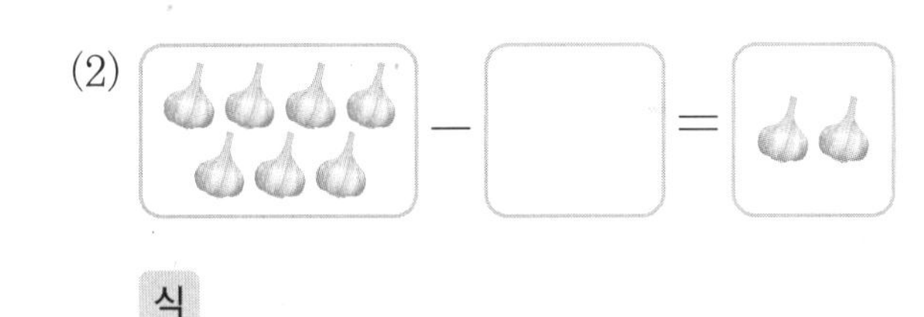

식 ....

□=(　　　　)

6 □ 안에 +와 −를 모두 쓸 수 있는 식은 어느 것일까요? (　　　　)

① 4□2=2　② 8□1=9
③ 6□0=6　④ 7□7=0
⑤ 0□4=4

빈칸에 알맞은 수 구하기

㉠에 알맞은 수를 구해 보세요.

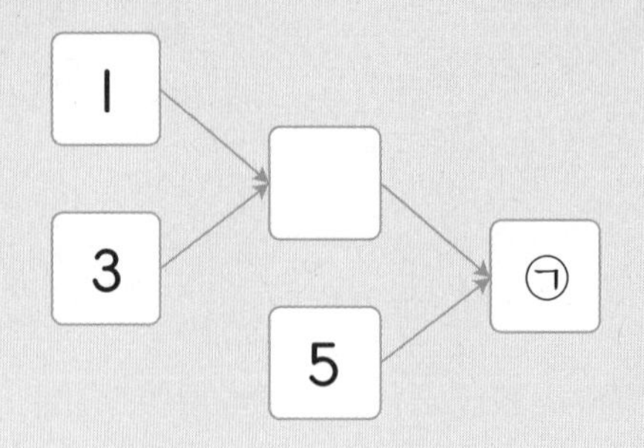

생각하기 왼쪽에서부터 차례로 모으기를 해 봅니다.

해결하기 1단계 빈칸에 알맞은 수 구하기

1과 3을 모으기하면 4가 됩니다.

2단계 ㉠에 알맞은 수 구하기

4와 5를 모으기하면 9가 됩니다. ➡ ㉠=9

답 9

1-1 ㉠에 알맞은 수를 구해 보세요.

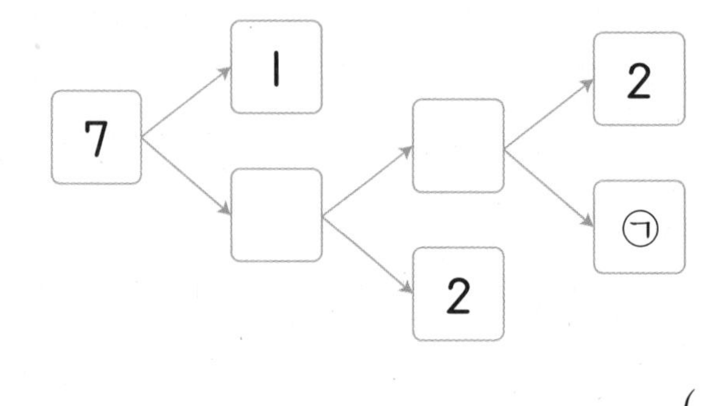

(　　　　　　)

1-2 ㉠에 알맞은 수를 구해 보세요.

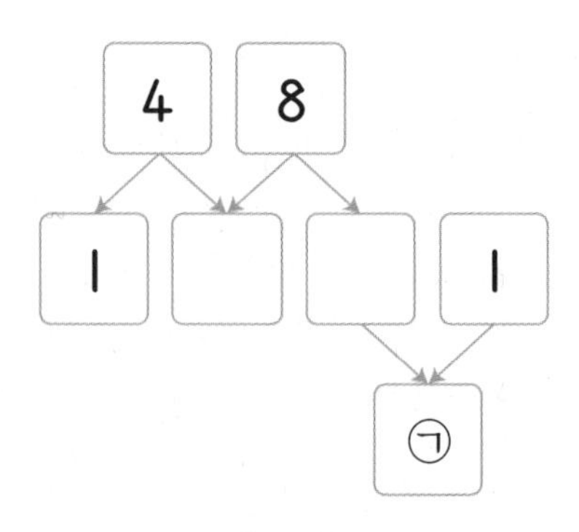

(　　　　　　)

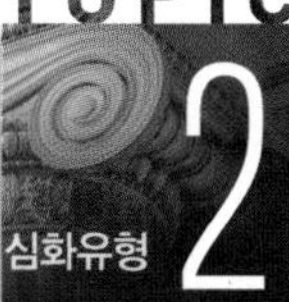

정답과 풀이 21쪽

두 수를 바꾸어 더하기

▲ + ★을 구해 보세요. (단, 같은 모양은 같은 수를 나타냅니다.)

4+1=▲, 1+★=▲

생각하기 두 수를 바꾸어 더해도 계산한 값은 같습니다.

■+▲=●, ▲+■=●

해결하기 1단계 ★ 구하기

4+1과 1+★의 계산 결과는 같고, 4+1=1+4이므로 ★=4입니다.

2단계 ▲ 구하기

4+1=5이므로 ▲=5입니다.

3단계 ▲+★ 구하기

▲+★=5+4=9입니다.

답 9

2-1 ■ + ▲를 구해 보세요. (단, 같은 모양은 같은 수를 나타냅니다.)

2+3=■, ▲+2=■

(　　　　　　　　)

2-2 ● + ■를 구해 보세요. (단, 같은 모양은 같은 수를 나타냅니다.)

1+2=●, 2+■=●

(　　　　　　　　)

2-3 ♥ + ◆를 구해 보세요. (단, 같은 모양은 같은 수를 나타냅니다.)

1+3=♥, 3+◆=♥

(　　　　　　　　)

MATH TOPIC

심화유형 3

가르기의 활용

희열이와 동생은 종이배 6개를 나누어 가지려고 합니다. 나누어 가지는 방법은 모두 몇 가지일까요? (단, 희열이와 동생은 종이배를 한 개씩은 가집니다.)

생각하기 6을 두 수로 가르기하는 방법을 빠뜨리지 않고 알아봅니다.

해결하기 1단계 6을 두 수로 가르기

6은 1과 5, 2와 4, 3과 3, 4와 2, 5와 1로 가르기할 수 있습니다.

2단계 나누어 가지는 방법의 가짓수 구하기

6을 가르기할 수 있는 방법은 모두 5가지이므로 나누어 가지는 방법은 모두 5가지입니다.

답 5가지

3-1 상우와 동수는 지우개 5개를 나누어 가지려고 합니다. 나누어 가지는 방법은 모두 몇 가지일까요? (단, 상우와 동수는 지우개를 한 개씩은 가집니다.)

(　　　　　　　　)

3-2 미나와 현주는 과자 8개를 나누어 가지려고 합니다. 나누어 가지는 방법은 모두 몇 가지일까요? (단, 미나와 현주는 과자를 한 개씩은 가집니다.)

(　　　　　　　　)

3-3 현기와 형은 풍선 7개를 나누어 가지려고 하고, 민주와 동생은 풍선 9개를 나누어 가지려고 합니다. 나누어 가지는 방법은 현기와 민주 중 누가 몇 가지 더 많을까요?

(단, 모두들 풍선을 한 개씩은 가집니다.)

(　　　　　　　　), (　　　　　　　　)

정답과 풀이 21쪽

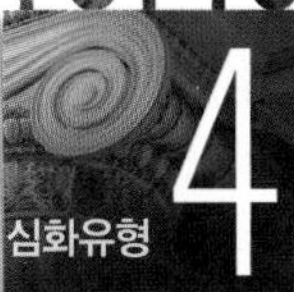

수 퍼즐

다음 수 카드를 한 번씩 사용하여 오른쪽 퍼즐을 완성해 보세요.

4　5　6

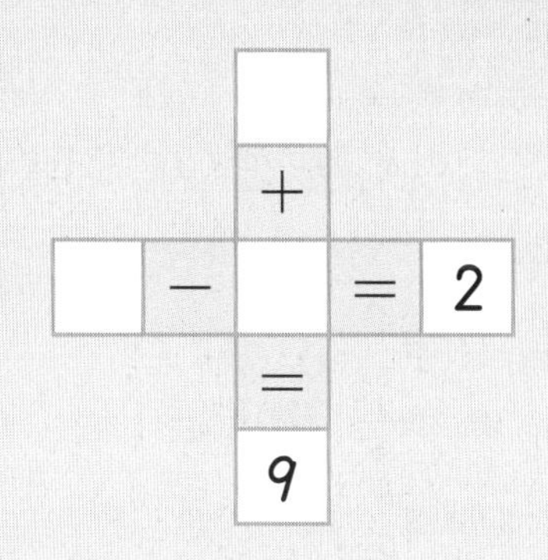

생각하기　주어진 수 카드로 더해서 9, 빼서 2가 되는 두 수를 각각 찾아봅니다.

해결하기　**1단계** 4, 5, 6 중에서 더해서 9가 되는 두 수 찾기

4, 5, 6 중에서 더해서 9가 되는 두 수는 (4)와 5입니다.

2단계 4, 5, 6 중에서 빼서 2가 되는 두 수 찾기

4, 5, 6 중에서 빼서 2가 되는 두 수는 6과 (4)입니다.

3단계 퍼즐 완성하기

더해서 9, 빼서 2가 되는 두 수에 4가 공통으로 들어가므로 색칠한 칸에 4를 넣어 퍼즐을 완성합니다.

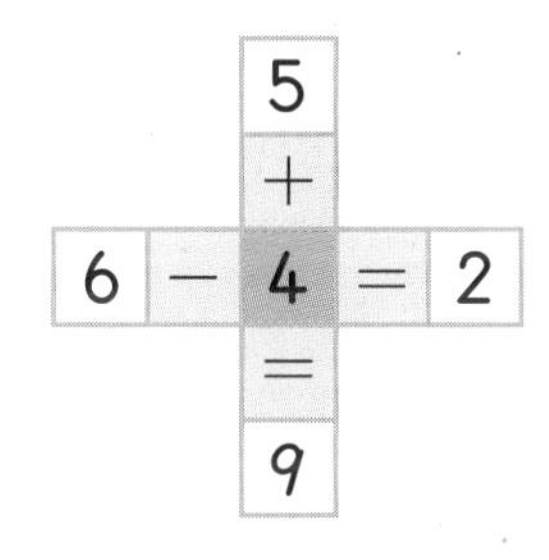

답 풀이 참조

4-1 다음 수 카드를 한 번씩 사용하여 퍼즐을 완성해 보세요.

1　3　4　5

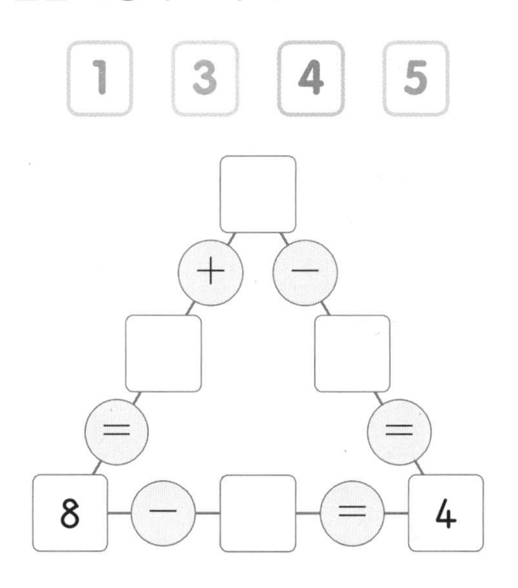

4-2 빈칸에 알맞은 수를 써넣어 퍼즐을 완성해 보세요.

9	−		=	4
−		−		+
	−	3	=	
=		=		=
4	+		=	

MATH TOPIC

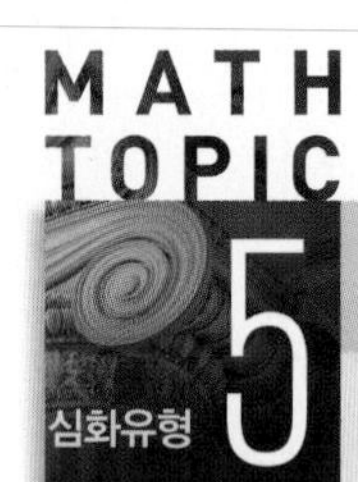

5 덧셈과 뺄셈의 활용

심화유형

재용이는 노란 색종이를 6장, 파란 색종이를 3장 가지고 있었습니다. 수업 시간에 현지에게 색종이 2장을 주었습니다. 재용이가 지금 가지고 있는 색종이는 몇 장일까요?

생각하기 재용이가 처음에 가지고 있던 색종이의 수를 먼저 구합니다.

해결하기 1단계 재용이가 처음에 가지고 있던 색종이의 수 구하기

(재용이가 처음에 가지고 있던 색종이의 수)

=(노란 색종이의 수)+(파란 색종이의 수)

$=6+3=9$(장)

2단계 재용이가 지금 가지고 있는 색종이의 수 구하기

(재용이가 지금 가지고 있는 색종이의 수)

=(재용이가 처음에 가지고 있던 색종이의 수)−(현지에게 준 색종이의 수)

$=9-2=7$(장)

답 7장

5-1 선주는 빨간 장미 4송이와 노란 장미 4송이를 가지고 있었습니다. 은지에게 장미 3송이를 주었습니다. 선주가 지금 가지고 있는 장미는 몇 송이일까요?

(　　　　　　　　)

5-2 경우는 보라 색연필 2자루와 주황 색연필 5자루를 가지고 있었습니다. 정희에게 색연필 4자루를 주었습니다. 경우가 지금 가지고 있는 색연필은 몇 자루일까요?

(　　　　　　　　)

5-3 연수는 빨간 구슬 3개를 가지고 있었습니다. 지원이에게 빨간 구슬 2개를 주고 파란 구슬 5개를 받았습니다. 연수가 지금 가지고 있는 구슬은 몇 개일까요?

(　　　　　　　　)

심화유형 6 덧셈식과 뺄셈식의 관계

4장의 수 카드 중에서 3장을 한 번씩만 사용하여 덧셈식을 만들고 만든 덧셈식을 보고 뺄셈식을 만들어 보세요.

6 8 2 3

생각하기 덧셈식을 만들 수 있는 세 수를 찾습니다.

해결하기 1단계 3장의 수 카드로 덧셈식 만들기

만들 수 있는 덧셈식은 $6+2=8$ 또는 $2+6=8$입니다.

2단계 만든 덧셈식을 보고 뺄셈식 만들기

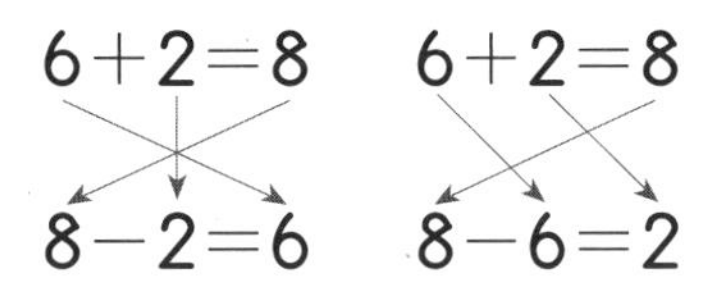

다른 답 | 예 $2+6=8$ ➡ $8-2=6$
예 $2+6=8$ ➡ $8-6=2$

답 예 $6+2=8$ ➡ 예 $8-2=6$

6-1

4장의 수 카드 중에서 3장을 한 번씩만 사용하여 덧셈식을 만들고 만든 덧셈식을 보고 뺄셈식을 만들어 보세요.

5 3 9 4

□+□=□ ➡ □−□=□

6-2

4장의 수 카드 중에서 3장을 한 번씩만 사용하여 뺄셈식을 만들고 만든 뺄셈식을 보고 덧셈식을 만들어 보세요.

1 6 9 7

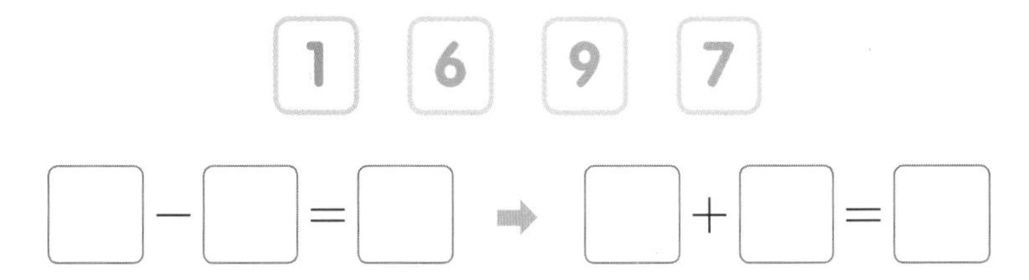

MATH TOPIC 7 심화유형

모양이 나타내는 수

같은 모양은 같은 수를 나타냅니다. ●가 나타내는 수를 구해 보세요.

★+★=4
★+■=5
■−★+3=●

● 생각하기 먼저 알 수 있는 수의 모양이 무엇인지 생각합니다.

● 해결하기 1단계 ★과 ■가 나타내는 수 구하기

같은 수를 더해서 4가 되어야 하므로 ★이 나타내는 수는 2입니다.
★에 2를 넣으면 2+■=5 ➡ 5−2=■, ■=3입니다.

2단계 ●가 나타내는 수 구하기

★에 2, ■에 3을 넣으면 ■−★+3=3−2+3=●이므로
●=4입니다.

답 4

7-1 같은 모양은 같은 수를 나타냅니다. ◎가 1일 때, ★이 나타내는 수를 구해 보세요.

◎+◎=■
■+◎+3=★

( )

7-2 같은 모양은 같은 수를 나타냅니다. ◇와 ◆가 나타내는 수를 각각 구해 보세요.

◇+◆=9 ◇−◆=1

◇ ( ), ◆ ( )

정답과 풀이 21쪽

심화유형 8

뺄셈식을 활용한 교과통합유형

STEAM형

수학+사회

농촌은 농사를 짓는 사람들이 사는 마을로 논, 밭 등을 볼 수 있고, 어촌은 물고기를 잡아 생활하며 사는 바닷가 마을로 항구, 등대 등을 볼 수 있습니다. 다음은 소연이가 농촌과 어촌을 다니며 찍은 사진입니다. 어촌에서 찍은 사진은 농촌에서 찍은 사진보다 몇 장 더 많은지 알아보는 뺄셈식을 써 보세요.

농촌

어촌

생각하기 어촌에서 찍은 사진의 수에서 농촌에서 찍은 사진의 수를 빼는 식을 씁니다.

해결하기 **1단계** 농촌에서 찍은 사진과 어촌에서 찍은 사진 찾기

농촌에서 찍은 사진은 ㉠, ㉢이고, 어촌에서 찍은 사진은 ㉡, ㉣, ㉤입니다.

2단계 어촌에서 찍은 사진은 농촌에서 찍은 사진보다 몇 장 더 많은지 뺄셈식을 써서 구하기

어촌에서 찍은 사진은 3장이고, 농촌에서 찍은 사진은 2장이므로 어촌에서 찍은 사진은 농촌에서 찍은 사진보다 $3-2=\square$(장) 더 많습니다.

답 $\square-\square=\square$

수학+과학

8-1

생물은 크게 동물과 식물로 나눌 수 있습니다. 동물은 다리나 날개 등이 있어서 스스로 움직일 수 있으며 다른 생물을 잡아먹고 삽니다. 식물은 한 번 뿌리를 내리면 움직일 수 없으며 스스로 양분을 만들어 살 수 있습니다. 다음에서 동물은 식물보다 얼마나 더 많은지 알아보는 뺄셈식을 써 보세요.

LEVEL UP TEST

1 다음 수 카드 중에서 2장을 골라 차가 가장 큰 뺄셈식을 만들어 보세요.

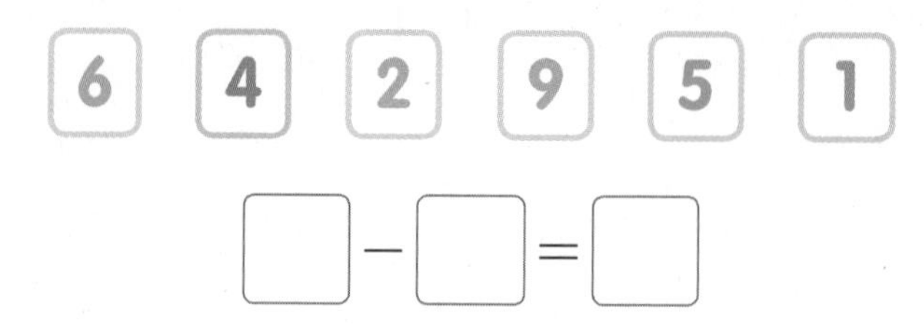

2 ■ 안의 수를 양쪽의 ● 안의 두 수로 가르기하려고 합니다. 빈칸에 알맞은 수를 써넣으세요.

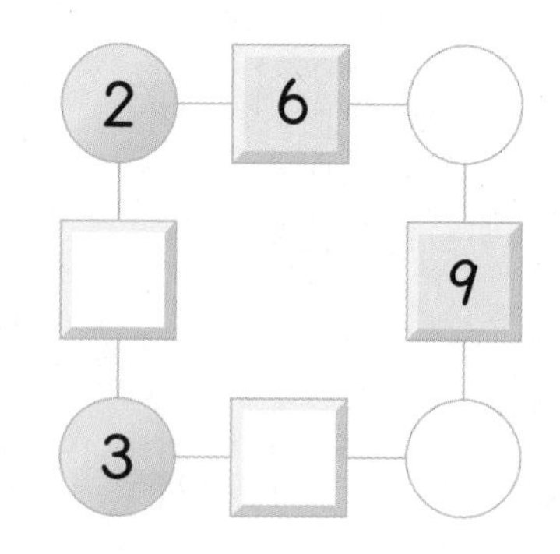

서술형 **3** 형찬이는 아침에 바나나를 3개 먹었고, 저녁에는 아침보다 1개 더 많이 먹었습니다. 형찬이가 아침과 저녁에 먹은 바나나는 모두 몇 개인지 풀이 과정을 쓰고 답을 구해 보세요.

풀이 ....

....

....

답 ....

4 민규와 서현이는 사탕 4개를 나누어 먹으려고 합니다. 나누어 먹는 방법은 모두 몇 가지일까요? (단, 민규와 서현이는 사탕을 한 개씩은 먹습니다.)

( )

5 ㉠과 ㉡에 들어갈 수를 더하면 얼마일까요?

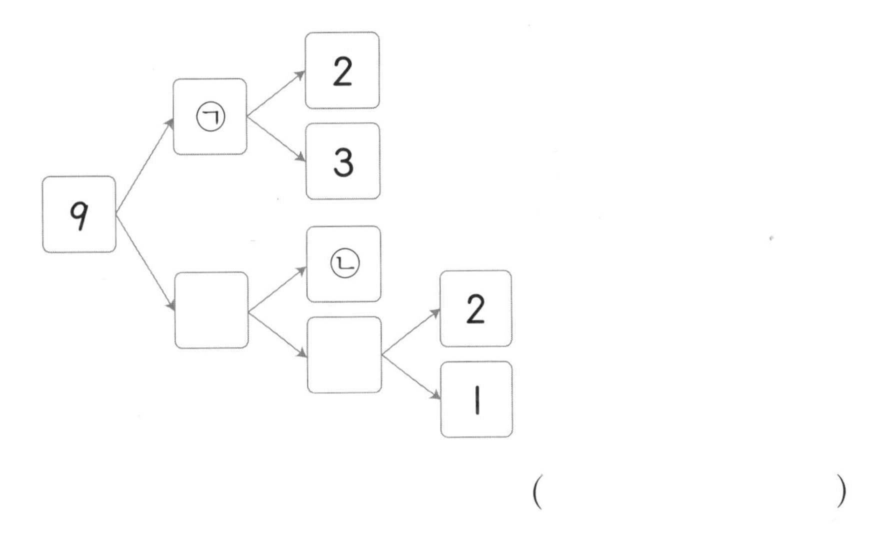

( )

서술형 **6** 합이 6이고 차가 2인 두 수가 있습니다. 두 수 중에서 더 작은 수를 구하려고 합니다. 풀이 과정을 쓰고 답을 구해 보세요.

풀이

답

7 밤고구마 2개, 물고구마 5개가 있습니다. 고구마를 두 사람이 같은 개수만큼 나누어 먹었더니 1개가 남았습니다. 한 사람이 고구마 몇 개를 먹었을까요?

(　　　　　　　)

수학+체육

STEAM형 **8** 동계 올림픽 대회는 4년마다 한 번씩 열리는 국제 겨울 스포츠 대회입니다. 다음은 2010년 밴쿠버 동계 올림픽 대회의 순위와 메달 수의 일부를 나타낸 것입니다. 4위인 노르웨이는 5위인 대한민국보다 메달을 모두 몇 개 더 많이 땄을까요?

순위	나라	금메달 수(개)	은메달 수(개)	동메달 수(개)
⋮	⋮	⋮	⋮	⋮
4위	노르웨이	9	8	6
5위	대한민국	6	6	2
6위	스위스	6	0	3
⋮	⋮	⋮	⋮	⋮

(　　　　　　　)

9 같은 모양은 같은 수를 나타냅니다. ◎가 2일 때 ♠이 나타내는 수를 구해 보세요.

◎＋◎＋◎＝◈
◈－♣＝♠
♣＋◈＝7

(　　　　　　　)

10

눈의 수는 1, 2, 3, 4, 5, 6입니다.

2개의 주사위를 던져서 나온 눈의 수가 은영이는 3과 6이고, 동진이는 6과 □입니다. 은영이가 던져서 나온 두 눈의 수의 합이 동진이가 던져서 나온 두 눈의 수의 합보다 클 때 □ 안에 들어갈 수 있는 수는 모두 몇 개일까요?

(　　　　　　　)

11

수를 여러 번 모으기하여 9가 되도록 맨 윗줄에 1, 2, 3을 알맞게 써넣으세요.

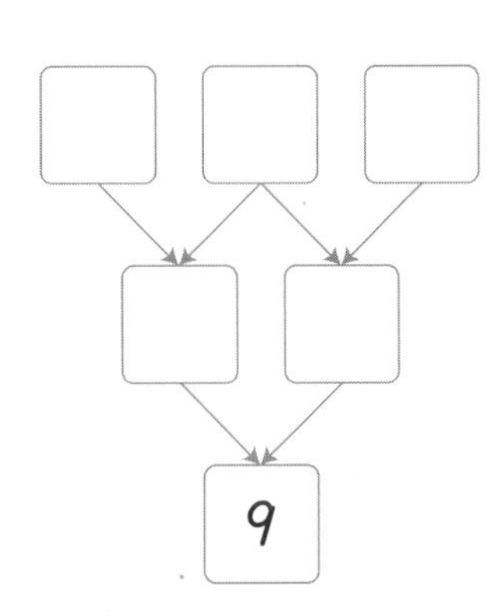

12

어떤 수에 4를 더해야 할 것을 잘못하여 뺐더니 1이 되었습니다. 바르게 계산한 값을 구해 보세요.

(　　　　　　　)

1 빈칸에 1부터 5까지의 수를 한 번씩 써넣어 하나의 동그라미 안에 있는 수의 합이 각각 7이 되도록 하세요.

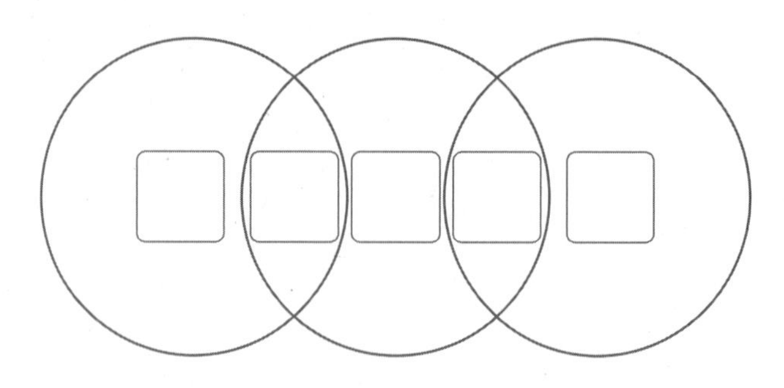

2 주머니 속에 빨간 구슬, 파란 구슬, 노란 구슬이 들어 있습니다. 빨간 구슬과 파란 구슬은 6개이고, 파란 구슬과 노란 구슬은 7개입니다. 빨간 구슬, 파란 구슬, 노란 구슬이 모두 9개일 때 빨간 구슬과 노란 구슬은 몇 개일까요?

(　　　　　　　　)

3 다음 수 카드를 한 번씩 사용하여 2가지 방법으로 식을 완성해 보세요.

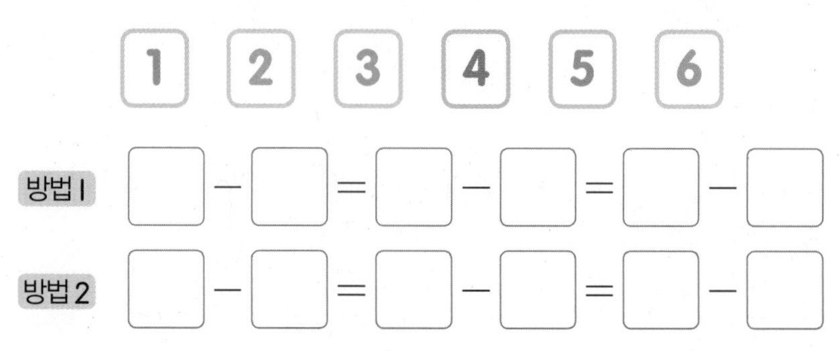

비교하기

대표심화유형

1 고무줄이나 용수철에 매달아 무게 비교하기
2 여러 가지 선의 길이 비교하기
3 모눈이 있는 모양의 넓이 비교하기
4 세 가지의 무게 비교하기
5 저울을 이용한 무게 비교하기
6 구슬이 들어 있는 물의 양 구하기
7 키 비교하기를 활용한 교과통합유형

보고, 느끼는 차이

비교하기의 시작

수가 없던 시대의 원시인들도 먹을 수 있는 것과 없는 것 정도의 기본적인 비교는 할 수 있었을 것입니다. 또한 사냥과 농사를 하게 되면서 한 개와 한 묶음 정도는 구별할 필요가 있었을 것입니다. 이처럼 비교하기란 아주 오래전부터 인류의 시작과 함께 시작된 것이라고 할 수 있습니다.

그 당시에 사람들이 필요한 물건을 얻는 방법은 다른 사람이 가지고 있는 물건과 서로 바꾸는 방식이었습니다. 물건을 바꾸는 과정에서 물건을 짝을 지어 늘어놓고 '많다, 적다, 크다, 작다, 길다, 짧다, 무겁다, 가볍다, 넓다, 좁다.' 등의 비교하는 기준이 자연스럽게 만들어졌습니다.

비교하기를 통해 점차 다양한 종류의 물건을 쓰임이나 모양에 따라 구별하였고, 같은 물건이라도 크기나 양에 따라 서로 다른 용기에 보관하거나 다른 목적으로 사용했습니다. 이와 같이 비교하기는 실생활에서 익숙하게 사용하는 수학적 활동이랍니다.

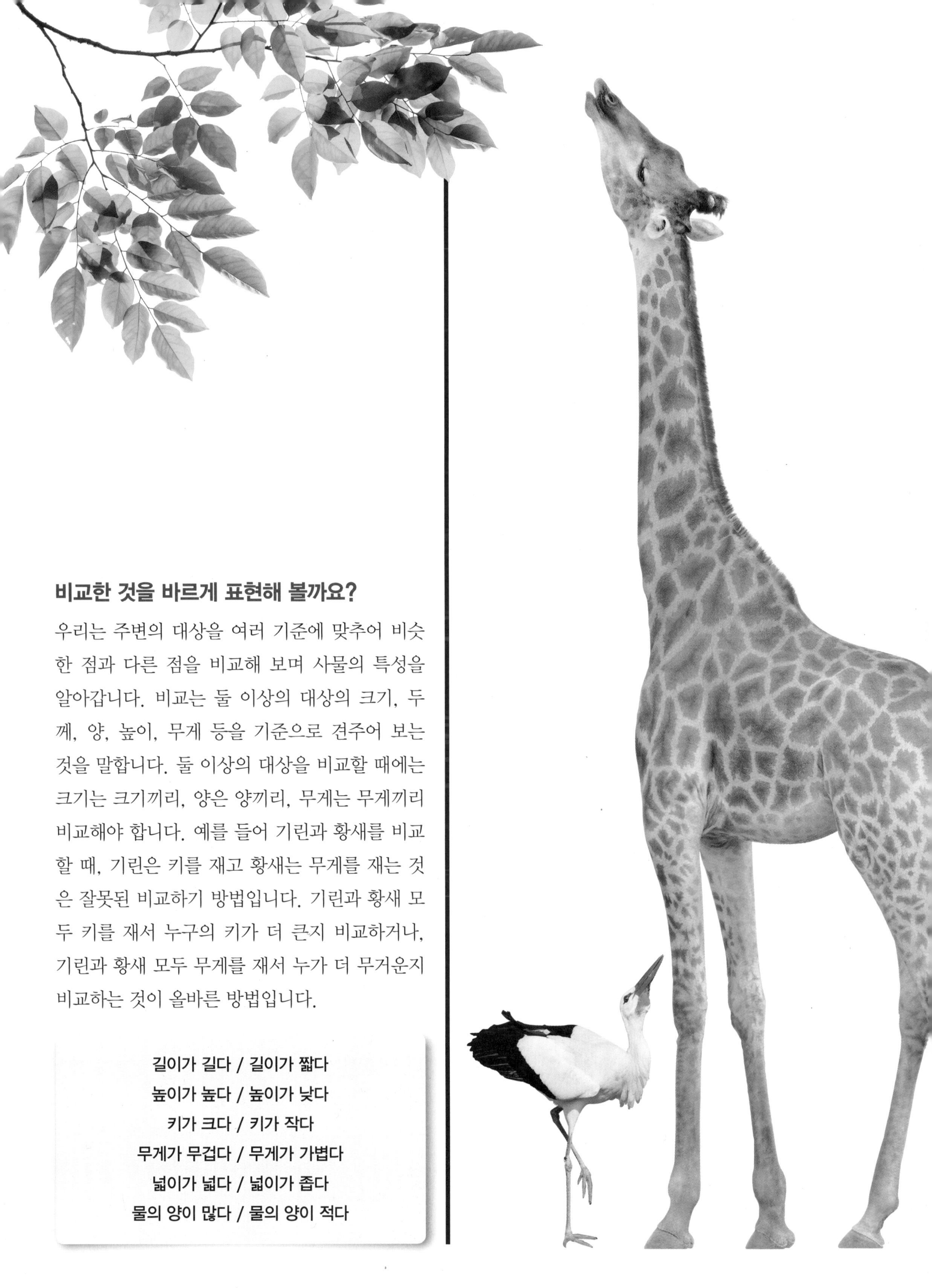

비교한 것을 바르게 표현해 볼까요?

우리는 주변의 대상을 여러 기준에 맞추어 비슷한 점과 다른 점을 비교해 보며 사물의 특성을 알아갑니다. 비교는 둘 이상의 대상의 크기, 두께, 양, 높이, 무게 등을 기준으로 견주어 보는 것을 말합니다. 둘 이상의 대상을 비교할 때에는 크기는 크기끼리, 양은 양끼리, 무게는 무게끼리 비교해야 합니다. 예를 들어 기린과 황새를 비교할 때, 기린은 키를 재고 황새는 무게를 재는 것은 잘못된 비교하기 방법입니다. 기린과 황새 모두 키를 재서 누구의 키가 더 큰지 비교하거나, 기린과 황새 모두 무게를 재서 누가 더 무거운지 비교하는 것이 올바른 방법입니다.

길이가 길다 / 길이가 짧다
높이가 높다 / 높이가 낮다
키가 크다 / 키가 작다
무게가 무겁다 / 무게가 가볍다
넓이가 넓다 / 넓이가 좁다
물의 양이 많다 / 물의 양이 적다

1 길이, 높이, 키 비교하기

❶ 길이, 높이, 키 비교하기

한쪽 끝을 맞추고 다른 쪽 끝을 비교합니다.

• 길이 비교

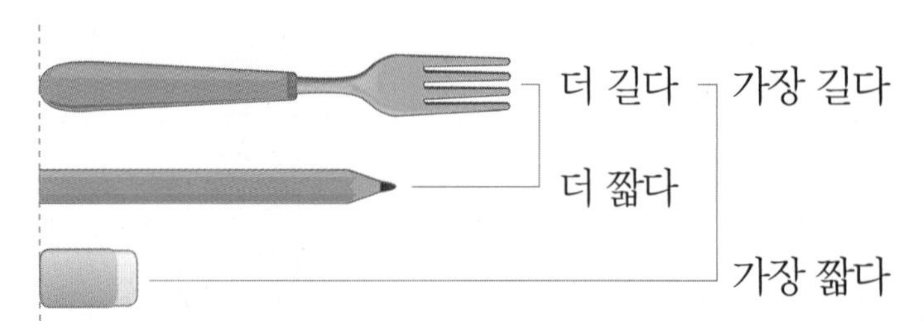

• 높이 비교

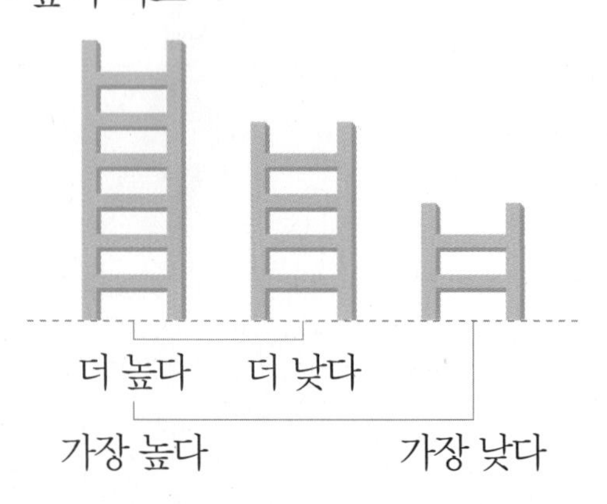

• 키 비교

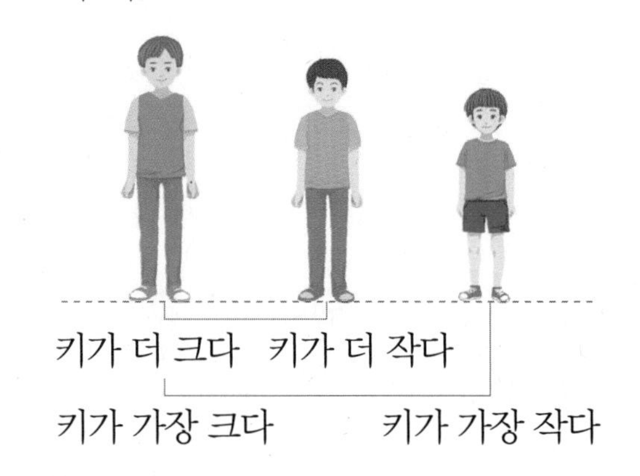

실전 개념

❶ 위치가 다른 나무의 키 비교하기

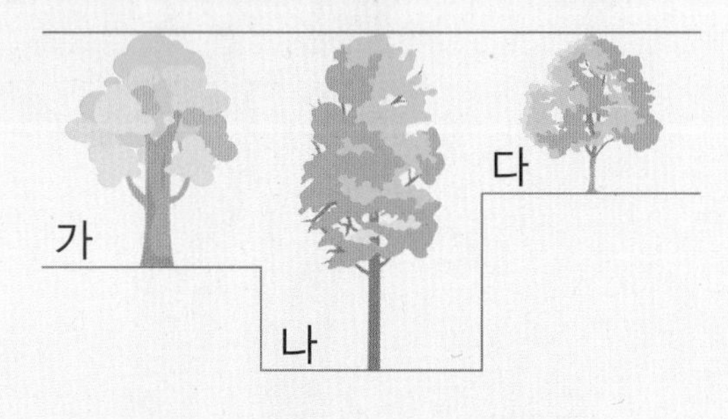

나무의 가장 위쪽을 기준으로 하여 키를 비교합니다.

➡ 나, 가, 다의 순서로 나무의 키가 큽니다.

❷ 구부러진 끈의 길이 비교하기

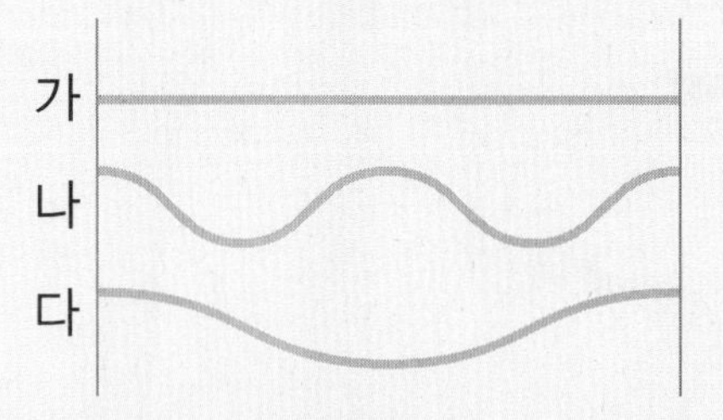

구부러진 끈을 곧게 펴서 비교하면 많이 구부러진 끈일수록 길이가 더 깁니다.

➡ 나, 다, 가의 순서로 끈이 깁니다.

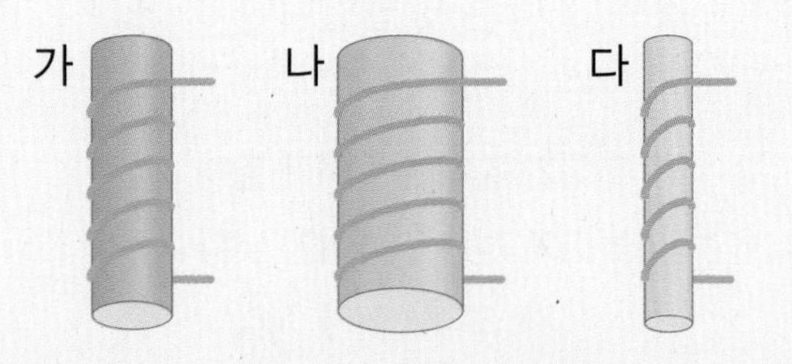

끈이 감긴 횟수가 모두 같을 때는 굵은 막대에 감긴 끈일수록 길이가 더 깁니다.

➡ 나, 가, 다의 순서로 끈이 깁니다.

BASIC TEST

1 가장 긴 것에 ○표, 가장 짧은 것에 △표 하세요.

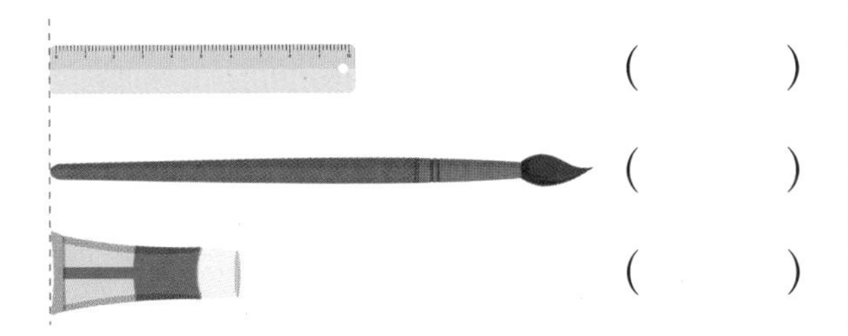

( )
( )
( )

2 크레파스보다 더 긴 것에 모두 ○표 하세요.

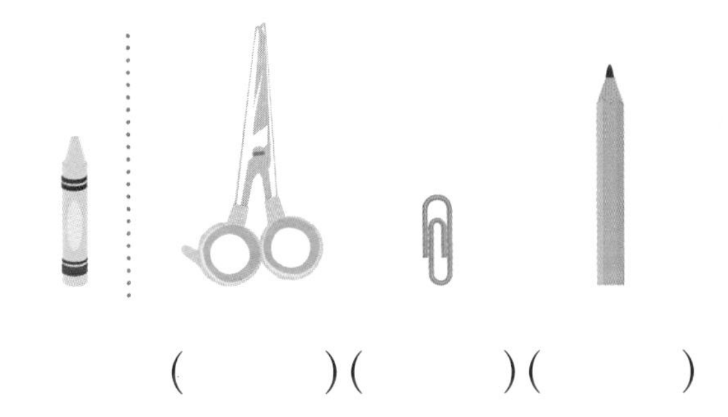

( ) ( ) ( )

3 키를 비교하려고 합니다. 그림을 보고 □ 안에 알맞은 말을 써넣으세요.

호랑이는 오리보다 키가 더 □.

4 전봇대보다 더 높은 건물과 더 낮은 건물을 한 개씩 그려 보세요.

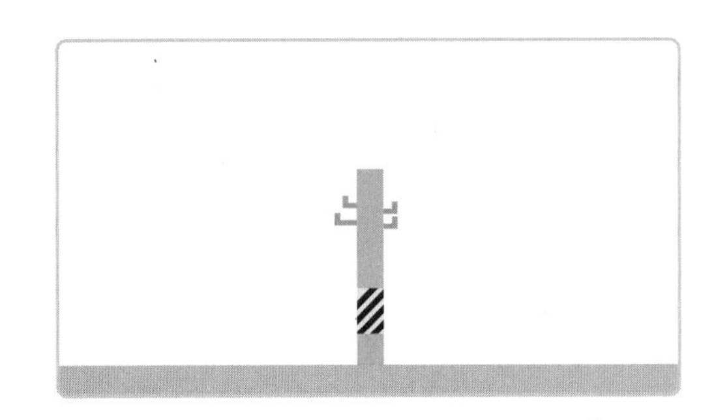

5 세 사람이 계단에 서 있습니다. 키가 가장 큰 사람을 써 보세요.

( )

6 가장 긴 것에 ○표, 가장 짧은 것에 △표 하세요.

( )
( )
( )

2 무게, 넓이 비교하기

❶ 무게 비교하기

손으로 들어 보거나 저울에 물건을 올려놓고 비교합니다.

무게가 더 무거운 쪽이 아래로 내려갑니다.

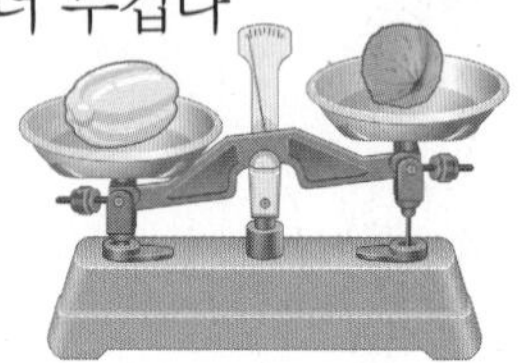

• 호두가 가장 가볍습니다.
• 멜론이 가장 무겁습니다.

❷ 넓이 비교하기

눈으로 확인해 보거나 직접 맞대어 비교합니다.

➡

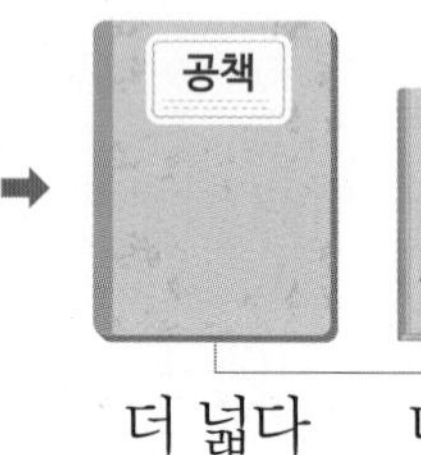

더 넓다 더 좁다

• 공책이 가장 넓습니다.
• 수첩이 가장 좁습니다.

실전 개념

❶ 기준을 정하여 무게 비교하기

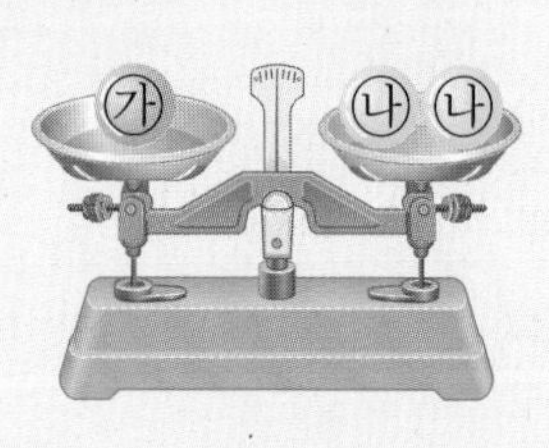

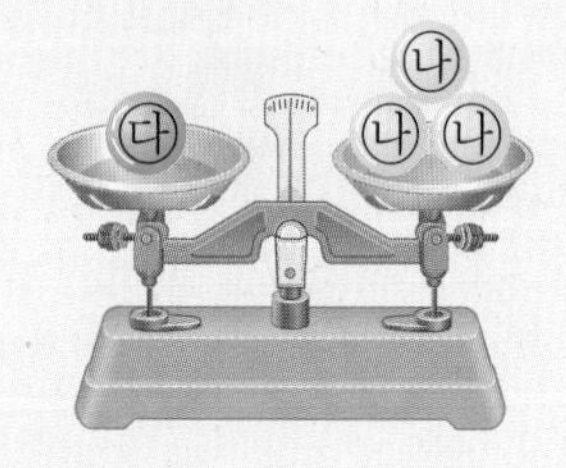

㉮ 1개 = ㉯ 2개
㉰ 1개 = ㉯ 3개

㉯를 기준으로 무게를 비교합니다.

➡ ㉯ 3개가 ㉯ 2개보다 더 무거우므로
㉰ 1개가 ㉮ 1개보다 더 무겁습니다.

❷ 칸 수를 세어 넓이 비교하기

크기가 같은 칸으로 이루어진 모양에서는 칸의 수를 세어 넓이를 비교합니다.

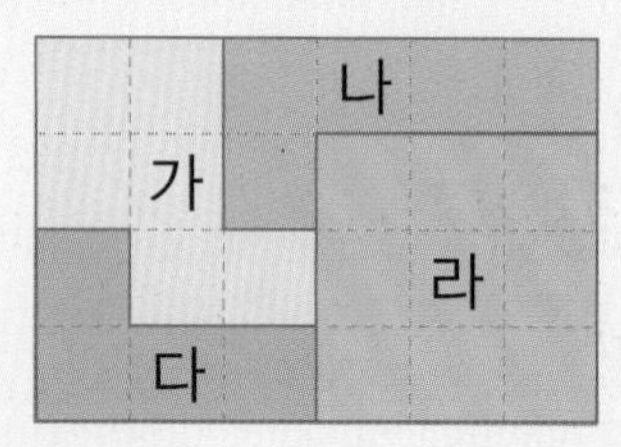

가: 6칸 나: 5칸 다: 4칸 라: 9칸

큰 수부터 차례로 쓰면 9, 6, 5, 4입니다.

➡ 넓이가 가장 넓은 것부터 차례로 쓰면 라, 가, 나, 다입니다.

칸 수가 가장 많은 것

주의 개념

❶ 무게 비교하기에서 주의할 점

무게는 크기 이외에도 물건의 여러 가지 성질에 따라 다를 수 있기 때문에 크기가 크다고 해서 항상 더 무거운 것은 아닙니다.

솜

돌

솜이 돌보다 크기는 더 크지만 무게가 더 무겁지는 않습니다.

1 귤과 토마토 중에서 더 무거운 것은 어느 것일까요?

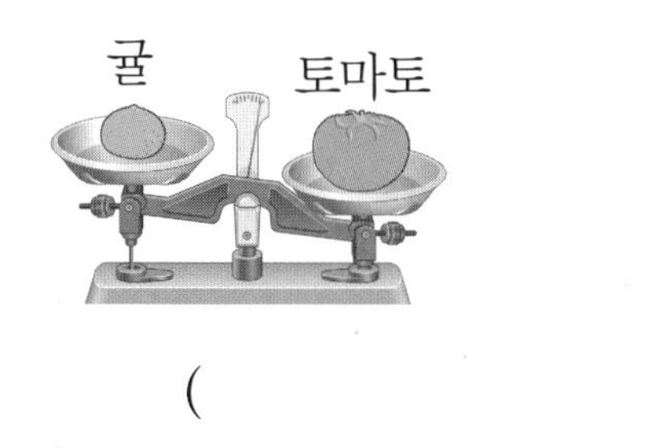

( )

2 가장 좁은 것에 색칠해 보세요.

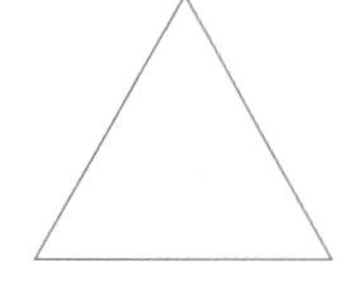

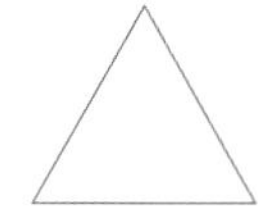

3 가장 넓은 것에 ○표, 가장 좁은 것에 △표 하세요.

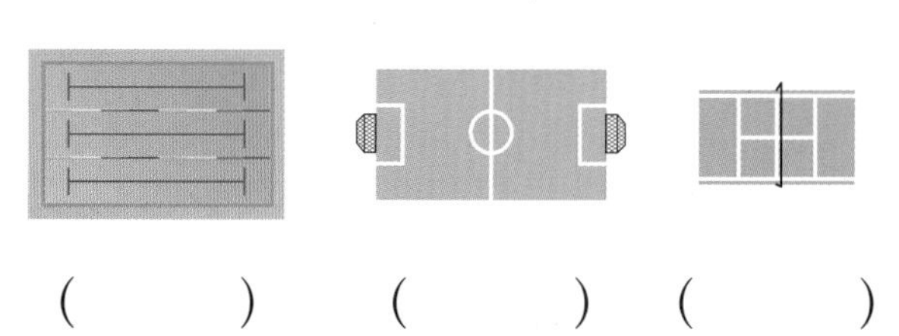

( ) ( ) ( )

4 동물 세 마리가 있습니다. 무거운 순서대로 써 보세요.

( )

5 ◌에 들어갈 수 있는 쌓기나무를 찾아 ○표 하세요. (단, 쌓기나무 한 개의 무게는 모두 같습니다.)

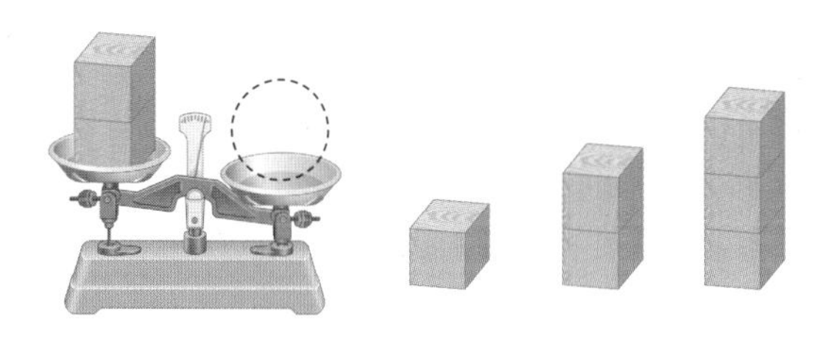

6 같은 크기의 벽에 진우와 진경이가 각자 가지고 있는 종이를 겹치지 않게 붙여 벽을 모두 덮으려고 합니다. 누가 벽을 더 빨리 덮을 수 있을까요? (단, 종이를 한 장 붙이는 데 걸리는 시간은 서로 같습니다.)

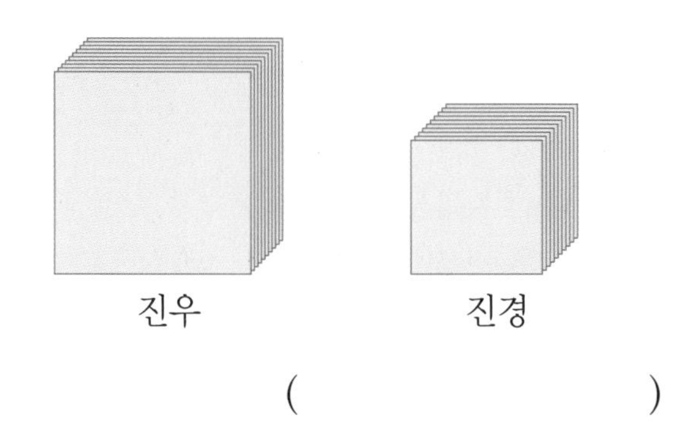

( )

3 담을 수 있는 양 비교하기

❶ 담을 수 있는 양 비교하기

- 욕조에 담을 수 있는 양이 가장 많습니다.
- 컵에 담을 수 있는 양이 가장 적습니다.

❷ 물의 양 비교하기

- 그릇의 모양과 크기가 같은 경우
  물의 높이를 비교합니다.

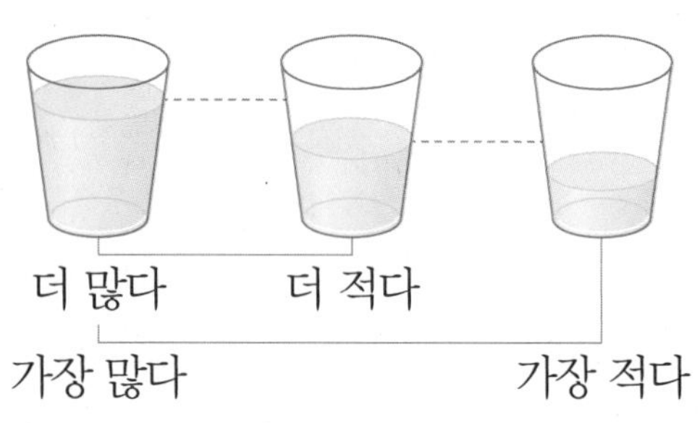

- 물의 높이가 같은 경우
  물의 높이가 같고 그릇의 모양과 크기가 다른 경우는 그릇의 크기를 비교합니다.

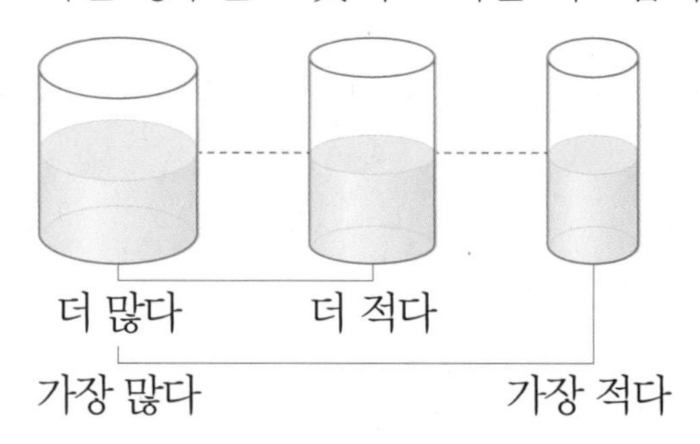

실전 개념

❶ 똑같은 컵에 담아 물의 양 비교하기

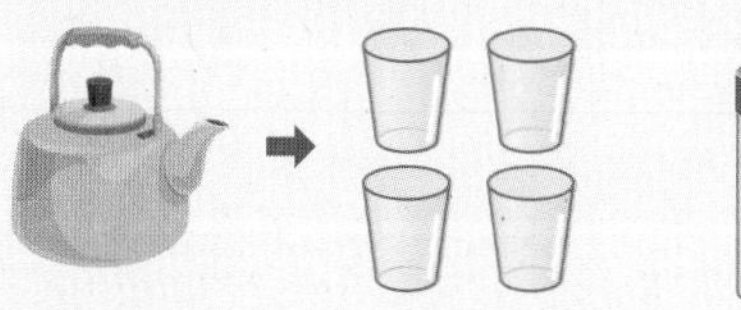

물통에 들어 있는 물의 양이 주전자에 들어 있는 물의 양보다 2컵 더 많습니다.

❷ 구슬이 들어 있는 물의 양 비교하기

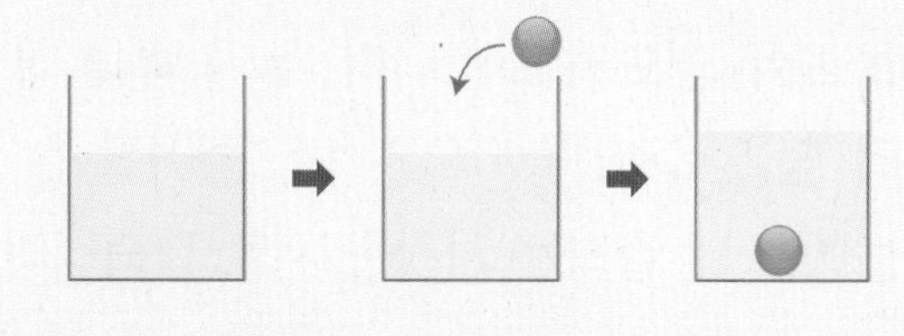

물이 들어 있는 그릇에 구슬을 넣으면 물의 높이가 높아집니다.

❸ 남은 물의 양 비교하기

모양과 크기가 같은 주전자에 물을 가득 담아서 가, 나, 다 그릇에 물을 가득 부었을 때, 주전자 안에 남은 물의 양을 비교합니다.

➡ 가, 나, 다의 순서로 그릇의 크기가 작아지므로 다, 나, 가의 순서로 주전자에 남은 물의 양이 많습니다.

1 물을 많이 담을 수 있는 그릇부터 차례로 기호를 써 보세요.

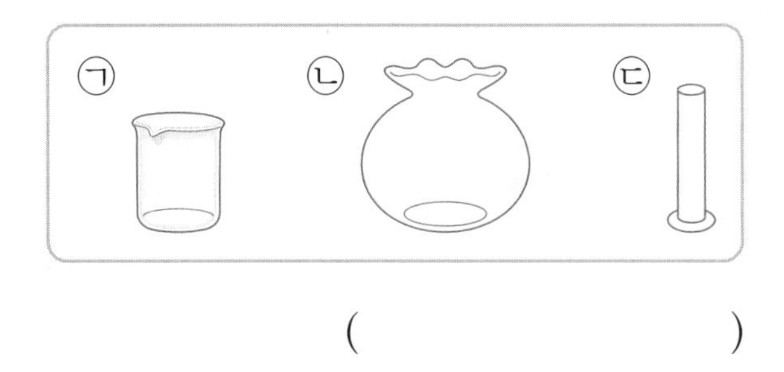

(   )

2 왼쪽 그릇에 가득 들어 있는 물을 모두 옮겨 담을 수 있는 것에 ○표 하세요.

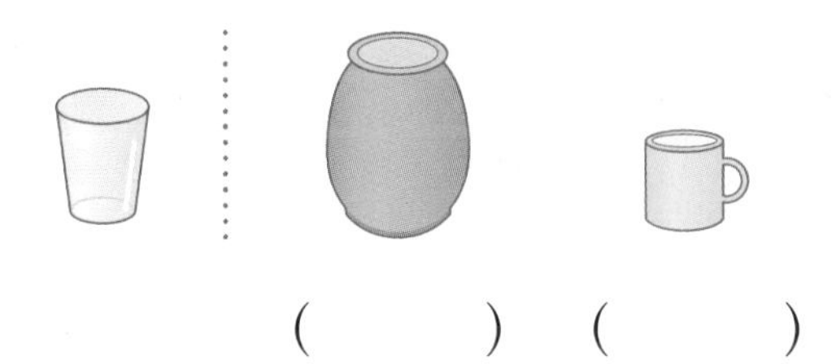

(   ) (   )

3 모양과 크기가 같은 대야에 물을 가득 받을 때 물을 더 빨리 받을 수 있는 것의 기호를 쓰고 까닭을 써 보세요. (단, 물이 나오는 양은 각각 일정합니다.)

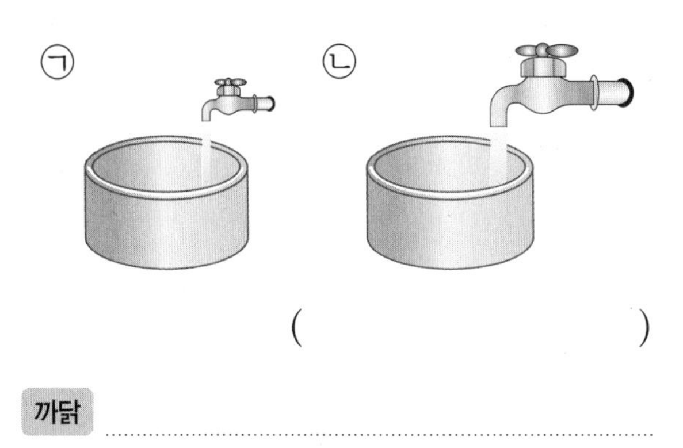

(   )

까닭 ....

....

4 숙영이와 선아가 모양과 크기가 같은 컵에 주스를 가득 따라 마시고 남긴 것입니다. 누가 주스를 더 많이 마셨을까요?

(   )

5 그릇에 들어 있는 물의 양을 바르게 비교한 사람은 누구일까요?

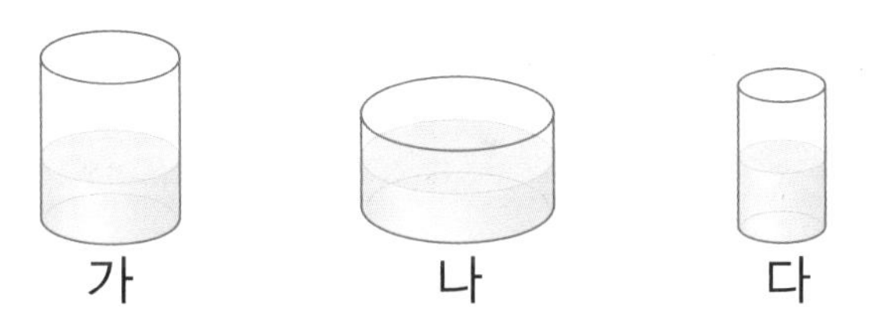

종훈: 가 그릇의 높이가 가장 높으니까 물의 양이 가장 많아.
윤하: 물의 높이가 모두 같으니까 물의 양도 모두 같아.
단비: 물의 높이가 모두 같으니까 가장 좁은 다 그릇의 물이 가장 적어.

(   )

고무줄이나 용수철에 매달아 무게 비교하기

똑같은 길이의 고무줄을 이용하여 상자를 매달았습니다. 가장 무거운 상자를 찾아 써 보세요.

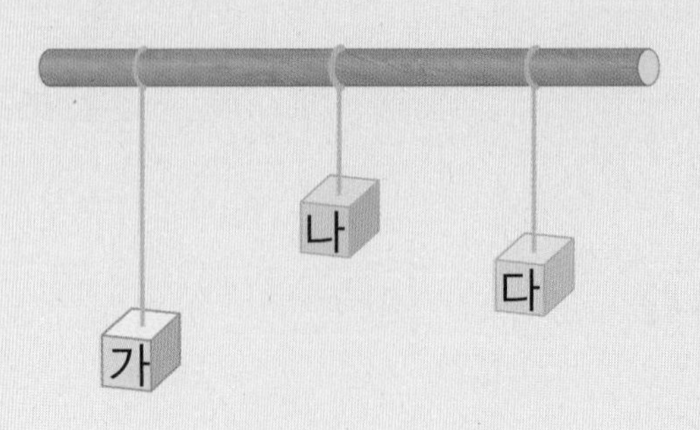

생각하기 늘어난 고무줄의 길이를 비교하여 가장 무거운 상자를 찾습니다.

해결하기 1단계 상자의 무게와 고무줄 길이 사이의 관계 알기

고무줄이 많이 늘어날수록 상자의 무게가 더 무겁습니다.

2단계 가장 무거운 상자 찾기

고무줄이 가장 많이 늘어난 것을 찾으면 가 상자이므로 가장 무거운 상자는 가입니다.

답 가

1-1 똑같은 길이의 용수철을 이용하여 노란색, 초록색, 파란색 구슬을 매달았습니다. 가장 무거운 구슬은 무슨 색 구슬일까요?

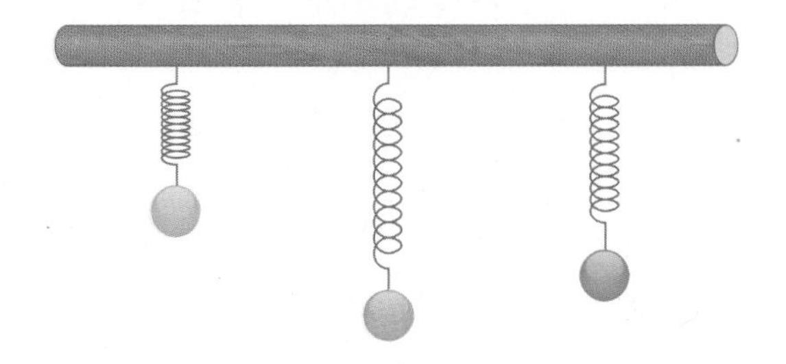

(　　　　　　　　)

1-2 똑같은 길이의 고무줄을 이용하여 볼펜, 자, 지우개, 가위 네 가지 물건을 매달았습니다. 가장 가벼운 것을 찾아 써 보세요.

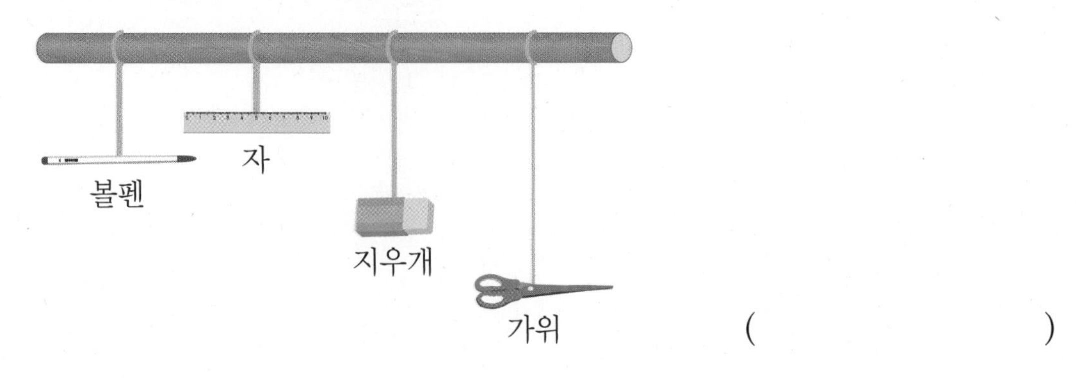

(　　　　　　　　)

심화유형 2

여러 가지 선의 길이 비교하기

가장 긴 것과 가장 짧은 것을 찾아 차례로 기호를 써 보세요.

㉠ ㉡ ㉢ ㉣

생각하기 한쪽 끝이 맞추어져 있는 것끼리 먼저 비교해 봅니다.

해결하기 1단계 왼쪽 끝이 맞추어져 있는 ㉠, ㉡, ㉣의 길이 비교하기

㉠, ㉡, ㉣은 왼쪽 끝이 맞추어져 있으므로 오른쪽 끝을 비교하면 ㉡이 가장 길고 ㉣이 가장 짧습니다. ➡ ㉡, ㉠, ㉣의 순서로 깁니다.

2단계 가장 긴 것과 가장 짧은 것 찾기

㉡과 ㉢은 오른쪽 끝이 맞추어져 있으므로 왼쪽 끝을 비교하면 ㉡이 더 깁니다.
긴 것부터 차례로 기호를 쓰면 ㉡, ㉢, ㉠, ㉣이므로 가장 긴 것은 ㉡, 가장 짧은 것은 ㉣입니다.

㉠과 ㉢은 눈으로 비교합니다.

답 ㉡, ㉣

2-1 가장 긴 것과 가장 짧은 것을 찾아 차례로 기호를 써 보세요.

㉠ ㉡ ㉢ ㉣

( ), ( )

2-2 긴 것부터 차례로 기호를 써 보세요.

㉠ ㉡ ㉢ ㉣

( )

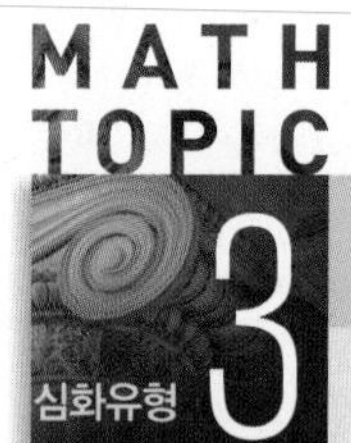

3 모눈이 있는 모양의 넓이 비교하기

작은 한 칸의 크기는 모두 같습니다. 가, 나, 다를 넓은 것부터 차례로 써 보세요.

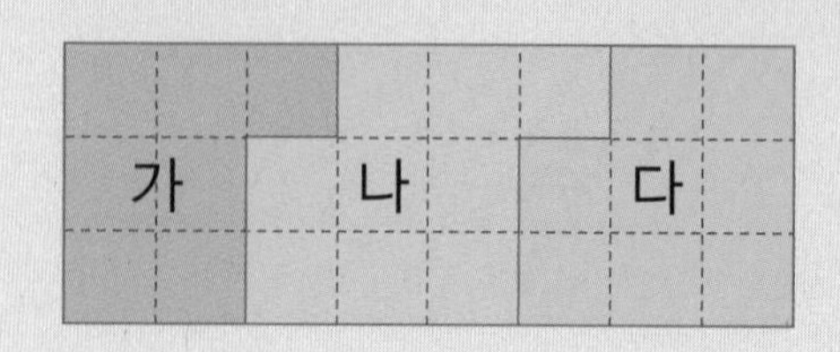

생각하기 칸 수가 많은 모양일수록 더 넓습니다.

해결하기 1단계 가, 나, 다가 각각 몇 칸인지 세어 보기

작은 한 칸의 크기가 같으므로 칸 수를 세어 비교합니다.

가: 7칸, 나: 9칸, 다: 8칸

2단계 가, 나, 다를 넓은 것부터 차례로 쓰기

칸 수가 많은 것부터 차례로 쓰면 9칸, 8칸, 7칸이므로 넓은 것부터 차례로 쓰면 나, 다, 가입니다.

답 나, 다, 가

3-1 **작은 한 칸의 크기는 모두 같습니다. 가, 나, 다를 넓은 것부터 차례로 써 보세요.**

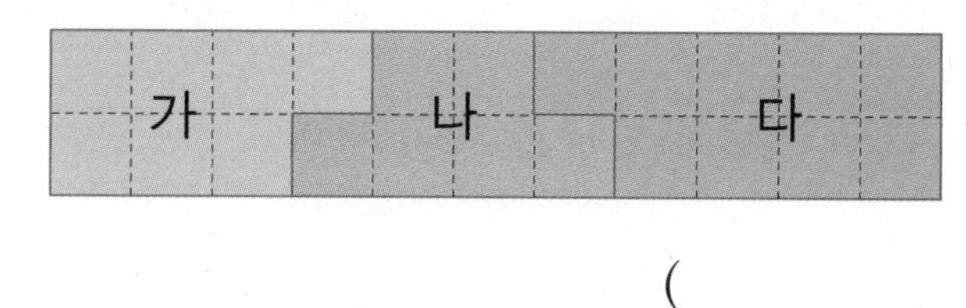

(　　　　　　　　　　)

3-2 **작은 한 칸의 크기는 모두 같습니다. 가, 나, 다를 좁은 것부터 차례로 써 보세요.**

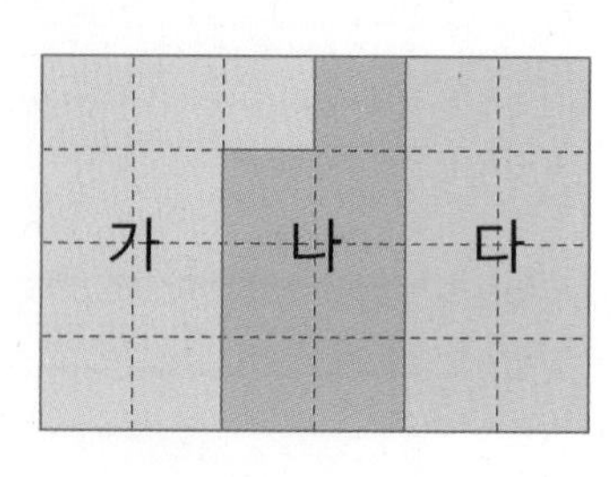

(　　　　　　　　　　)

MATH TOPIC 4 심화유형

세 가지의 무게 비교하기

도윤, 근영, 현식이가 시소를 타고 있습니다. 무거운 사람부터 차례로 써 보세요.

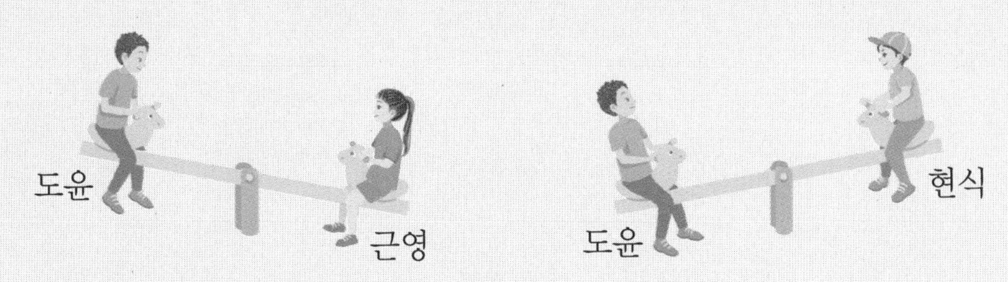

생각하기 무게가 무거운 쪽이 아래로 내려가고 가벼운 쪽이 위로 올라갑니다.

해결하기 1단계 두 사람씩 짝을 지어 무게 비교하기

근영이가 도윤이보다 더 무겁습니다.

도윤이가 현식이보다 더 무겁습니다.

가벼움 ←		→ 무거움
	도윤	근영
현식	도윤	

가벼운 쪽, 무거운 쪽을 표시한 다음 두 사람씩 비교하여 이름을 써 보면 도윤이를 기준으로 하여 세 사람의 몸무게를 비교할 수 있습니다.

2단계 무거운 사람부터 차례로 쓰기

근영이가 가장 무겁고 현식이가 가장 가벼우므로 무거운 사람부터 차례로 쓰면 근영, 도윤, 현식입니다.

답 근영, 도윤, 현식

4-1 나래, 성주, 민혜가 시소를 타고 있습니다. 가장 가벼운 사람과 가장 무거운 사람을 차례로 써 보세요.

( ), ( )

4-2 곰, 돼지, 너구리가 시소를 타고 있습니다. 가벼운 동물부터 차례로 써 보세요.

( )

MATH TOPIC 5 심화유형

저울을 이용한 무게 비교하기

㉯ 벽돌 1개의 무게가 4입니다. ㉮ 벽돌 1개와 ㉰ 벽돌 1개의 무게를 합하면 얼마일까요?

● 생각하기 ㉯ 벽돌의 무게를 이용하여 ㉮ 벽돌의 무게와 ㉰ 벽돌의 무게를 구합니다.

● 해결하기 1단계 ㉮ 벽돌의 무게 구하기

왼쪽 저울이 기울지 않았으므로 ㉮+㉮=㉯입니다.

㉯=4라고 했으므로 ㉮+㉮=4이고, 2+2=4이므로 ㉮=2입니다.

같은 두 수를 더해서 4가 되는 덧셈식

2단계 ㉰ 벽돌의 무게 구하기

오른쪽 저울이 기울지 않았으므로 ㉮+㉮=㉰+㉰+㉰+㉰입니다.

㉮=2이므로 2+2=㉰+㉰+㉰+㉰, 4=㉰+㉰+㉰+㉰입니다.

4=1+1+1+1이므로 ㉰=1입니다.

같은 네 수를 더해서 4가 되는 덧셈식

3단계 ㉮+㉰ 벽돌의 무게 구하기

㉮=2, ㉰=1이므로 ㉮ 벽돌 1개와 ㉰ 벽돌 1개의 무게를 합하면 2+1=3입니다.

답 3

5-1 ㉯ 구슬 1개의 무게가 6입니다. ㉮ 구슬 1개와 ㉰ 구슬 1개의 무게를 합하면 얼마일까요?

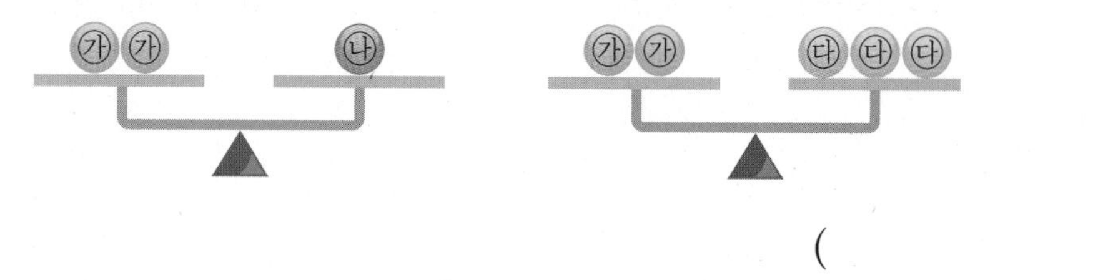

( )

5-2 그림을 보고 ㉮ 구슬 1개는 ㉰ 구슬 몇 개와 무게가 같은지 구해 보세요.

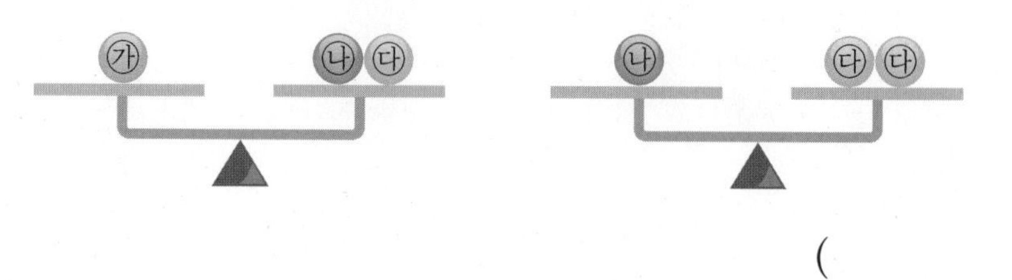

( )

심화유형 6

구슬이 들어 있는 물의 양 구하기

왼쪽 그림을 보고 가와 나 중 구슬을 모두 꺼냈을 때 물이 더 많이 들어 있는 그릇을 찾아 써 보세요. (단, 그릇의 크기는 모두 같습니다.)

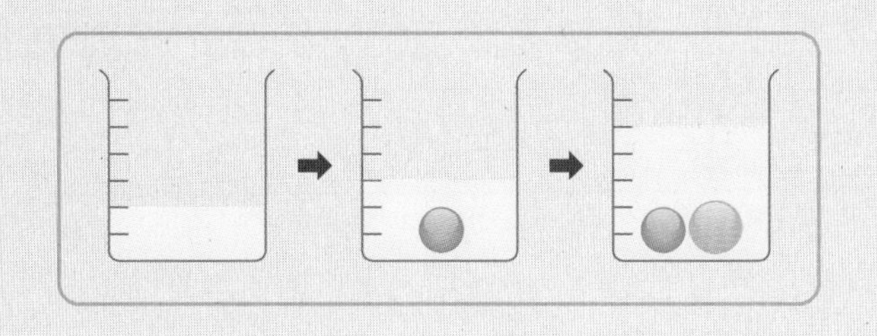

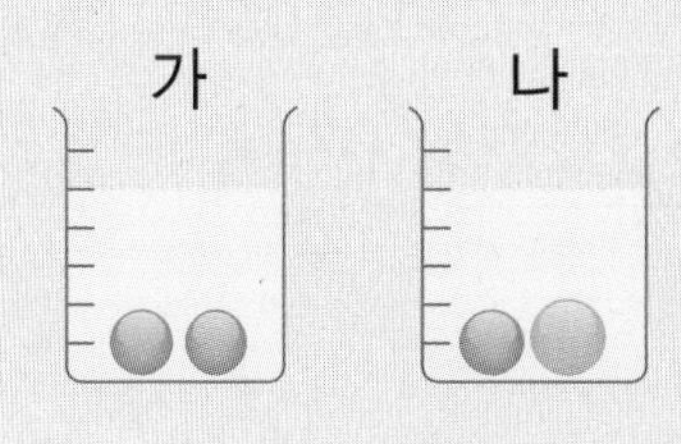

생각하기 빨간 구슬과 초록 구슬을 넣었을 때 물의 높이가 각각 몇 칸씩 올라가는지 생각합니다.

해결하기 1단계 빨간 구슬 1개를 넣었을 때 올라가는 물의 높이 구하기

빨간 구슬 1개를 넣으면 물의 높이가 1칸 올라갑니다.

2단계 초록 구슬 1개를 넣었을 때 올라가는 물의 높이 구하기

초록 구슬 1개를 넣으면 물의 높이가 2칸 올라갑니다.

3단계 가와 나 그릇에 구슬을 넣어 올라간 물의 높이 구하기

빨간 구슬 2개를 넣은 가 그릇은 물의 높이가 2칸 올라간 것이고, 빨간 구슬 1개와 초록 구슬 1개를 넣은 나 그릇은 물의 높이가 3칸 올라간 것입니다.

4단계 구슬을 꺼냈을 때 물의 높이 구하기

구슬을 모두 꺼냈을 때 물의 높이는 가 그릇은 3칸, 나 그릇은 2칸입니다.
따라서 물이 더 많이 들어 있는 그릇은 가입니다.

답 가

6-1 **왼쪽 그림을 보고 가와 나 중 구슬을 모두 꺼냈을 때 물이 더 적게 들어 있는 그릇을 찾아 써 보세요. (단, 그릇의 크기는 모두 같습니다.)**

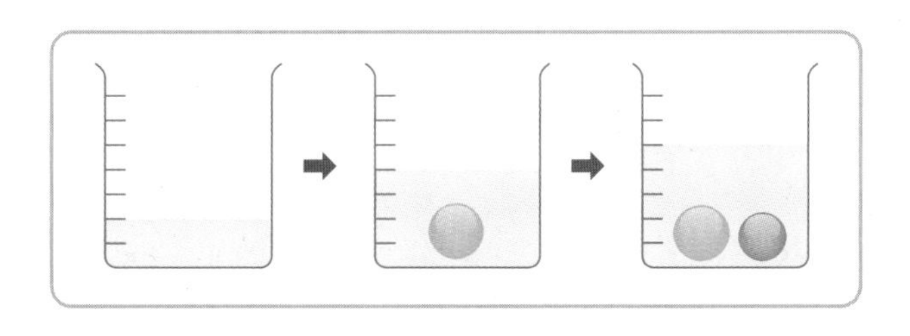

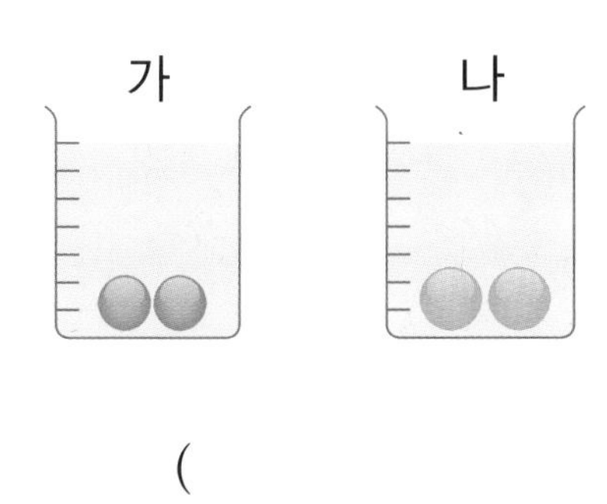

( )

MATH TOPIC

심화유형 7

키 비교하기를 활용한 교과통합유형

STEAM형

수학+사회

가족은 남편과 아내, 부모와 자식, 형제자매와 같이 결혼이나 핏줄로 맺어진 관계입니다. 영미, 상희, 진영이가 가족 놀이를 하려고 합니다. 키가 가장 큰 사람이 아빠 역할을 할 때, 아빠 역할을 하는 사람은 누구일까요?

가족

- 영미는 상희보다 키가 더 작습니다.
- 상희는 진영이보다 키가 더 작습니다.

생각하기 ■는 ▲보다 키가 더 작습니다. ➡ ▲는 ■보다 키가 더 큽니다.

해결하기 **1단계** 두 사람씩 짝을 지어 키 비교하기

키가 작다 ← → 키가 크다

영미는 상희보다 키가 더 작으므로 상희는 영미보다 키가 더 큽니다. ······ 영미 상희

상희는 진영이보다 키가 더 작으므로 진영이는 상희보다 키가 더 큽니다. ······ 상희 진영

2단계 아빠 역할을 하는 사람 알아보기

키가 큰 순서대로 쓰면 진영, 상희, 영미이므로 진영이가 키가 가장 큽니다.

따라서 아빠 역할을 하는 사람은 [ ] 입니다.

답 [ ]

수학+과학

7-1 다육식물이란 사막이나 높은 산 등 수분이 적고 건조한 날씨의 지역에서 살아남기 위해 땅 위의 줄기나 잎에 많은 양의 수분을 저장하고 있는 식물을 말합니다. 다음 학급 신문의 일부분을 보고, 우리 반에서 기르는 다육식물 '상학', '바위솔', '와송' 중 키가 가장 작은 것은 무엇인지 써 보세요.

3면

우리 반 식물들 소식

우리 반에서 기르는 다육식물들이 잘 크고 있어요. 와송은 바위솔보다 키가 더 크고, 상학은 바위솔보다 키가 더 작아요.

( )

LEVEL UP TEST

1 키가 셋째로 큰 사람을 찾아 써 보세요.

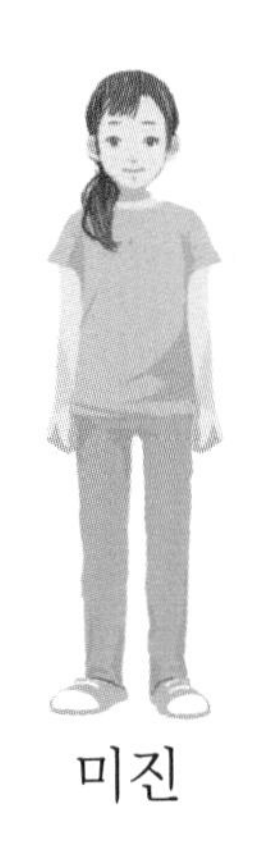

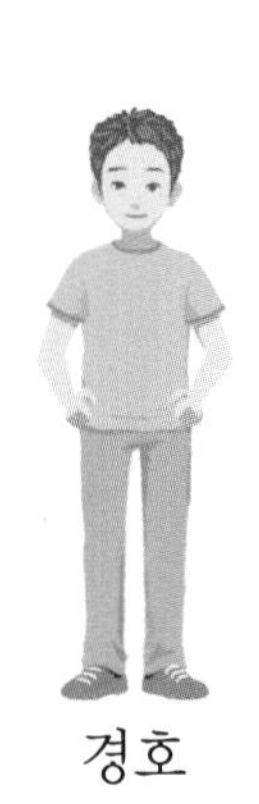

미진 경호 철규 혜수

( )

2 작은 한 칸의 크기는 모두 같습니다. 보기 보다 더 넓게 색칠된 것을 모두 찾아 써 보세요.

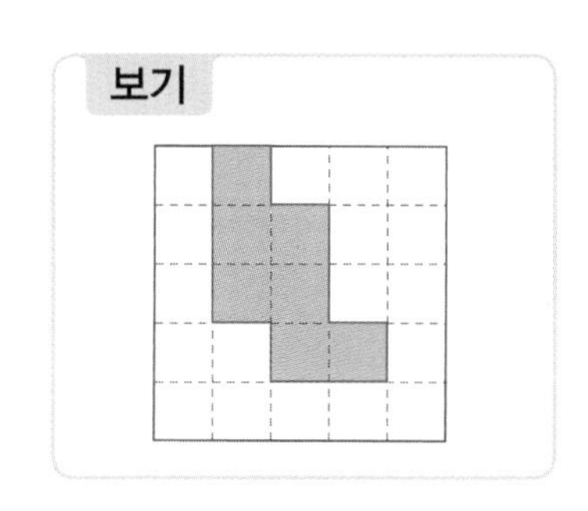

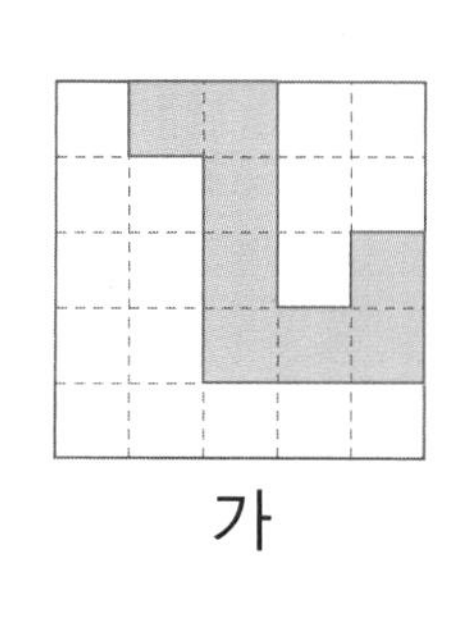

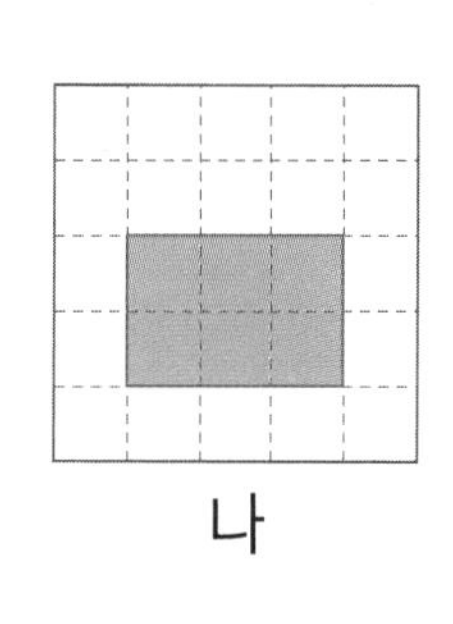

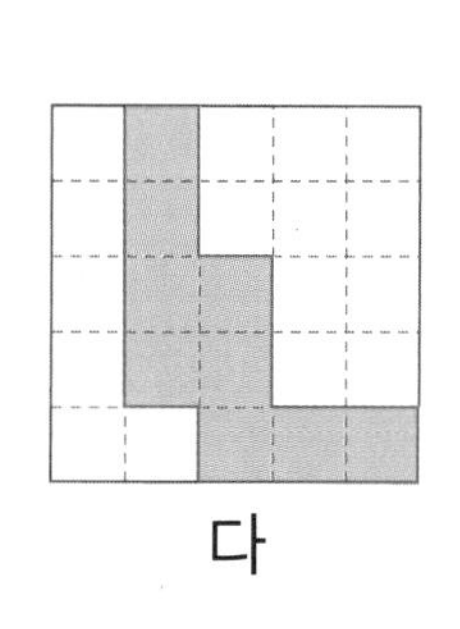

가 나 다

( )

3 물이 적게 들어 있는 것부터 차례로 써 보세요.

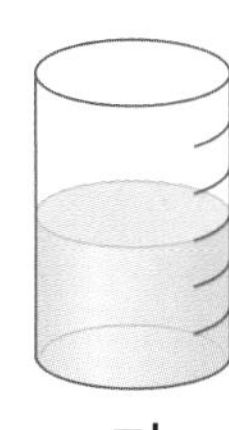

가 나 다

( )

수학+국어

STEAM형 **4** 동화 '송이버섯의 웃음'의 일부분입니다. 밑줄 친 부분을 바르게 고쳐 보세요.

> 송이버섯: 개미야, 이리 와. 여기 와서 비를 피하렴.
> 개미는 가까스로 송이버섯 곁으로 다가갔습니다. 송이버섯은 비를 막아 주었습니다. 마치 큰 우산 같았습니다.
> 개미: 고마워요. 제 몸은 너무 무거워서 비가 조금만 와도 곧 떠내려가요. 저도 달팽이처럼 등에 집을 지고 다니면 참 좋겠어요.

( )

서술형 **5** 똑같은 연필 3자루와 똑같은 색연필 5자루의 무게가 같습니다. 연필과 색연필 중에서 한 자루의 무게가 더 무거운 것은 무엇인지 풀이 과정을 쓰고 답을 구해 보세요.

풀이

답

6 물이 담긴 그릇에 구슬을 1개 넣으면 물의 높이가 1칸 올라갑니다. 구슬을 모두 꺼냈을 때 물의 높이를 그려 보세요.

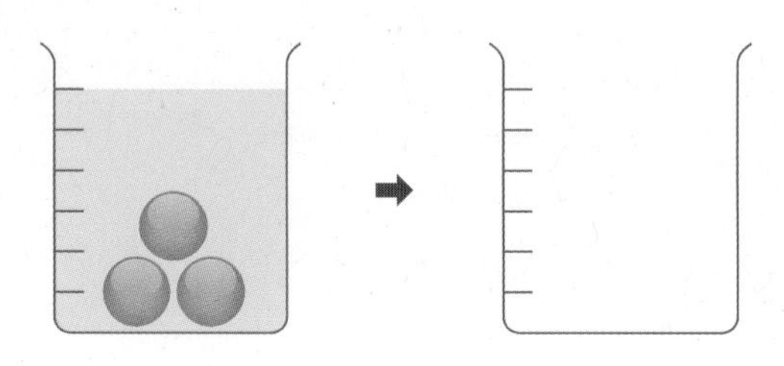

7 굵기가 다른 나무 막대에 다음과 같이 끈을 3번씩 감았습니다. 사용한 끈의 길이가 긴 것부터 차례로 써 보세요.

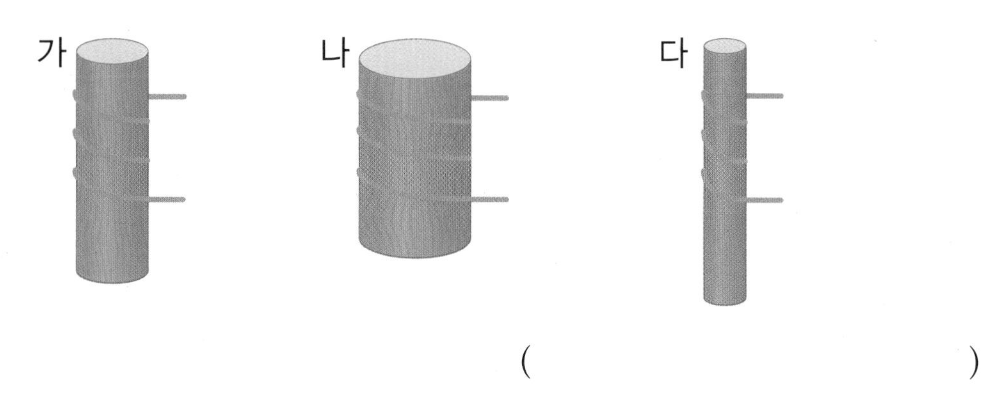

( )

8 모양과 크기가 같은 통에 음료수를 가득 담아서 주어진 그릇에 음료수를 가득 부으려고 합니다. 통에 남는 음료수의 양이 적은 것부터 차례로 기호를 써 보세요.

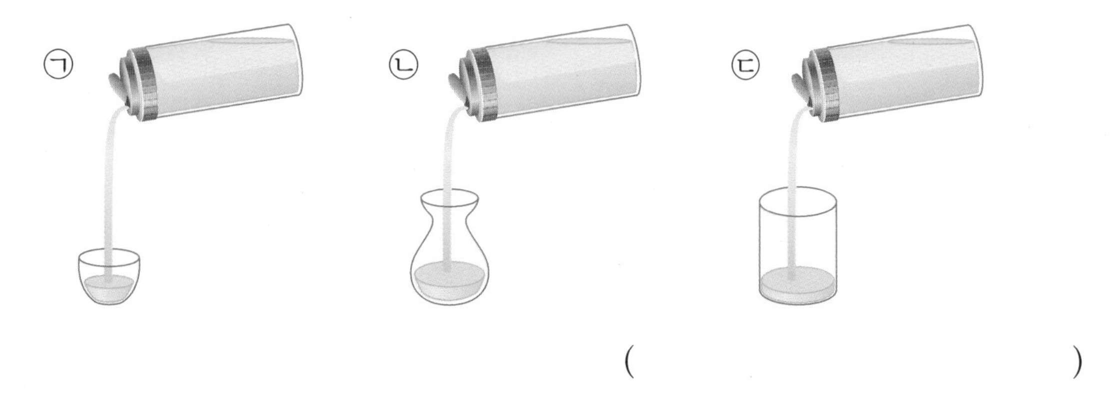

( )

9 그림을 보고 ㉮ 구슬 1개는 ㉰ 구슬 몇 개와 무게가 같은지 구해 보세요.

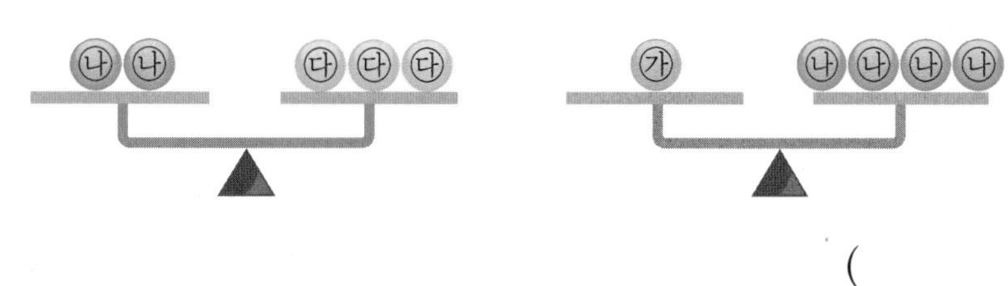

( )

서술형 **10** 아파트 1동, 2동, 3동, 4동 중에서 가장 낮은 동은 몇 동인지 풀이 과정을 쓰고 답을 구해 보세요.

- 아파트 2동은 1동보다 더 낮습니다.
- 아파트 3동은 가장 높습니다.
- 아파트 2동은 4동보다 더 높습니다.

풀이 ....

답 ....

11 보기 의 그림을 보고 더 무거운 쪽에 ○표 하세요.

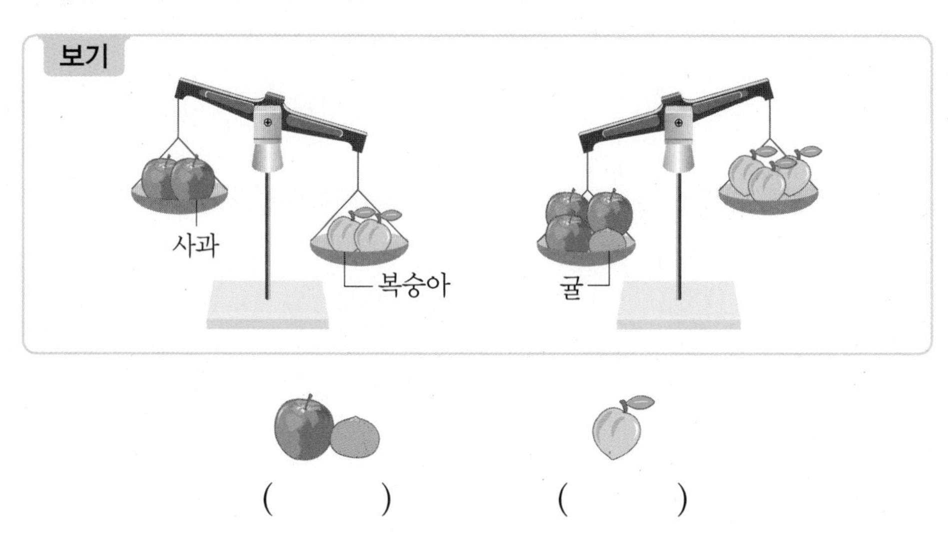

( ) ( )

12 네 개의 그릇 ㉠, ㉡, ㉢, ㉣이 있습니다. 모양과 크기가 같은 컵으로 물을 부어 그릇을 가득 채웠을 때 ㉠에는 3컵이 들어가고, ㉠과 ㉡에는 합해서 5컵, ㉡과 ㉢에는 합해서 6컵, ㉢과 ㉣에는 합해서 5컵이 들어갑니다. 물이 많이 들어가는 그릇부터 차례로 기호를 써 보세요. (단, 컵에 물을 가득 채워서 그릇에 붓습니다.)

( )

1 다음을 읽고 가, 나, 다 그릇을 찾아 □ 안에 써넣으세요.

- 가 그릇에 물을 가득 담아 나 그릇에 모두 부으면 물이 넘칩니다.
- 가 그릇에 물을 가득 담아 다 그릇에 모두 부으면 물이 반만 찹니다.

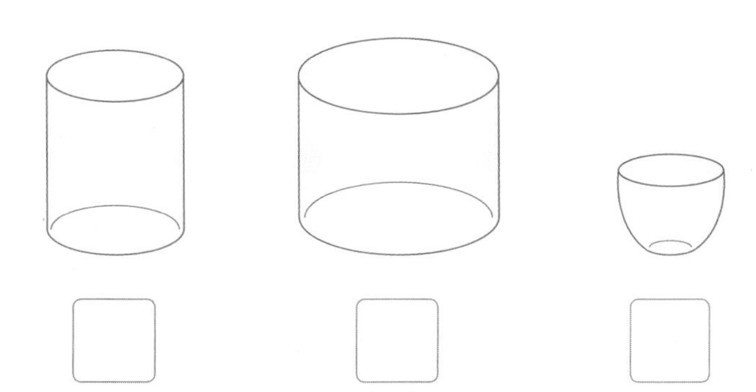

2 모양과 크기가 같은 상자에 다음과 같이 끈을 묶었습니다. 사용한 끈의 길이가 긴 것부터 차례로 기호를 써 보세요. (단, 매듭에 사용한 끈의 길이는 모두 같습니다.)

㉠ 

㉡ 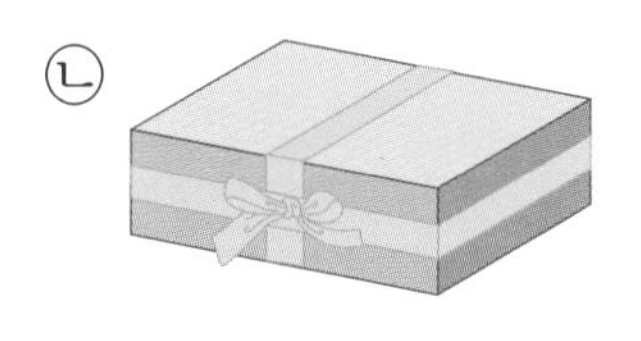

㉢ 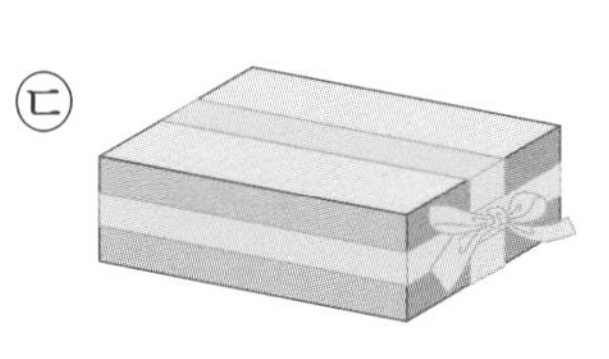

(　　　　　　　　　　)

연필 없이 생각 톡

각 상자에서 잃어버린 나무토막은 몇 개일까요?

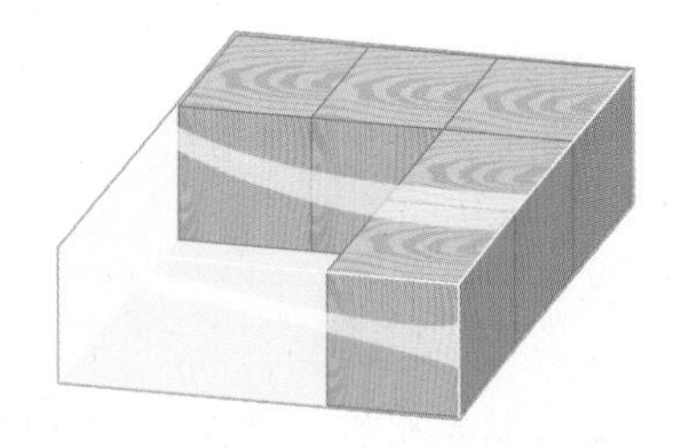

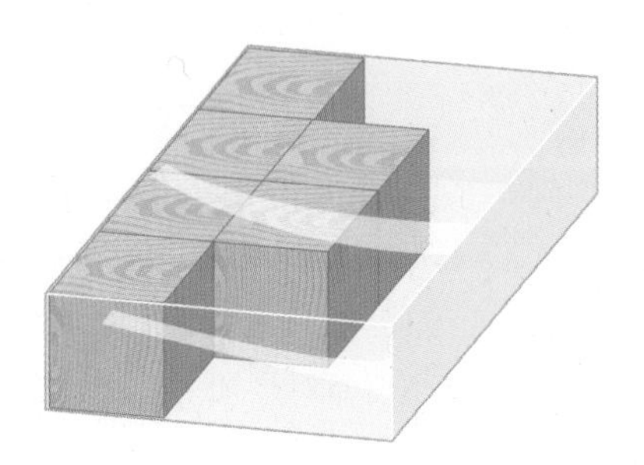

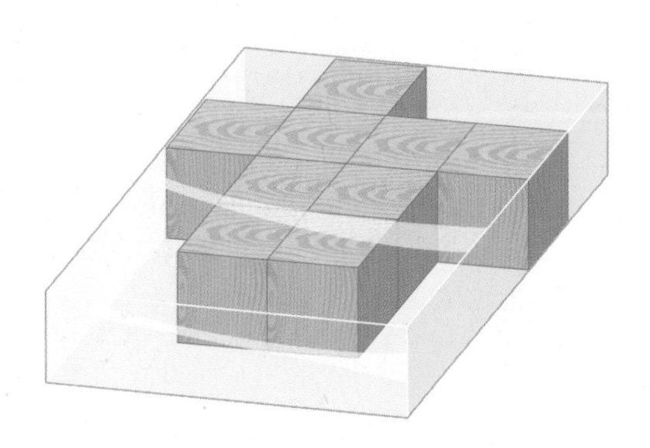

50까지의 수

대표심화유형

생각이 담긴 수

좋은 수! 나쁜 수!

사람들은 수로 사물의 개수를 세는 것뿐 아니라 수에 특별한 의미를 부여해 세계를 담고 싶어했어요. 그래서 간단한 수 하나에 많은 의미가 담겨 있기도 하답니다.

나라마다 좋은 수 또는 나쁜 수로 생각하는 몇 가지 수가 있어요. 우리나라 조상들은 1, 3, 5, 7, ...과 같은 홀수를 양의 수, 2, 4, 6, 8, ...과 같은 짝수를 음의 수라고 하였어요. 양의 수는 밝고 따뜻한 것으로, 음의 수는 어둡고 서늘한 것으로 생각하였지요. 그래서 기념하는 날인 명절의 날짜에 양의 수를 겹쳐서 정하곤 하였어요.

우리나라 사람들은 3을 양의 수 1과 음의 수 2를 합친 가장 완전한 수라고 좋아했고, 4는 한자로 죽을 사(死)자가 생각난다고 해서 죽음을 뜻하는 수로 생각하고 기피하였어요. 하지만 한자를 사용하지 않는 서양 사람들은 4를 성스러운 수로 생각하였어요. 고대 그리스에서는 우주가 '물, 불, 흙, 공기' 네 가지로 이루어졌고 이들 네 가지 원소 때문에 우주가 유지된다고 믿었기 때문에 서양 사람들은 4를 신성시했다고 해요.

일 년은 봄, 여름, 가을, 겨울의 사계절로 되어 있고,
방향은 동, 서, 남, 북으로 되어 있어요.
또한 의자 다리도 네 개예요.
이렇듯 4는 안정감을 주며
질서를 상징하는 좋은 의미로 쓰이기도 해요.

12 이야기

지금은 10개씩 묶음을 단위로 생각하여 수를 표현하지만 아주 오래전에는 12개씩 묶음을 단위로 수를 표현하였어요. 지금도 그 흔적이 여러 곳에 남아 있답니다. 우리는 생년월일과 함께 띠를 가지고 태어나요. "나는 호랑이띠야.", "나는 닭띠야."라는 말을 들어본 적이 있을 거예요. 그 이유는 해를 나타낼 때 '쥐, 소, 호랑이, 토끼, 용, 뱀, 말, 양, 원숭이, 닭, 개, 돼지' 이렇게 12마리 동물의 이름을 사용하여 12년마다 반복하여 해를 나타내었기 때문이에요. 12를 묶음 단위로 사용한 흔적은 생활 속에도 있어요. 예전에는 달걀을 12개씩 묶어서 팔았고, 연필도 12자루씩 묶어서 1타로 팔고 있어요. 또 하루는 12시간 단위로 오전과 오후로 나뉘어요. 그래서 시계에도 1부터 12까지 숫자가 적혀 있는 거랍니다.

재미있는 숫자 Day

우리 생활 속에는 수를 이용하여 만들어진 재미있는 날들이 있어요.

3월 3일은 삼겹살 데이라고 불러요. 3이 두 번 겹쳤다고 해서 이름이 붙여진 날이에요. 돼지를 키우는 농민들을 살리기 위해 시작한 날로 삼겹살을 먹으며 그날을 즐겨요.

3월 14일 하면 화이트 데이를 떠올리겠지만 이 날은 '파이 데이'이기도 해요. 파이 데이는 3.14를 기념하여 만든 날이에요. 3.14는 원주율(원의 지름과 원의 둘레의 길이의 비율) 3.1415…의 앞부분을 말해요. 3.1415…를 π라는 문자로 나타내는데 이 문자 π를 파이라고 읽어서 '파이 데이'가 탄생하게 되었답니다.

10월 24일은 애플 데이(Apple Day)라고 불러요. 둘(2)이 사과(4)하고 화해한다는 의미로 친구나 연인끼리 사과를 주고받는 날이랍니다.

1 10 알아보기

❶ 10 알아보기

10

9보다 1만큼 더 큰 수를 10이라 쓰고 십 또는 열이라고 읽습니다.

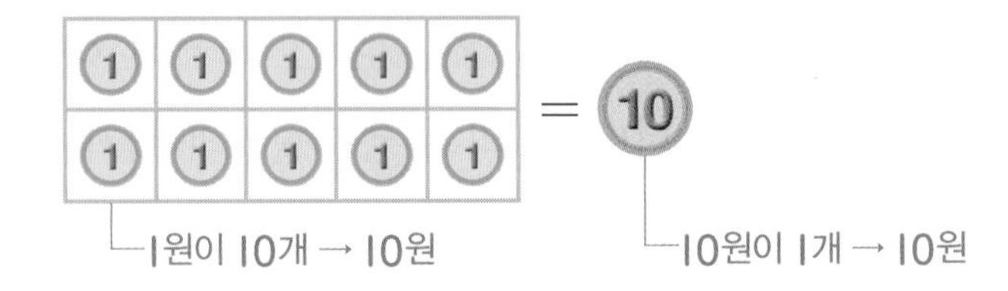

❷ 모으기하여 10 만들기, 10을 두 수로 가르기하기

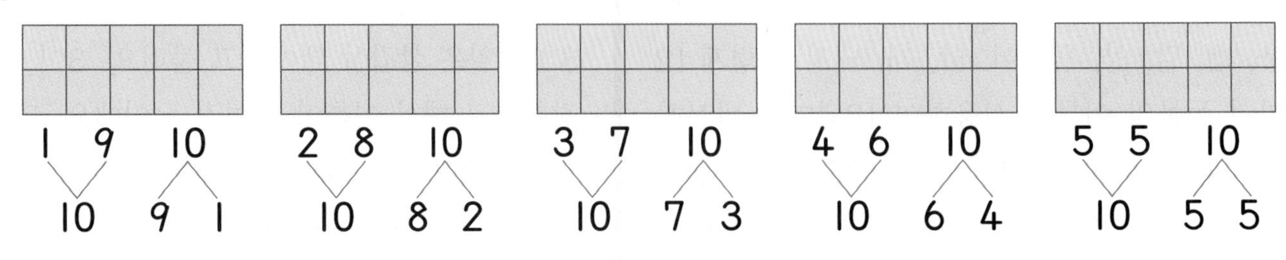

실전 개념

❶ 10을 여러 가지로 나타내기

- 1이 10개인 수
- 10이 1개인 수
- 9보다 1만큼 더 큰 수
- 8보다 2만큼 더 큰 수

연결 개념 (덧셈과 뺄셈)

❶ 10이 되는 더하기, 10에서 빼기

- 10 모으기를 통해 10이 되는 덧셈을 할 수 있습니다.

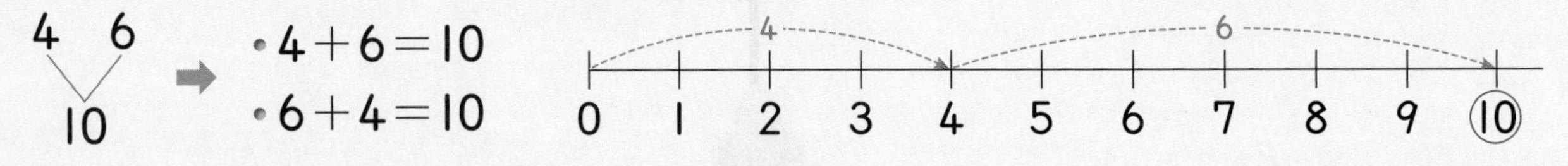

- 10 가르기를 통해 10에서 빼기를 할 수 있습니다.

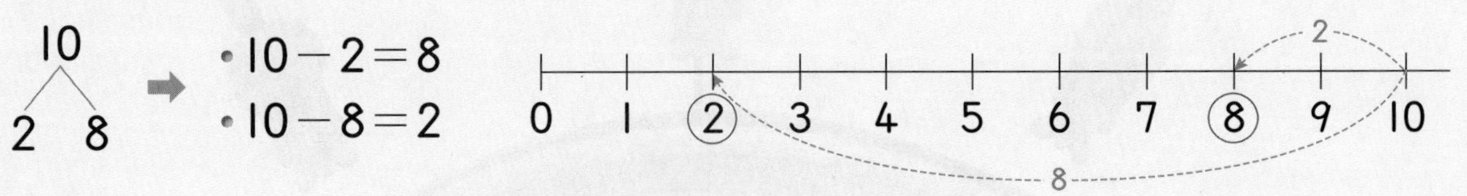

배경 지식

❶ 10을 알맞게 읽기

- '십'으로 읽는 경우: 10번, 10등, 10층, 10일, 10년, 10세, 10cm 등
- '열'로 읽는 경우: 10개, 10명, 10마리, 10자루, 10대, 10살 등

1 10이 되도록 ○를 그리고 □ 안에 알맞은 수를 써넣으세요.

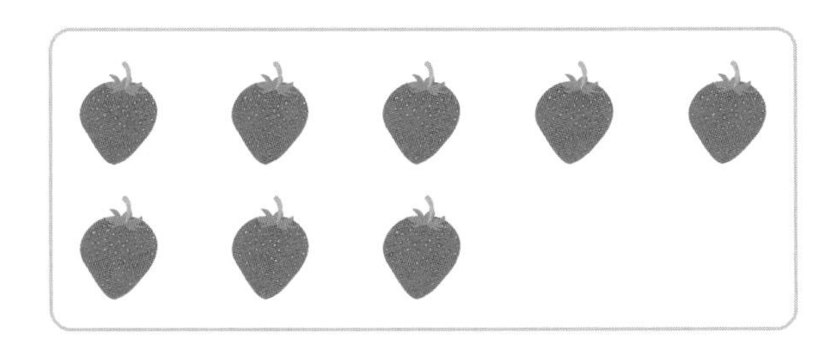

10은 8보다 □ 만큼 더 큽니다.

2 나타내는 수가 다른 하나는 어느 것일까요? (   )

① 9보다 1만큼 더 큰 수
② 6보다 4만큼 더 큰 수
③ 7보다 2만큼 더 큰 수
④ 열
⑤ 십

3 두 수를 모으기하였을 때 10이 되지 않는 것은 어느 것일까요? (   )

① 6, 4　② 1, 9
③ 8, 1　④ 5, 5
⑤ 9, 1

4 10을 가르기해 보세요.

8	

	5

5 일기를 보고 10을 알맞게 읽은 것에 ○표 하세요.

제목: 동물원 구경

날짜: 6월 25일 날씨: 맑음

친구들과 10(열 , 십)번 버스를 타고 동물원에 갔다. 동물원에는 타조가 10(열 , 십) 마리 있었다. 사육사 아저씨께 타조의 나이가 몇 살인지 여쭤보니, 10(열 , 십)살이나 되었다고 했다. 문득 10(열 , 십)년 뒤 나의 모습이 궁금해졌다.

6 사과가 7개 있습니다. 사과가 몇 개 더 있어야 10개가 될까요?

(   )

BASIC CONCEPT

2 십몇 알아보기

❶ 십몇

10과 1은 11입니다.

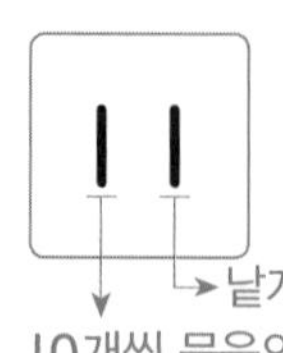

10개씩 묶음 1개와 낱개 1개는 11이라 쓰고 십일 또는 열하나라고 읽습니다.

❷ 19까지 수의 순서 알아보기

일정한 간격으로 눈금을 표시하여 수를 나타낸 것을 수직선이라고 합니다.

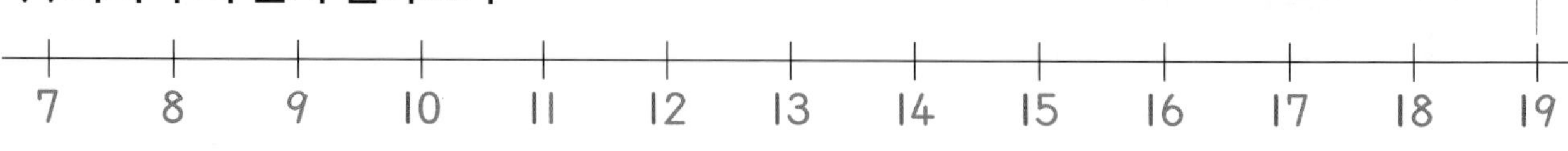

11부터 19까지의 수는 10개씩 묶음의 수는 모두 1로 같고, 낱개의 수가 1씩 커집니다.

❸ 19까지의 수 모으기와 가르기

- 이어 세어 모으기

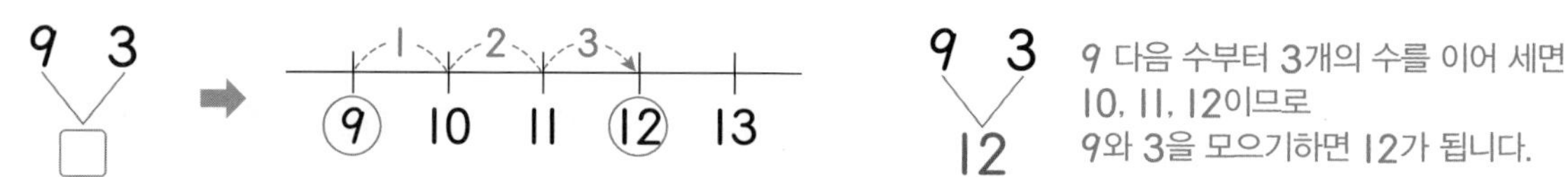

9 다음 수부터 3개의 수를 이어 세면 10, 11, 12이므로 9와 3을 모으기하면 12가 됩니다.

- 거꾸로 세어 가르기

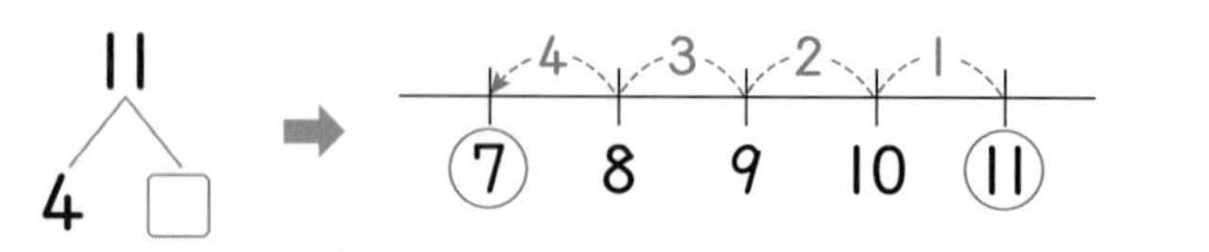

11 앞의 수부터 4개의 수를 거꾸로 세면 10, 9, 8, 7이므로 11은 4와 7로 가르기할 수 있습니다.

사고력 개념

❶ 숫자가 나타내는 수

- 수는 양이나 순서를 나타낸 것이고, 숫자는 수를 나타낼 때 사용하는 기호입니다.

10과 2	10과 3	10과 4	10과 5	10과 6	10과 7	10과 8	10과 9
12	13	14	15	16	17	18	19

십의 자리 숫자, 일의 자리 숫자 (12) / 숫자 1과 숫자 8로 이루어진 수 (18)

10개씩 묶음의 수는 십의 자리 수, 낱개의 수는 일의 자리 수라고 합니다.
십의 자리에 쓰인 수는 1이라고 써도 10을 나타냅니다. → 따라서 10과 2를 102라고 쓰지 않는 것입니다.

실전 개념

❶ 십몇의 크기 비교

모두 '10과 몇'인 수이므로 '몇'의 크기를 비교합니다.

(13, 17) ➡
- 3이 7보다 작으므로 13이 17보다 작습니다.
- 7이 3보다 크므로 17이 13보다 큽니다.

BASIC TEST

1 관계있는 것끼리 선으로 이어 보세요.

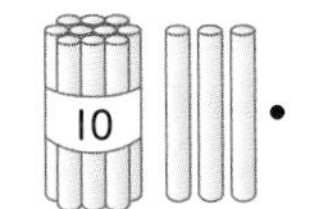

• 십육, 열여섯

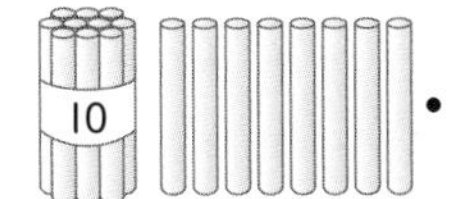

• 십팔, 열여덟

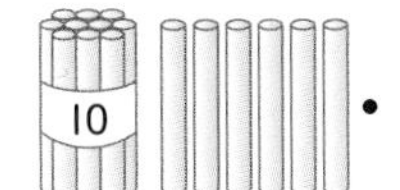

• 십삼, 열셋

2 주어진 수보다 1만큼 더 작은 수와 1만큼 더 큰 수를 써 보세요.

1만큼 더 작은 수		1만큼 더 큰 수
	11	
	14	
	18	

3 나타내는 수가 다른 하나는 어느 것일까요? (　　　)

① 십사　② 열넷　③ 14
④ 15보다 1만큼 더 큰 수
⑤ 10개씩 묶음 1개와 낱개 4개

4 10개씩 묶고, 지우개의 수를 세어 두 가지 방법으로 읽어 보세요.

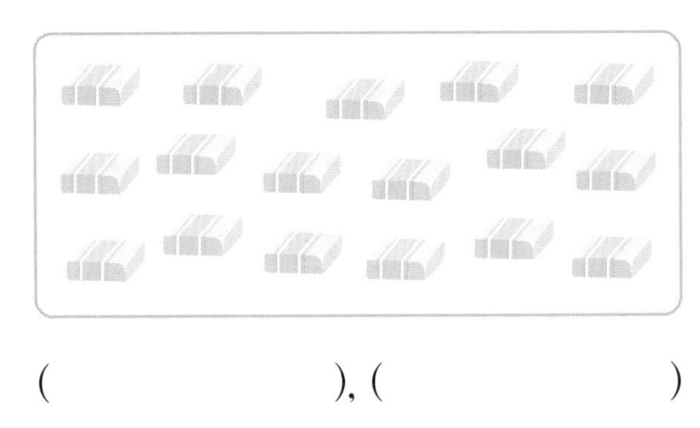

(　　　　　　), (　　　　　　)

5 왼쪽의 수가 더 크도록 여러 가지 방법으로 가르기를 해 보세요.

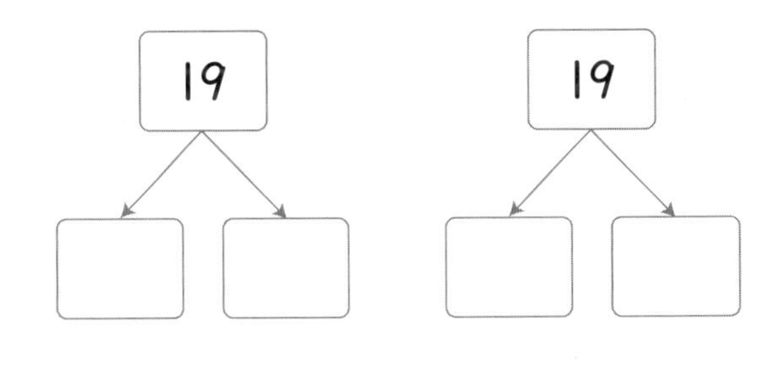

6 두 수를 모으기한 수가 가장 큰 것을 찾아 기호를 써 보세요.

㉠ 6과 8　㉡ 9와 2
㉢ 4와 9　㉣ 7과 4

(　　　　　　)

3 10개씩 묶어 세기, 50까지의 수

❶ 몇십 알아보기

10개씩 묶음 1개	10개씩 묶음 2개	10개씩 묶음 3개	10개씩 묶음 4개	10개씩 묶음 5개
10 (십, 열)	20 (이십, 스물)	30 (삼십, 서른)	40 (사십, 마흔)	50 (오십, 쉰)

십의 자리 숫자
일의 자리 숫자

예 30은 10개씩 묶음 3개와 낱개 0개인 수입니다.

10 10 10

십의 자리에 5라고 써도
5가 나타내는 수는 50입니다.

❷ 몇십몇 알아보기

10개씩 묶음	낱개
2	6

숫자 2는
20을 나타냅니다.

26 이십육, 스물여섯

10개씩 묶음	낱개
4	9

숫자 4는
40을 나타냅니다.

49 사십구, 마흔아홉

사고력 개념

❶ 숫자가 나타내는 수

수	34		43	
자리	십의 자리	일의 자리	십의 자리	일의 자리
숫자	3	4	4	3
나타내는 수	30	4	40	3

10개씩 묶음의 수가 놓인 자리를 십의 자리, 낱개의 수가 놓인 자리를 일의 자리라고 합니다.

같은 숫자라도 놓인 자리에 따라 나타내는 수가 다릅니다.

실전 개념

❶ 조건에 맞는 수 구하기

• 10개씩 묶음 3개와 낱개 12개인 수

	10개씩 묶음	낱개
10개씩 묶음 3개 →	3	0
낱개 12개 →	1	2
⬇	4	2

➡ 42

→ 낱개의 수가 10개이거나 10개보다 많을 때에는 10개씩 묶음의 수와 낱개의 수로 나누어 생각합니다.

1 수를 잘못 읽은 것은 어느 것일까요?

( )

① 40 → 마흔 ② 26 → 이십육
③ 35 → 서른오 ④ 50 → 쉰
⑤ 47 → 사십칠

2 빈칸에 알맞은 수를 써넣으세요.

수	10개씩 묶음	낱개
25	2	5
13	1	
39		9
	4	7

3 밑줄 친 숫자가 나타내는 수를 써 보세요.

2̲3

( )

4 □ 안에 알맞은 수를 써넣으세요.

(1) $29=\square+9$

(2) $33=\square+3$

(3) $42=40+\square$

5 주어진 모형으로 왼쪽 모양을 몇 개까지 만들 수 있을까요?

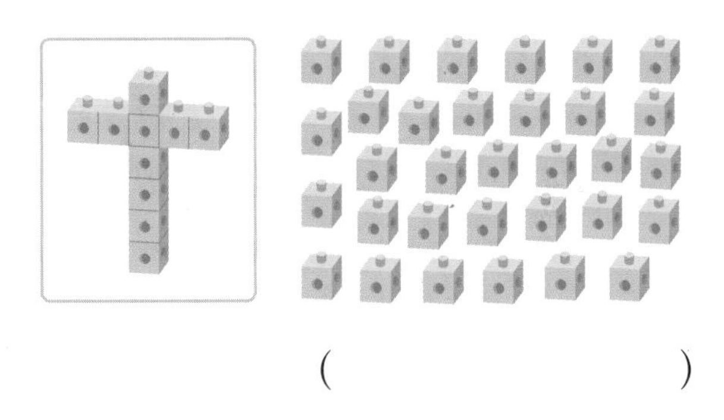

( )

6 시우네 반 학생들이 한 줄에 10명씩 줄을 서려고 합니다. 시우네 반 학생이 28명이라면 몇 줄이 되고, 몇 명이 남을까요?

( ), ( )

4 수의 순서, 수의 크기 비교

❶ 수 배열표로 수의 순서 알아보기

오른쪽으로 한 칸 갈 때마다 1씩 커집니다.

1	2	3	4	5	6	7	8	9	10
11	12	13	14	15	16	17	18	19	20
21	22	23	24	25	26	27	28	29	30
31	32	33	34	35	36	37	38	39	40
41	42	43	44	45	46	47	48	49	50
51	…								

아래쪽으로 한 칸 갈 때마다 10개씩 묶음의 수가 1씩 커지므로 10씩 커집니다.

→ 50 다음에도 수가 계속 있습니다.

낱개의 수가 9에서 1만큼 더 커지면 10개씩 묶음의 수가 1 커지고 낱개의 수는 0이 됩니다.

❷ 수의 크기 비교

• 10개씩 묶음의 수가 다른 경우 → 10개씩 묶음의 수를 먼저 비교하고, 낱개의 수를 비교합니다. 10개씩 묶음의 수가 낱개의 수보다 나타내는 수가 더 크기 때문입니다.

수	나타내는 수
26	20과 6
32	30과 2

➡ 30이 20보다 큽니다. ➡ • 32는 26보다 큽니다. • 26은 32보다 작습니다.

• 10개씩 묶음의 수가 같은 경우

수	나타내는 수
26	20과 6
22	20과 2

➡ 6이 2보다 큽니다. ➡ • 26은 22보다 큽니다. • 22는 26보다 작습니다.

실전 개념

❶ 수직선으로 수의 크기 비교하기

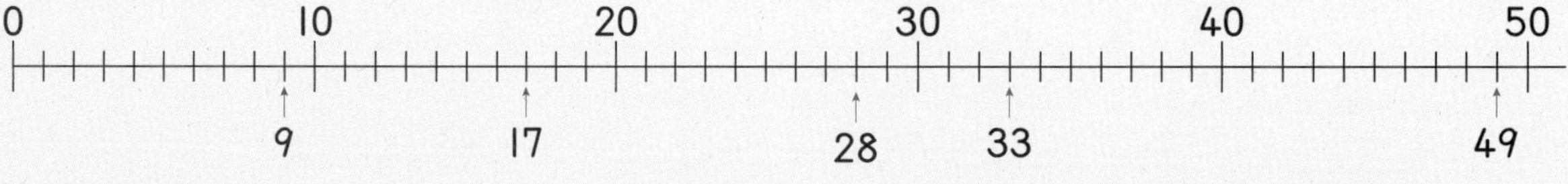

• 수직선의 작은 눈금 한 칸은 1을 나타냅니다. • 오른쪽으로 갈수록 큰 수입니다.

❷ 수를 뛰어 세기

수를 몇씩 뛰어 셀 수 있습니다.

• 3부터 2씩 뛰어 세기: 3, 5, 7, 9, 11, 13, … → 낱개의 수가 2씩 커집니다.

• 3부터 10씩 뛰어 세기: 3, 13, 23, 33, 43, … → 10개씩 묶음의 수가 1씩 커지고, 낱개의 수는 변하지 않습니다.

1 더 큰 수에 ○표 하세요.

40	29

35	38

2 작은 수부터 순서대로 써 보세요.

41 9 22 20 50 15

(　　　　　　　　　　)

3 40부터 50까지의 수 중에서 다음의 수보다 큰 수를 모두 써 보세요.

10개씩 묶음 4개와 낱개 5개인 수

(　　　　　　　　　　)

4 수직선에서 □ 안에 알맞은 수를 써넣으세요.

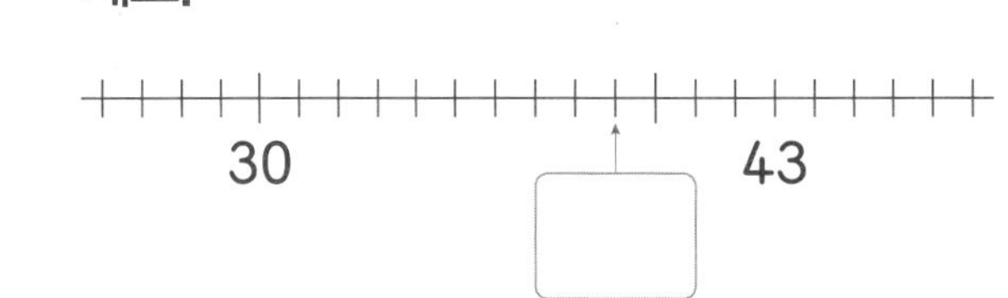

5 규칙을 찾아 ㉠에 알맞은 수를 써 보세요.

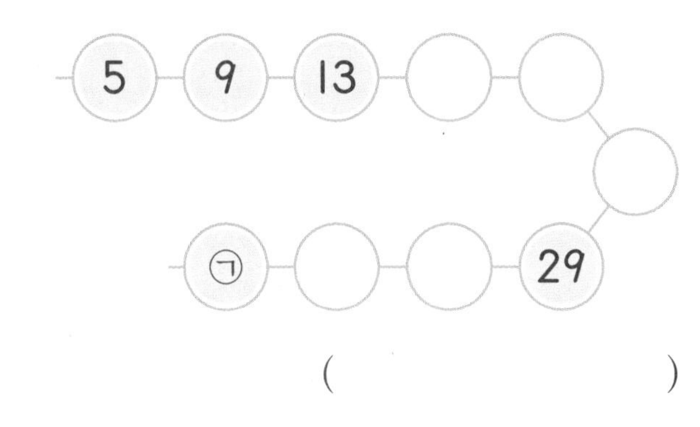

(　　　　　　)

6 서진이와 재민이가 동전 던지기를 합니다. 그림 면이 나오면 10점, 숫자 면이 나오면 1점을 얻습니다. 두 사람의 점수가 같아지도록 빈칸에 점수를 써넣으세요.

	1회(점)	2회(점)	3회(점)	4회(점)	5회(점)
서진	1	1	10		
재민	1	10	10		

수 카드로 수 만들기

수 카드 중에서 2장을 뽑아 한 번씩만 사용하여 몇십몇을 만들려고 합니다. 만들 수 있는 수 중에서 가장 큰 수를 써 보세요.

생각하기 가장 큰 수를 10개씩 묶음의 수로, 둘째로 큰 수를 낱개의 수로 정합니다.

해결하기 1단계 수 카드 중에서 가장 큰 수와 둘째로 큰 수 찾기

수 카드의 수를 큰 수부터 차례로 쓰면 4, 3, 1, 0이므로 가장 큰 수는 4, 둘째로 큰 수는 3입니다.

2단계 만들 수 있는 가장 큰 수 구하기

가장 큰 수인 4를 10개씩 묶음의 수로, 둘째로 큰 수인 3을 낱개의 수로 하여 몇십몇을 만들면 가장 큰 수 43을 만들 수 있습니다.

10개씩 묶음의 수가 낱개의 수보다 더 큰 수를 나타내기 때문입니다.

답 43

1-1 수 카드 4장 중에서 2장을 뽑아 한 번씩만 사용하여 몇십몇을 만들려고 합니다. 만들 수 있는 수 중에서 가장 큰 수를 써 보세요.

2 0 4 1

( )

1-2 수 카드 5장 중에서 2장을 뽑아 한 번씩만 사용하여 몇십몇을 만들려고 합니다. 만들 수 있는 수 중에서 가장 작은 수를 써 보세요.

7 2 5 1 6

( )

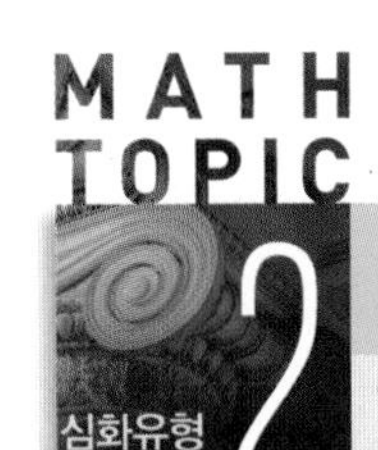

수의 크기 비교의 활용

빨대를 희준이는 10개씩 묶음 2개와 낱개 8개를 가지고 있고, 혜빈이는 33개를 가지고 있습니다. 누가 빨대를 더 많이 가지고 있을까요?

생각하기 두 사람이 가진 빨대 수의 10개씩 묶음의 수와 낱개의 수를 알아봅니다.

해결하기 1단계 혜빈이가 가지고 있는 빨대 수를 10개씩 묶음과 낱개로 나타내기

33은 10개씩 묶음 3개와 낱개 3개입니다.

2단계 누가 빨대를 더 많이 가지고 있는지 구하기

10개씩 묶음의 수를 비교하면 33이 28보다 큽니다.
따라서 혜빈이가 빨대를 더 많이 가지고 있습니다.

다른 풀이 | 10개씩 묶음 2개와 낱개 8개는 28이므로 희준이가 가지고 있는 빨대는 28개입니다.
28과 33을 비교하면 33이 더 크므로 혜빈이가 빨대를 더 많이 가지고 있습니다.

답 혜빈

2-1 우표를 기영이는 10장씩 묶음 4개와 낱장 7장을 모았고, 정수는 46장을 모았습니다. 누가 우표를 더 많이 모았을까요?

( )

2-2 귤을 민성이는 19개를 땄고, 영재는 10개씩 묶음 1개와 낱개 7개를 땄습니다. 누가 귤을 더 적게 땄을까요?

( )

2-3 구슬을 성현이는 10개씩 묶음 3개와 낱개 5개를 가지고 있고, 형빈이는 42개, 은수는 37개를 가지고 있습니다. 누가 구슬을 가장 적게 가지고 있을까요?

( )

MATH TOPIC

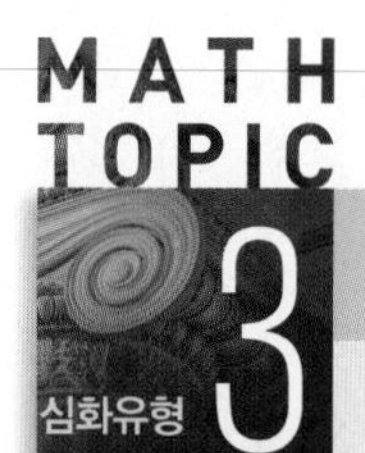

3 심화유형 설명하는 수 구하기

다음에서 설명하는 수를 모두 써 보세요.

• 19와 41 사이에 있는 수입니다.
• 낱개의 수가 7입니다.

생각하기 낱개의 수가 7인 몇십몇은 ■7입니다.

해결하기 1단계 낱개의 수가 7인 몇십몇 알아보기

낱개의 수가 7인 몇십몇은 17, 27, 37, 47, ...입니다.

2단계 위의 수 중 19와 41 사이에 있는 수 구하기

19와 41 사이에 있는 수는 27과 37입니다.

답 27, 37

3-1 다음에서 설명하는 수를 모두 써 보세요.

• 20과 50 사이에 있는 수입니다.
• 10개씩 묶음의 수와 낱개의 수가 같습니다.

(   )

3-2 다음에서 설명하는 수는 모두 몇 개인지 구해 보세요.

• 26보다 크고 33보다 작은 수입니다.
• 10개씩 묶음의 수가 낱개의 수보다 작습니다.

(   )

3-3 다음에서 설명하는 수 중에서 가장 작은 수와 가장 큰 수를 차례로 써 보세요.

• 30과 42 사이에 있는 수입니다.
• 10개씩 묶음의 수가 낱개의 수보다 큽니다.

(   ), (   )

정답과 풀이 35쪽

1만큼 더 작은 수와 1만큼 더 큰 수의 응용

다음 수보다 1만큼 더 큰 수를 구해 보세요.

10개씩 묶음 2개와 낱개 13개인 수

생각하기 10개씩 묶음 ■개와 낱개 ▲●개인 수 ➡ 10개씩 묶음 (■+▲)개와 낱개 ●개인 수

해결하기 1단계 10개씩 묶음 2개와 낱개 13개인 수 구하기

낱개 13개는 10개씩 묶음 1개와 낱개 3개와 같습니다.
따라서 10개씩 묶음 2개와 낱개 13개인 수는 10개씩 묶음 $2+1=3$(개)와 낱개 3개인 수이므로 33입니다. (30과 3)

2단계 주어진 수보다 1만큼 더 큰 수 구하기

33보다 1만큼 더 큰 수는 33 바로 뒤의 수인 34입니다.

답 34

4-1 다음 수보다 1만큼 더 큰 수를 구해 보세요.

10개씩 묶음 3개와 낱개 16개인 수

(　　　　)

4-2 다음 수보다 1만큼 더 작은 수를 구해 보세요.

10개씩 묶음 3개와 낱개 20개인 수

(　　　　)

4-3 다음 수보다 1만큼 더 작은 수와 1만큼 더 큰 수를 차례로 써 보세요.

10개씩 묶음 2개와 낱개 18개인 수

(　　　　), (　　　　)

MATH TOPIC

심화유형 5

□ 안에 들어갈 수 있는 수 구하기

0부터 9까지의 수 중에서 □ 안에 들어갈 수 있는 수를 모두 구해 보세요.

4□은(는) 46보다 큽니다.

생각하기 10개씩 묶음의 수가 같으므로 낱개의 수를 비교합니다.

해결하기 1단계 □는 몇보다 커야 하는지 구하기

4□와 46의 10개씩 묶음의 수가 4로 같으므로 낱개의 수를 비교하면 □는 6보다 큽니다.

2단계 □ 안에 들어갈 수 있는 수 모두 구하기

0부터 9까지의 수 중에서 6보다 큰 수는 7, 8, 9이므로 □ 안에 들어갈 수 있는 수는 7, 8, 9입니다.

답 7, 8, 9

5-1 0부터 9까지의 수 중에서 □ 안에 들어갈 수 있는 수를 모두 구해 보세요.

2□은(는) 24보다 작습니다.

( )

5-2 0부터 9까지의 수 중에서 □ 안에 들어갈 수 있는 수를 모두 구해 보세요.

35는 3□보다 큽니다.

( )

5-3 0부터 9까지의 수 중에서 □ 안에 들어갈 수 있는 수는 모두 몇 개일까요?

1□은(는) 16보다 크고 19보다 작습니다.

( )

심화유형 6 뛰어 센 수

다음은 10씩 뛰어 센 수를 나타낸 것입니다. 0부터 9까지의 수 중에서 □ 안에 알맞은 수를 써넣으세요.

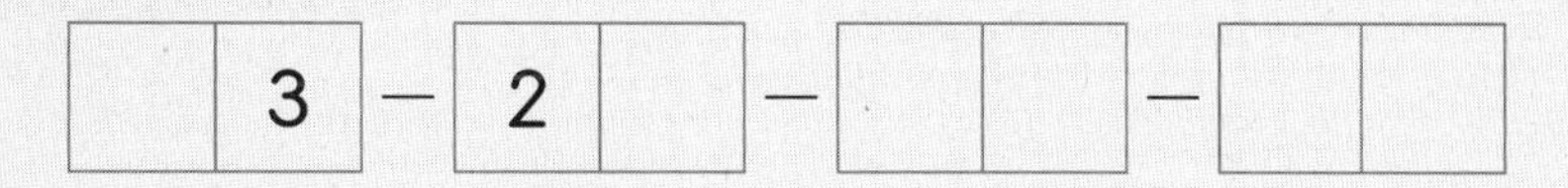

생각하기 몇십몇에서 10씩 뛰어 세면 낱개의 수는 변하지 않습니다.

해결하기 1단계 둘째 수 구하기

10씩 뛰어 세었으므로 낱개의 수는 변하지 않습니다. 따라서 둘째 수의 □ 안에 알맞은 수는 3입니다.

2단계 첫째 수 구하기

23에서 거꾸로 10 뛰어 센 수는 13이므로 첫째 수의 □ 안에 알맞은 수는 1입니다.
10개씩 묶음의 수가 1 작아집니다.

3단계 나머지 수 구하기

23부터 10씩 뛰어 세면 23－33－43입니다.
10개씩 묶음의 수가 1씩 커집니다.

답 1, 3, 3, 3, 4, 3

6-1 다음은 10씩 뛰어 센 수를 나타낸 것입니다. 0부터 9까지의 수 중에서 □ 안에 알맞은 수를 써넣으세요.

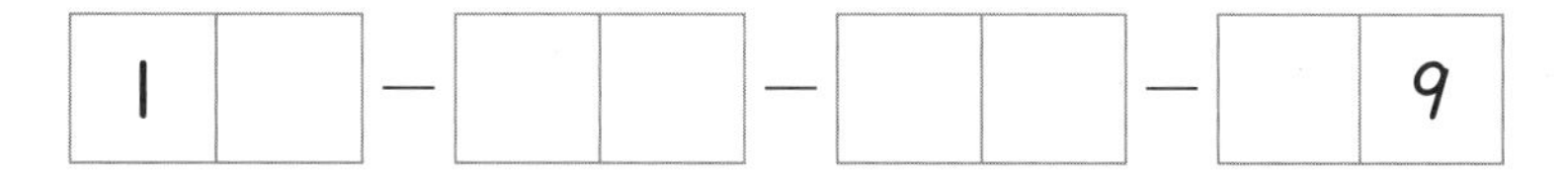

6-2 다음은 5씩 뛰어 센 수를 나타낸 것입니다. 0부터 9까지의 수 중에서 □ 안에 알맞은 수를 써넣으세요.

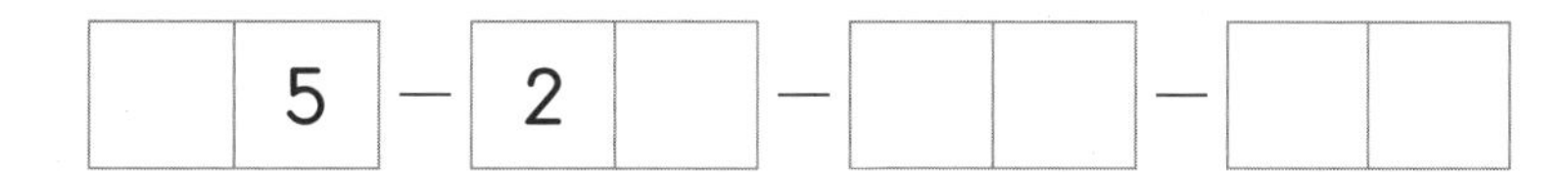

6-3 다음은 2씩 뛰어 센 수를 나타낸 것입니다. 0부터 9까지의 수 중에서 □ 안에 알맞은 수를 써넣으세요.

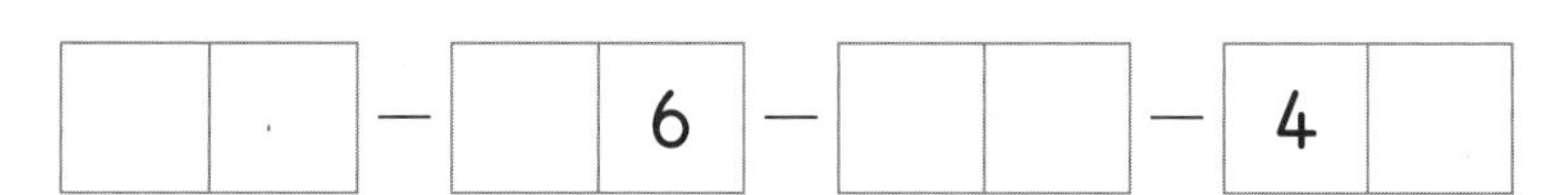

정답과 풀이 35쪽

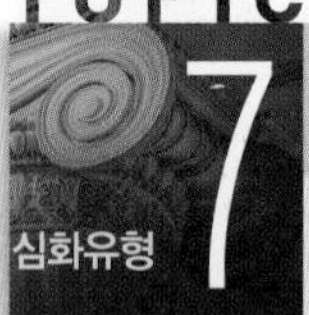

7 화살표의 규칙

심화유형

화살표의 규칙을 찾아 □ 안에 알맞은 수를 써넣으세요.

↓ : 10만큼 더 큰 수　↑ : 10만큼 더 작은 수
→ : 1만큼 더 큰 수　← : 1만큼 더 작은 수

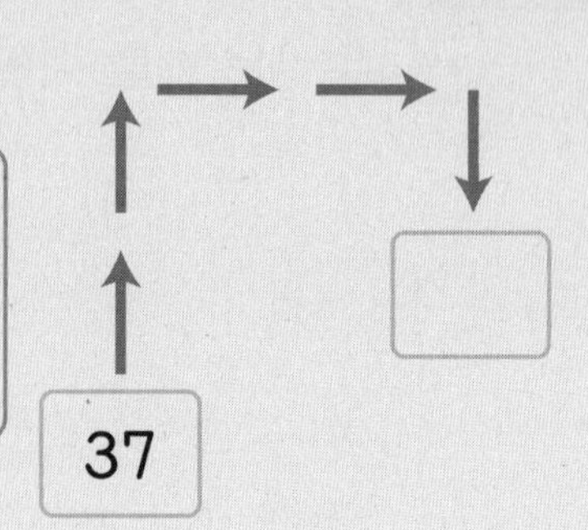

생각하기 화살표가 시작하는 곳의 수부터 화살표의 규칙에 따라 수를 씁니다.

해결하기 1단계 37부터 화살표 방향대로 수 쓰기

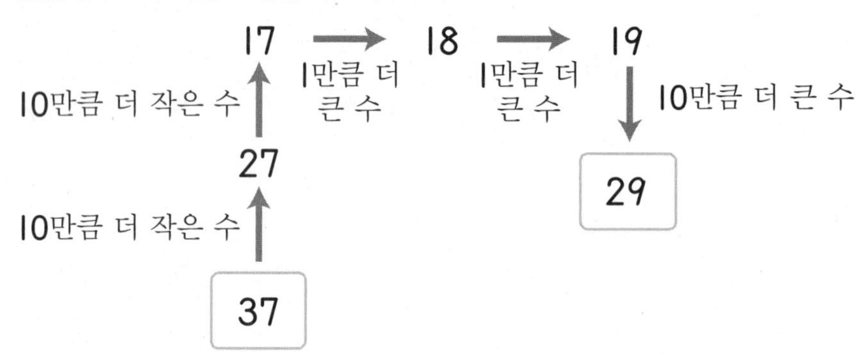

2단계 □ 안에 알맞은 수 구하기

화살표의 규칙에 따라 차례로 수를 쓰면 □ 안에 알맞은 수는  입니다.

답

7-1

화살표의 규칙을 찾아 □ 안에 알맞은 수를 써넣으세요.

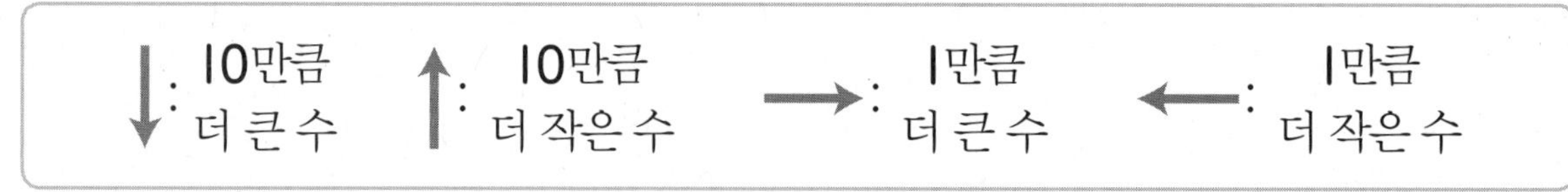

(1)　　(2)

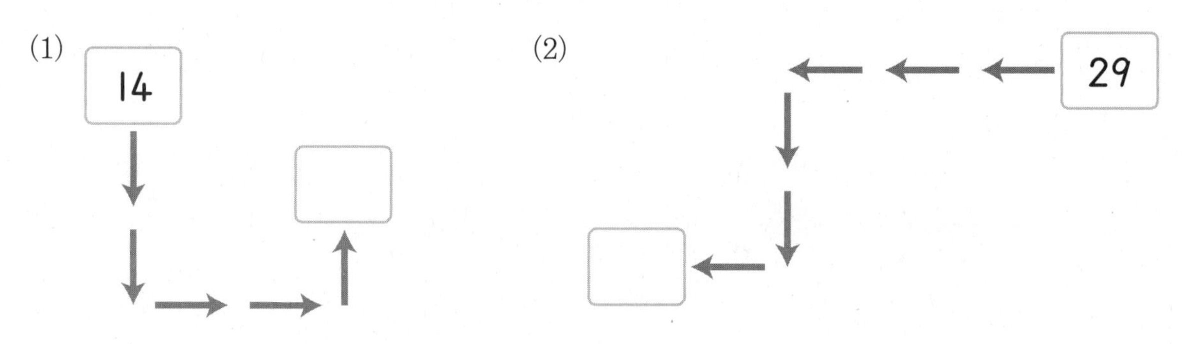

LEVEL UP TEST

1 규칙에 맞게 □ 안에 알맞은 수를 써넣으세요.

26	29	32	□	38	□	44	47

수학+국어

STEAM형 **2** '두름'은 생선을 짚으로 엮은 것으로 생선 한 두름은 한 줄에 10마리씩 두 줄로 엮은 것을 말합니다. 생선 두 두름은 몇 마리일까요?

( )

3 놀이 동산에서 사람들이 놀이 기구를 타려고 한 줄로 줄을 섰습니다. 영호는 34째에 서 있고, 지형이는 47째에 서 있습니다. 영호와 지형이 사이에는 몇 명이 서 있을까요?

( )

서술형 **4** 다음 4장의 수 카드 중에서 2장을 뽑아 한 번씩만 사용하여 몇십몇을 만들려고 합니다. 만들 수 있는 수 중에서 30보다 크고 40보다 작은 수는 모두 몇 개인지 풀이 과정을 쓰고 답을 구해 보세요.

1 2 3 4

풀이 ....

....

....

답 ....

5 다음에서 설명하는 수를 모두 써 보세요.

- 몇십몇으로 나타낼 수 있는 수입니다.
- 10개씩 묶음의 수와 낱개의 수의 합이 3인 수입니다.

( )

6 다음은 2씩 뛰어 센 수를 나타낸 것입니다. 0부터 9까지의 수 중에서 □ 안에 알맞은 수를 써넣으세요.

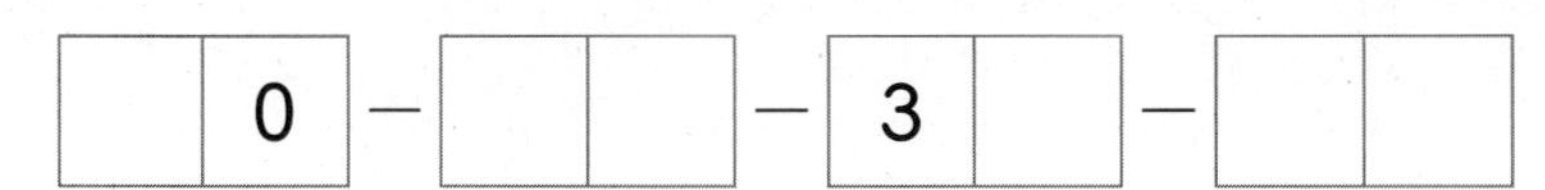

서술형 **7**

감 35개를 한 줄에 10개씩 끼워 말려 곶감을 만들려고 합니다. 감이 최소한 몇 개 더 있으면 4줄을 만들 수 있는지 풀이 과정을 쓰고 답을 구해 보세요.

최소한: 가장 적은

풀이

답

8

주머니 속에 빨간 구슬과 파란 구슬이 들어 있습니다. 빨간 구슬은 파란 구슬보다 2개 더 많고, 빨간 구슬과 파란 구슬은 모두 14개입니다. 빨간 구슬은 몇 개일까요?

(　　　　　　)

9

진경이는 한 봉지에 10개씩 들어 있는 사탕 3봉지와 낱개 사탕 7개를 샀습니다. 그중에서 12개를 동생에게 주었습니다. 진경이에게 남은 사탕은 몇 개일까요?

(　　　　　　)

10 왼쪽은 1부터 50까지의 수를 순서대로 써넣은 표의 일부분입니다. 규칙을 찾아 빈칸에 알맞은 수를 써넣으세요.

13	14	15	16	17	18
19	20	21	22	23	24
25	26				

(1)

	27	

(2)

		36

수학+미술

STEAM형 11 도자기는 진흙으로 그릇 등을 빚어서 가마에 불을 지펴 구워 낸 것을 말합니다. 다음은 세 사람이 도자기 체험 학습에서 만든 도자기의 수입니다. 재웅이는 성진이보다 많이 만들었고, 미연이보다 적게 만들었습니다. ■와 ●는 1부터 4까지의 수일 때, ■와 ●에 들어갈 수 있는 수를 각각 모두 구해 보세요.

도자기

재웅	성진	미연
32개	3■개	●6개

■ (　　　　　), ● (　　　　　)

12 1부터 50까지의 수를 한 번씩 모두 썼을 때, 숫자 4는 모두 몇 번 쓰게 될까요?

(　　　　　)

1 ■에는 0부터 9까지의 수 중에서 하나의 수가 들어갑니다. 큰 수부터 차례로 기호를 써 보세요. (단, 주어진 수 중 같은 수는 없습니다.)

㉠ ■	㉡ 29	㉢ 4■	㉣ 2■	㉤ 1■

( )

2 과수원에서 사과를 40개 땄습니다. 사과를 남김없이 한 상자에 8개씩 담으려고 합니다. 상자는 몇 개 필요할까요?

( )

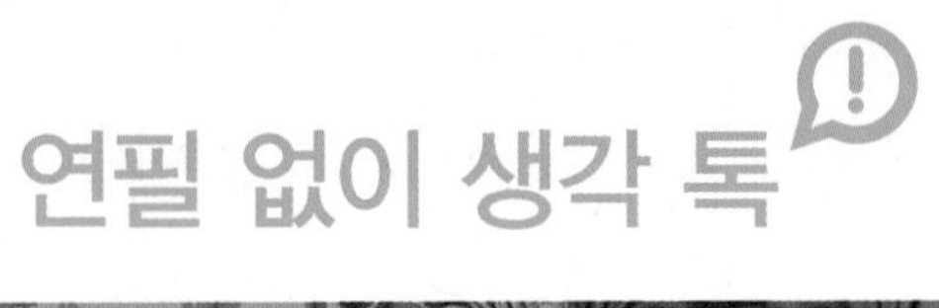

다음과 같은 그림을 찾아보세요.

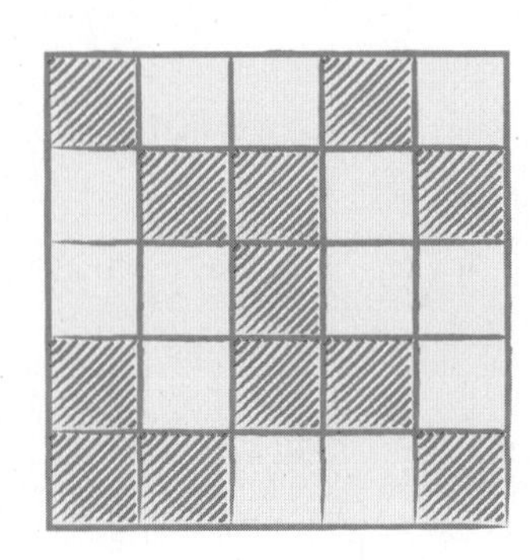

①

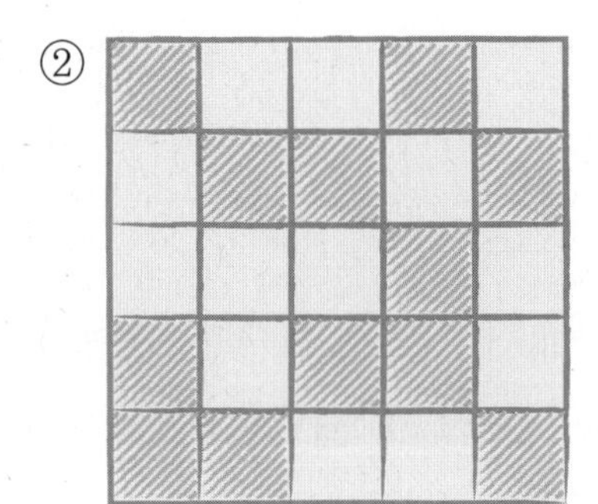

②

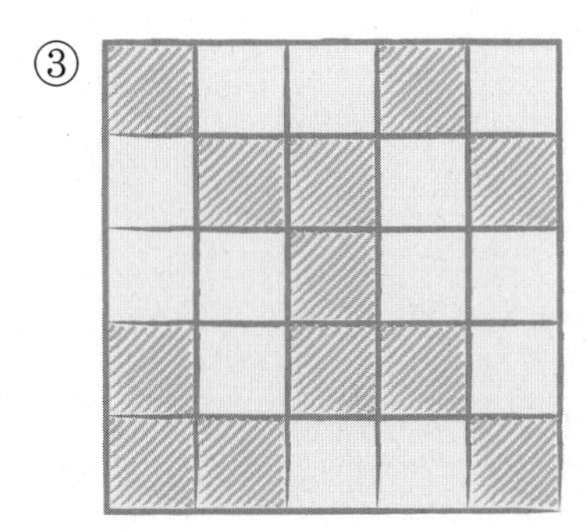

③

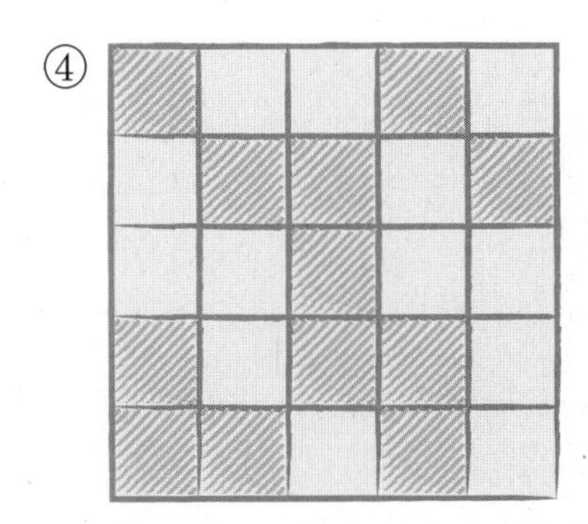

④

수능형 사고력을 기르는 1학기 TEST 2회

점수

이름

1 나타내는 수가 다른 것을 찾아 기호를 써 보세요.

㉠ (구슬 7개) ㉡ 여섯
㉢ 7보다 1만큼 더 작은 수 ㉣ 팔

( )

2 진희는 구슬 7개를 양손에 나누어 쥐었습니다. 왼손에 쥐고 있는 구슬은 몇 개일까요?

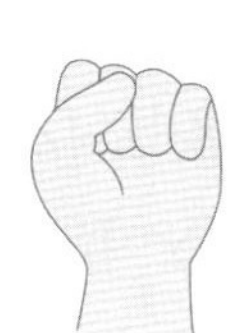
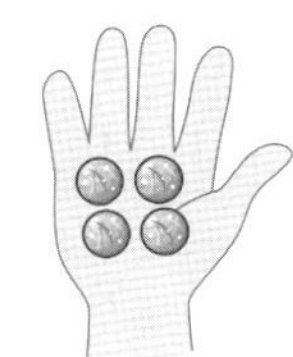

( )

3 일부분이 왼쪽 모양과 같은 모양의 물건을 모두 찾아 기호를 써 보세요.

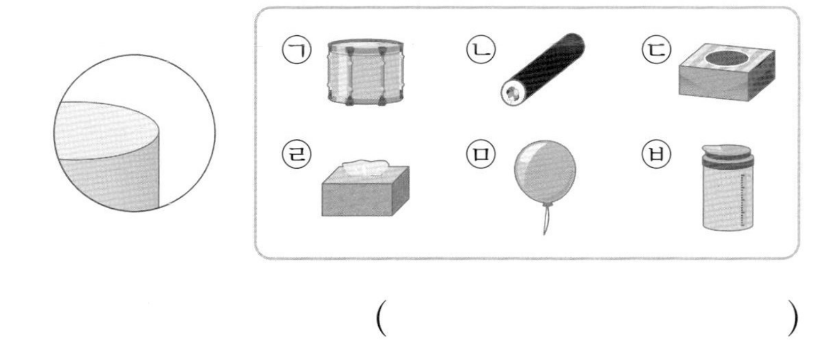

( )

4 □ 안에 ＋와 － 중 다른 것이 들어가는 것은 어느 것일까요? ( )

① 5□2＝7 ② 3□2＝5 ③ 7□1＝8
④ 6□4＝2 ⑤ 5□4＝9

5 무거운 순서대로 이름을 써 보세요.

- 동수는 지민이보다 더 가볍습니다.
- 은경이는 지민이보다 더 무겁습니다.

( )

6 주어진 블록으로 왼쪽의 모양을 몇 개까지 만들 수 있는지 구해 보세요.

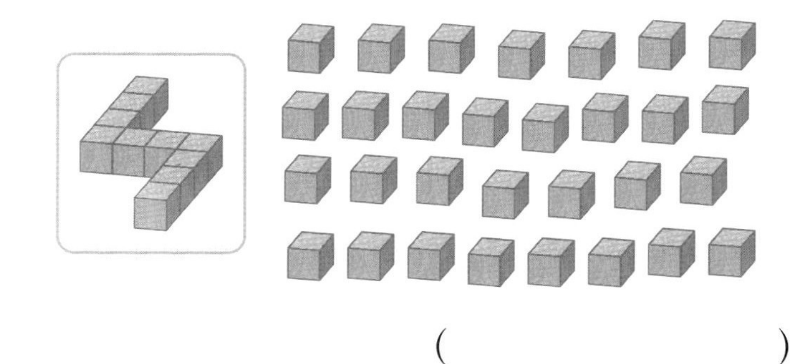

( )

7 다음에서 설명하는 물건 중 가장 무거운 물건을 찾아 기호를 써 보세요.

잘 굴러가고 평평한 부분과 뾰족한 부분이 없습니다.

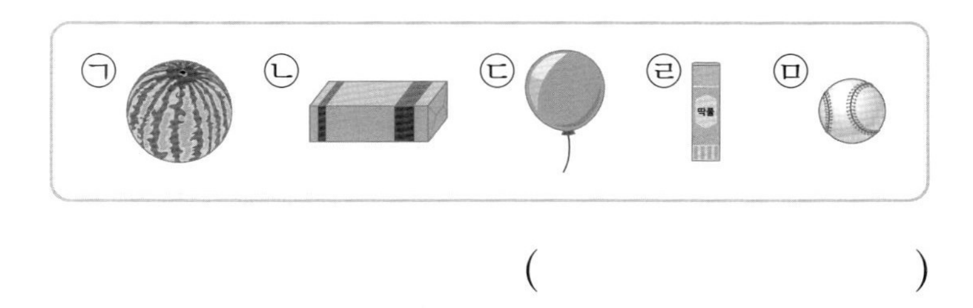

( )

8 민주네 집 전화번호입니다. 다음 설명을 읽고 전화번호 뒷자리 수를 구해 보세요.

02－1234－㉠㉡㉢㉣

- ㉠은 5입니다.
- ㉡은 ㉠보다 1만큼 더 큰 수이고, ㉢은 ㉠보다 1만큼 더 작은 수입니다.
- ㉣은 ㉡보다 2만큼 더 큰 수입니다.

( )

9 (상자), (둥근기둥), (공) 모양 중 오른쪽 모양을 만드는 데 사용한 개수가 다른 것을 찾아 ○표 하세요.

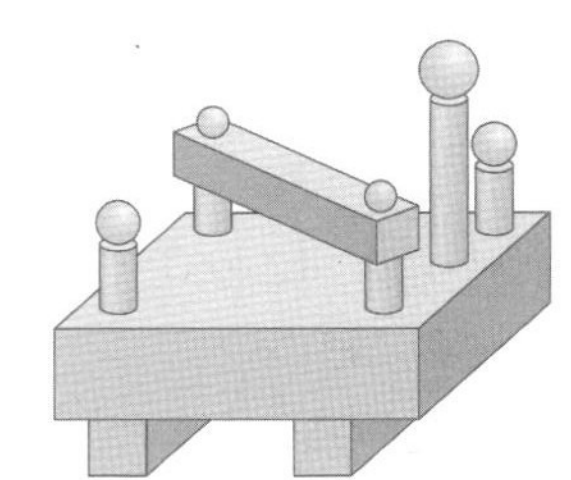

(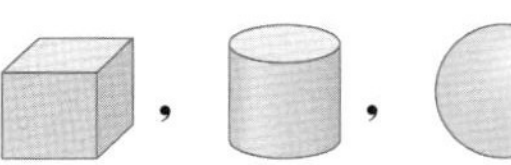, 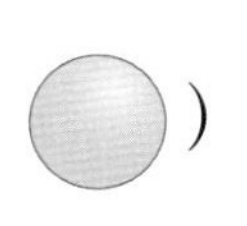)

10 어린이들이 달리기를 하고 있습니다. 수진이는 앞에서 셋째, 뒤에서 다섯째로 달리고 있습니다. 달리기를 하고 있는 어린이는 모두 몇 명일까요?

( )

11 오른쪽에서 □ 안의 수는 양쪽의 ○ 안의 두 수를 모으기한 것입니다. 빈 곳에 알맞은 수를 써넣으세요.

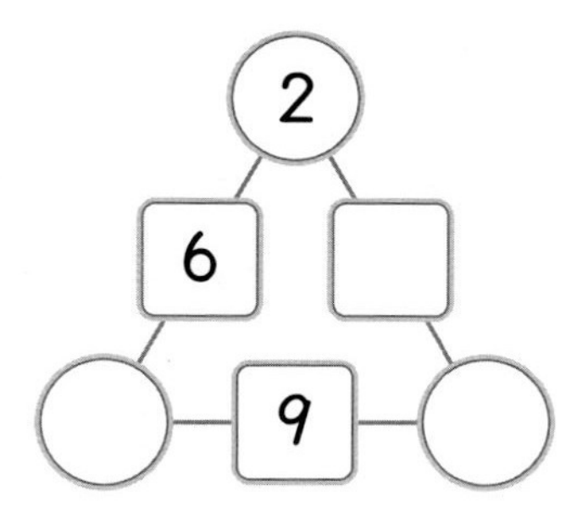

12 1부터 50까지의 수를 한 번씩 모두 썼을 때, 숫자 3은 모두 몇 번 쓰게 되는지 구해 보세요.

(　　　　　)

13 세 개의 그릇 가, 나, 다가 있습니다. 크기가 같은 컵으로 물을 부어 가득 채웠을 때, 가 그릇에는 4컵이 들어가고, 가와 나 그릇에는 합해서 6컵, 가, 나, 다 그릇에는 합해서 9컵이 들어갑니다. 물이 많이 들어가는 그릇부터 차례로 써 보세요. (단, 컵에 물을 가득 채워서 붓습니다.)

(　　　　　)

14 딱지를 진호는 8장, 지민이는 2장 가지고 있습니다. 진호가 지민이에게 딱지를 4장 주면 진호와 지민이 중 누가 딱지를 몇 장 더 많이 가지게 되는지 구해 보세요.

(　　　　　,　　　　　)

15 똑같은 길이의 끈으로 지현, 철수, 순희, 동현이의 키를 각각 재어 보았습니다. 키를 재고 남은 끈의 길이가 순희가 가장 짧고, 철수가 가장 길었습니다. 또 동현이의 남은 끈의 길이는 순희보다 길고, 지현이보다 짧았습니다. 키가 큰 사람부터 차례로 이름을 써 보세요.

(　　　　　)

16 다음에서 설명하는 수를 모두 찾아 써 보세요.

- 25보다 크고 42보다 작은 수입니다.
- 10개씩 묶으면 낱개가 6개입니다.

(　　　　　)

17 □ 안에 들어갈 수 있는 수 중에서 두 개의 수를 골라 몇십몇을 만들려고 합니다. 만들 수 있는 수 중에서 가장 큰 몇십몇은 얼마인지 구해 보세요.

5는 □보다 큽니다.

(　　　　　)

18 막대의 양쪽 줄에 매달린 수의 크기가 같아야 보기 처럼 막대가 기울어지지 않습니다. ㉠과 ㉡에 들어갈 수는 각각 얼마인지 구해 보세요.

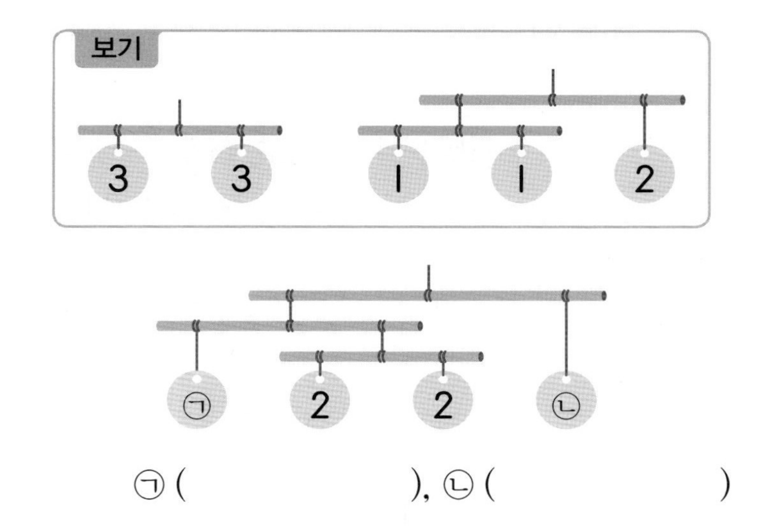

㉠ (　　　　　), ㉡ (　　　　　)

19 50보다 작은 수 ■▲가 있습니다. ■는 ▲보다 1만큼 더 작고, ■와 ▲의 합은 7입니다. ■▲는 얼마인지 구해 보세요. (단, ■와 ▲는 0보다 큽니다.)

(　　　　　)

20 상자에 (상자), (둥근기둥), (공) 모양의 물건을 넣은 다음 상자 안을 보지 않고 물건을 한 개씩 뽑습니다. 뽑은 물건의 평평한 부분의 개수만큼 점수를 얻는다고 합니다. 두 친구의 점수가 같아지려면 수정이는 4회에서 어떤 물건 중 하나를 뽑아야 하는지 모두 찾아 기호를 써 보세요.

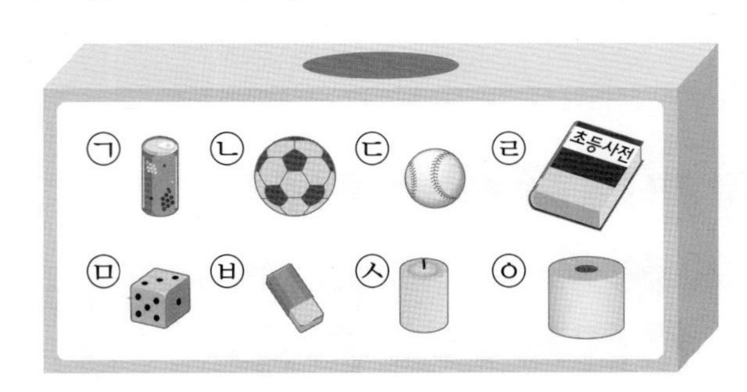

횟수	1회	2회	3회	4회
영은	0점	6점	0점	2점
수정	2점	2점	2점	

(　　　　　)

12 그림과 같이 물이 들어 있는 그릇에 똑같은 구슬을 넣어 물의 높이가 가장 위의 눈금까지 올라오게 하려고 합니다. 구슬을 모두 몇 개 넣어야 할까요?

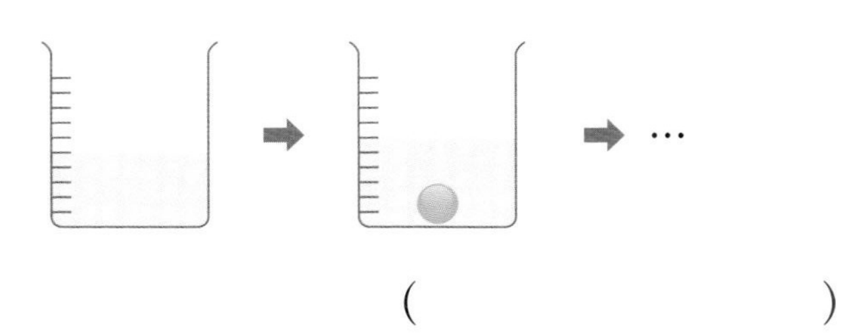

(   )

13 굵기가 다른 나무 막대에 다음과 같이 끈을 2번씩 감았습니다. 사용한 끈의 길이가 짧은 것부터 차례로 써 보세요.

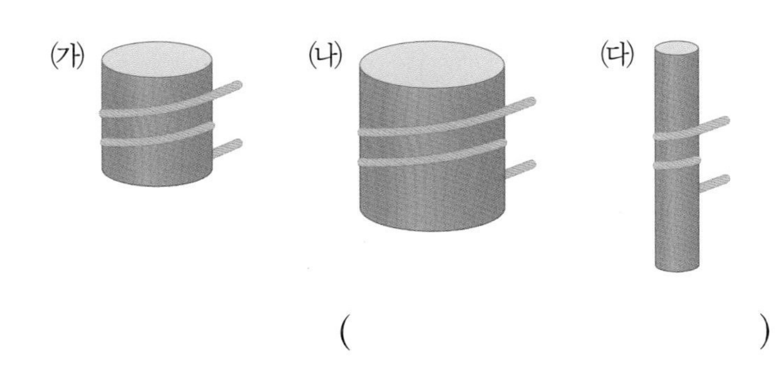

(   )

14 다음을 읽고 그릇의 크기가 큰 순서대로 써 보세요.

- 가 그릇에 물을 가득 채워서 나 그릇에 부으면 물이 넘칩니다.
- 다 그릇에 물을 가득 채워서 가 그릇과 나 그릇에 부으면 모두 가득 찹니다.

(   )

15 무거운 구슬부터 차례로 써 보세요.

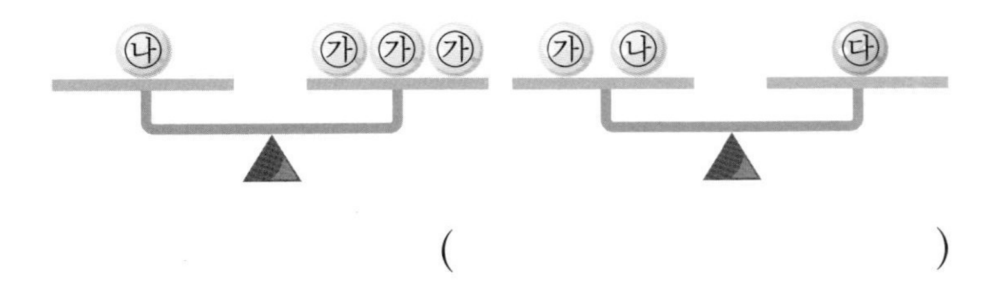

(   )

16 똑같은 크기의 색종이를 점선을 따라 잘라서 겹치지 않게 이어 붙여 끈을 만들려고 합니다. 끈을 더 길게 만들 수 있는 사람은 누구일까요?

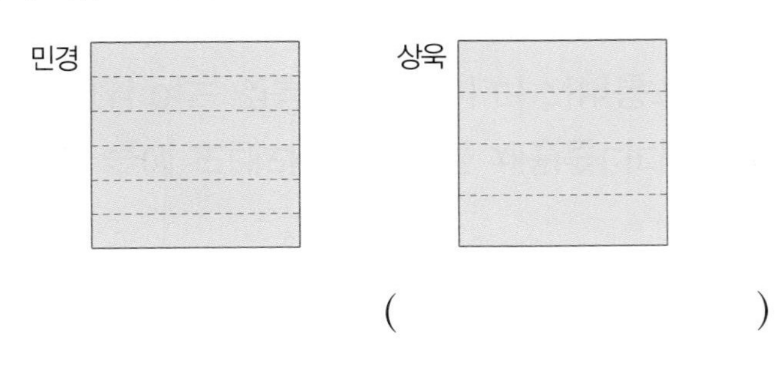

(   )

17 넓은 것부터 차례로 써 보세요.

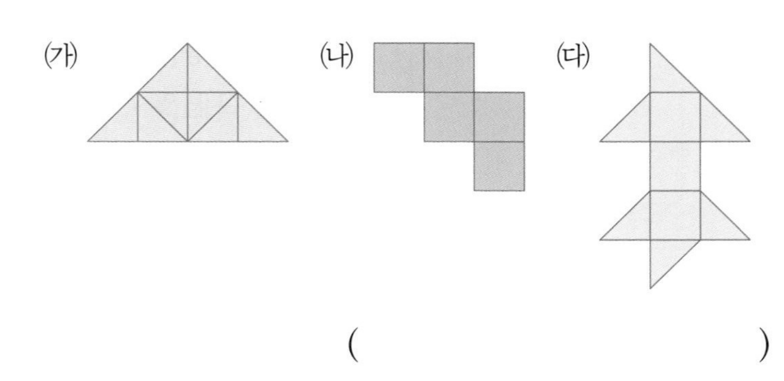

(   )

18 모양 1개의 무게는 모양 몇 개의 무게와 같은지 구해 보세요.

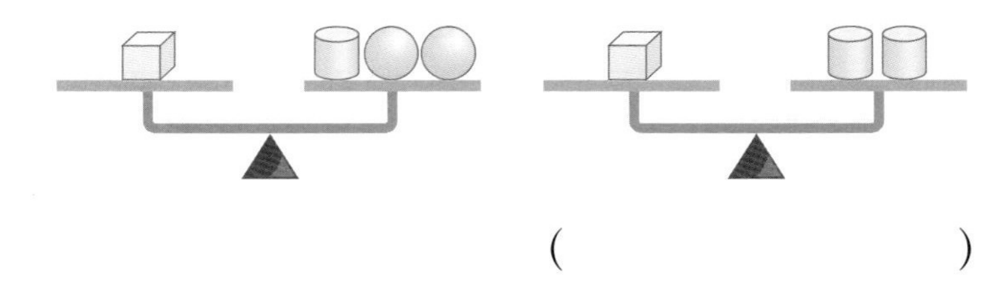

(   )

19 서술형 냄비에는 ㈎ 그릇으로, 수조에는 ㈏ 그릇으로, 대야에는 ㈐ 그릇으로 물을 가득 채워 각각 4번씩 부었더니 넘치지 않고 가득 찼습니다. 냄비, 수조, 대야 중에서 물을 가장 적게 담을 수 있는 것은 어느 것인지 풀이 과정을 쓰고 답을 구해 보세요.

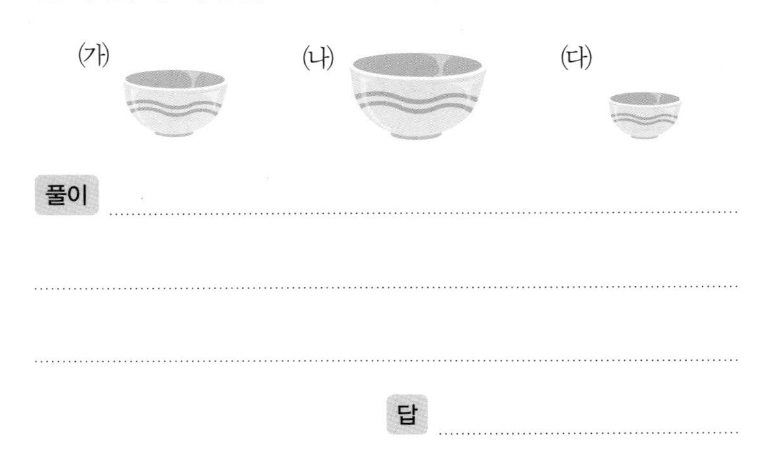

풀이

답

20 서술형 형우, 상미, 병호의 방의 넓이를 비교하여 방이 넓은 사람부터 차례로 쓰려고 합니다. 풀이 과정을 쓰고 답을 구해 보세요.

형우: 내 방은 상미의 방보다 더 넓어.
상미: 내 방은 병호의 방보다 더 좁아.
병호: 형우의 방은 내 방보다 더 좁아.

풀이

답

교내 경시 4단원 비교하기

이름 점수

01 똑같은 컵 속에 모래와 솜을 가득 채웠습니다. 모래와 솜 중에서 어느 것을 넣은 컵이 더 가벼울까요?

( )

02 키가 가장 큰 사람에 ○표, 가장 작은 사람에 △표 하세요.

( ) ( ) ( )

03 오른쪽 컵에 가득 담긴 물을 모두 옮겨 담을 수 있는 것을 모두 찾아 기호를 써 보세요.

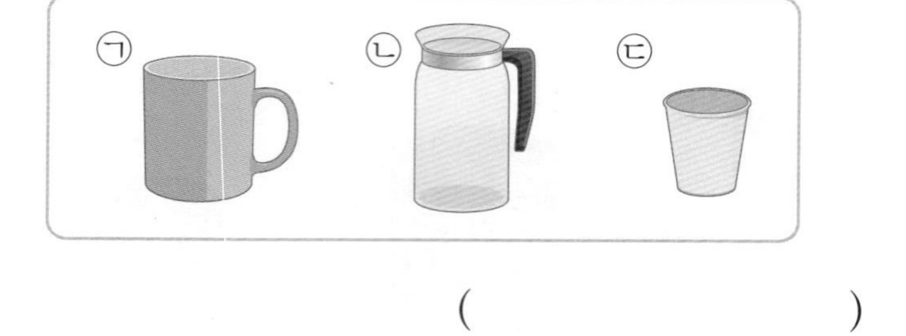

( )

04 가장 긴 것에 ○표, 가장 짧은 것에 △표 하세요.

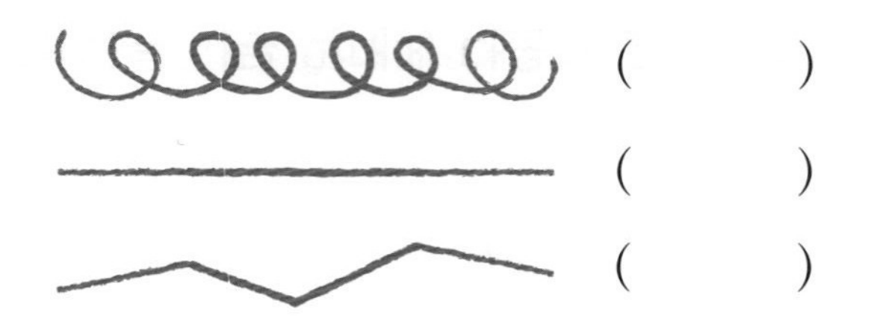

( )
( )
( )

05 연아, 소정, 유정이는 같은 아파트에 살고 있습니다. 연아네 집은 7층, 소정이네 집은 5층, 유정이네 집은 9층입니다. 가장 낮은 층에 있는 집은 누구네 집일까요?

( )

06 작은 한 칸의 크기는 모두 같습니다. 가장 넓은 것의 기호를 써 보세요.

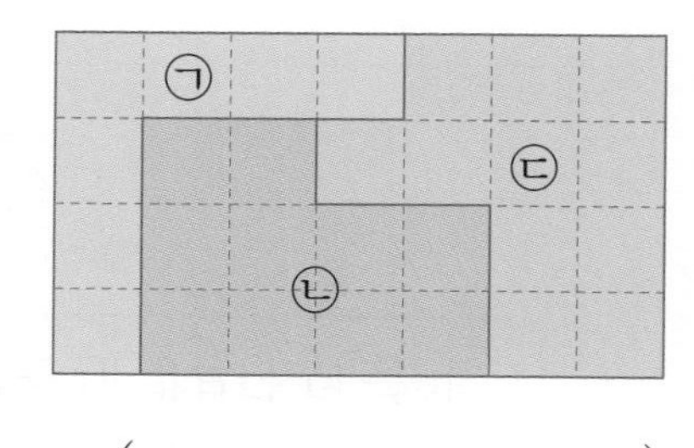

( )

07 똑같은 고무줄을 이용해 물건을 매달았습니다. 가장 가벼운 것을 찾아 써 보세요.

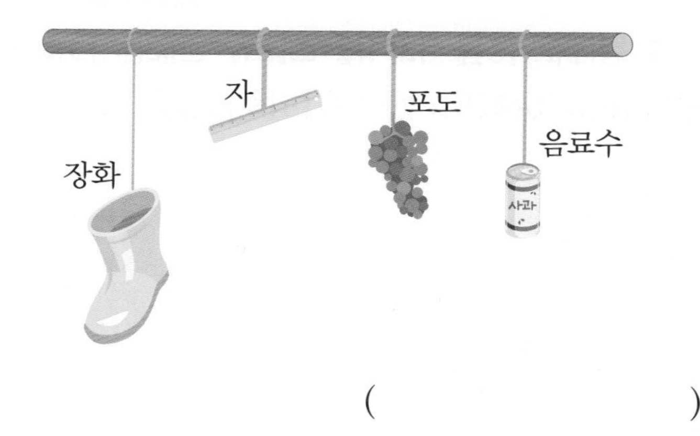

( )

08 물통에 물을 가득 채우려면 ㈎ 컵으로는 7번, ㈏ 컵으로는 4번 부어야 합니다. ㈎와 ㈏ 중 어느 컵에 물이 더 적게 들어갈까요? (단, 컵에 물을 가득 채워 붓습니다.)

( )

09 다음을 읽고 무거운 동물부터 차례로 써 보세요.

> • 코끼리는 사자보다 더 무겁습니다.
> • 오리는 코끼리보다 더 가볍습니다.
> • 사자는 오리보다 더 무겁습니다.

( )

10 똑같은 길이의 끈으로 정우, 태현, 민규의 키를 재었습니다. 키를 재고 남은 끈의 길이가 민규가 가장 짧고, 태현이가 가장 길었습니다. 키가 가장 큰 사람은 누구일까요?

( )

11 다음을 읽고 키가 작은 사람부터 차례로 이름을 써 보세요.

> • 지은이는 상원이보다 키가 더 큽니다.
> • 성태는 유리보다 키가 더 작습니다.
> • 상원이는 유리보다 키가 더 큽니다.

( )

교내 경시 3단원 덧셈과 뺄셈

이름 점수

01 관계있는 것끼리 선으로 이어 보세요.

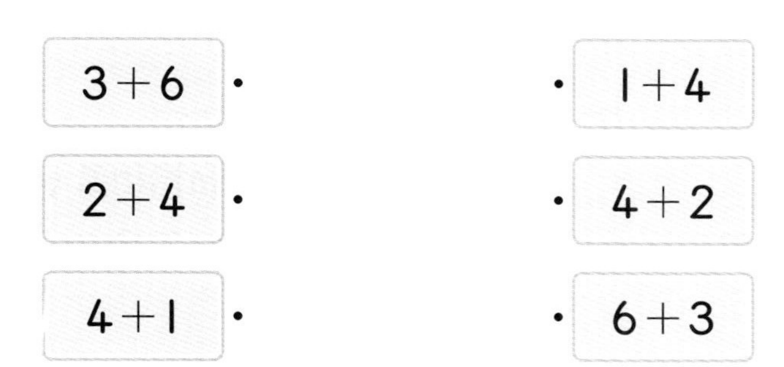

02 두 수를 모으기했을 때 다른 수가 되는 하나를 찾아 기호를 써 보세요.

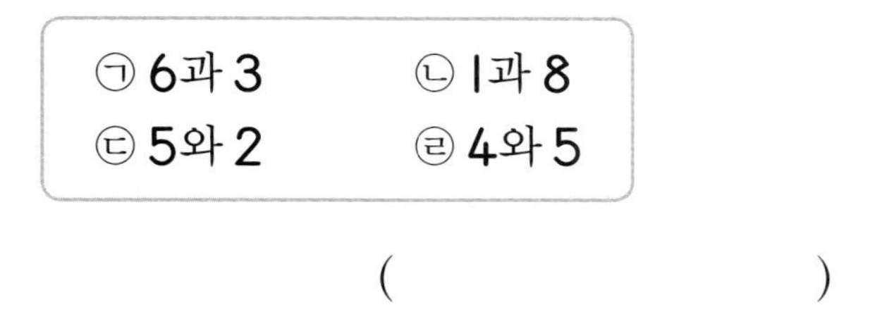

( )

03 5와 8을 각각 두 수로 가르기하려고 합니다. □ 안에 알맞은 수를 써넣으세요.

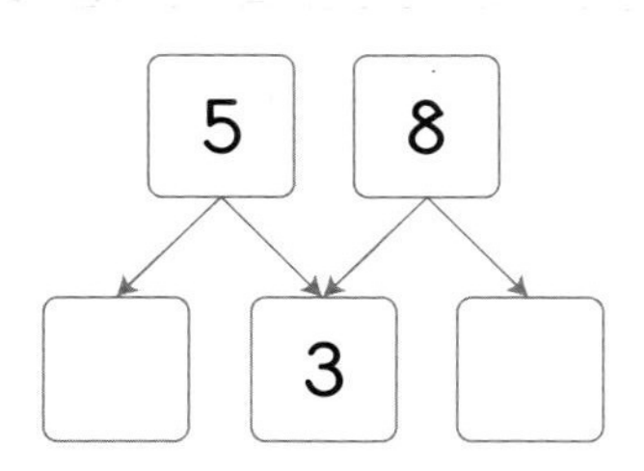

04 계산 결과가 가장 큰 것을 찾아 기호를 써 보세요.

㉠ $2+3$ ㉡ $7+0$
㉢ $8-2$ ㉣ $9-1$

( )

05 수 카드 중에서 가장 큰 수와 가장 작은 수의 합과 차를 구해 보세요.

4 7 1

합 ( )
차 ( )

06 모으기하여 7이 되는 세 수를 찾아 써 보세요.

4 1 6 2 5

( )

07 현지네 집에 곶감이 6개 있었습니다. 현지네 가족 5명이 곶감을 한 개씩 먹었다면 남은 곶감은 몇 개일까요?

( )

08 같은 모양은 같은 수를 나타냅니다. □ 안에 알맞은 수를 써넣으세요.

●+♥=5 ➡ ♥+●=□

09 다음 3장의 수 카드를 사용하여 뺄셈식을 2개 만들어 보세요.

7 9 2

□−□=□
□−□=□

10 빈칸에 알맞은 수를 써넣으세요.

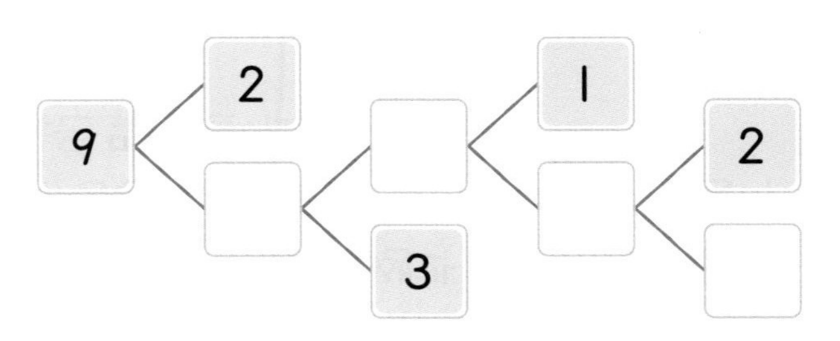

11 야구는 9명으로 구성된 두 팀이 승패를 겨루는 경기입니다. 농구는 5명으로 구성된 두 팀이 승패를 겨루는 경기입니다. 야구는 농구보다 한 팀의 인원이 몇 명 더 많을까요?

( )

12 바구니 3개가 있습니다. 각 바구니에 참외를 2개씩 넣었더니 참외가 1개 남았습니다. 참외는 모두 몇 개일까요?

( )

13 □ 안에 알맞은 수가 큰 것부터 차례로 기호를 써 보세요.

㉠ 3+□=6　　㉡ □+5=9
㉢ □−2=3　　㉣ 8−□=6

( )

14 소현이와 세창이는 귤 4개를 나누어 가지려고 합니다. 나누어 가지는 방법은 모두 몇 가지일까요? (단, 소현이와 세창이는 귤을 한 개씩은 가집니다.)

( )

15 0부터 6까지의 수 중에서 어떤 수가 될 수 있는 수를 모두 써 보세요.

6에서 어떤 수를 빼면 4보다 작은 수가 됩니다.

( )

16 같은 모양은 같은 수를 나타냅니다. ●가 1일 때, ★은 얼마일까요?

●+●+●=■
■+■=▲
▲−2=★

( )

17 은수는 구슬 6개를 동생과 나누어 가졌습니다. 은수가 동생보다 2개 더 많이 가졌다면 동생이 가진 구슬은 몇 개일까요?

( )

18 어떤 수에서 4를 빼야 할 것을 잘못하여 더했더니 9가 되었습니다. 바르게 계산하면 얼마일까요?

( )

19 서술형

유진이는 땅콩을 3개 먹었고, 수영이는 유진이보다 1개 더 많이 먹었습니다. 두 사람이 먹은 땅콩은 모두 몇 개인지 풀이 과정을 쓰고 답을 구해 보세요.

풀이

답

20 서술형

현준이는 자두 맛 사탕을 4개, 포도 맛 사탕을 6개 가지고 있었습니다. 현준이는 진영이에게 자두 맛 사탕을 1개, 포도 맛 사탕을 5개 주었습니다. 현준이에게 남은 사탕은 모두 몇 개인지 풀이 과정을 쓰고 답을 구해 보세요.

풀이

답

11 어떤 물건을 굴렸더니 한 방향으로만 잘 굴러갔습니다. 이 물건과 같은 모양을 모두 고르세요.

( )

① ② ③ ④ ⑤

12 ㈎와 ㈏ 중에서 □ 모양 3개, □ 모양 4개, ○ 모양 2개를 사용하여 만든 모양은 어느 것일까요?

㈎ ㈏

( )

13 규칙에 따라 □, □, ○ 모양을 늘어놓았습니다. 아홉째에 놓을 모양은 어떤 모양인지 ○표 하세요.

○ □ □ ○ □ □ ○ …

(□ , □ , ○)

14 □, □, ○ 모양 중에서 설명하는 모양과 같은 모양의 물건을 3개만 찾아 써 보세요.

어느 방향으로도 잘 굴러가지 않습니다.

( )

15 □, □, ○ 모양 중 설명하는 모양이 아닌 것을 찾아 ○표 하세요.

- 분필과 같은 모양입니다.
- 잘 쌓을 수 있습니다.
- 상자와 같은 모양입니다.
- 평평한 부분이 6개입니다.

(□ , □ , ○)

[16~17] □, □, ○ 모양을 사용하여 만든 두 모양을 보고 물음에 답하세요.

16 가장 많이 사용한 모양은 어떤 모양일까요?

( )

17 가장 많이 사용한 모양은 가장 적게 사용한 모양보다 몇 개 더 많을까요?

( )

18 다음과 같은 모양을 2개 만들려고 합니다. □ 모양은 □ 모양보다 몇 개 더 필요할까요?

( )

[19~20] □, □, ○ 모양을 사용하여 만든 모양을 보고 물음에 답하세요.

19 □ 모양보다 하나 더 적게 사용한 모양은 어떤 모양인지 풀이 과정을 쓰고 답을 구해 보세요.

서술형

풀이

답

20 가장 많이 사용한 모양의 특징을 두 가지 설명해 보세요.

서술형

설명

교내 경시 2단원 여러 가지 모양

이름 점수

01 알맞게 이어 보세요.

(공 모양) •	•	세우면 쌓을 수 있고 눕히면 잘 굴러갑니다.
(상자 모양) •	•	쌓을 수 없지만 모든 방향으로 잘 굴러갑니다.
(둥근기둥 모양) •	•	잘 쌓을 수 있지만 잘 굴러가지 않습니다.

02 자동차를 만들려고 합니다. 바퀴 부분으로 사용하기에 알맞은 모양은 (상자) 모양과 (둥근기둥) 모양 중에서 어느 모양일까요?

( )

[03~05] 그림을 보고 물음에 답하세요.

㉠ ㉡ ㉢ ㉣ ㉤ ㉥

03 둥근 부분이 없는 모양을 모두 찾아 기호를 써 보세요.

( )

04 평평한 부분이 2개인 모양을 모두 찾아 기호를 써 보세요.

( )

05 모든 방향으로 잘 굴러가는 모양을 모두 찾아 기호를 써 보세요.

( )

06 다음 모양을 만드는 데 사용하지 않은 모양에 ○표 하세요.

((상자), (둥근기둥), (공))

07 다음 중에서 위에서 본 모양이 다른 하나를 찾아 기호를 써 보세요.

㉠ ㉡ ㉢

( )

08 오른쪽 모양을 보고 (상자), (둥근기둥), (공) 모양을 각각 몇 개 사용했는지 구해 보세요.

(상자) 모양 ( )

(둥근기둥) 모양 ( )

(공) 모양 ( )

09 오른쪽은 어떤 모양의 일부분입니다. 이 모양에 대해 바르게 설명한 것을 모두 찾아 기호를 써 보세요.

㉠ 뾰족한 부분이 있습니다.
㉡ 모든 부분이 둥근 모양입니다.
㉢ 평평한 부분이 있습니다.
㉣ 모든 방향으로 잘 굴러갑니다.

( )

10 옆에서 본 모양이 오른쪽과 다른 것을 찾아 기호를 써 보세요.

㉠ ㉡ ㉢

( )

교내 경시 1단원 9까지의 수

이름 점수

01 재진이네 반 학생들이 달리기를 하고 있습니다. 앞에서 다섯째로 달리고 있는 사람은 누구일까요?

( )

02 빈칸에 그림의 순서에 알맞은 말을 써넣으세요.

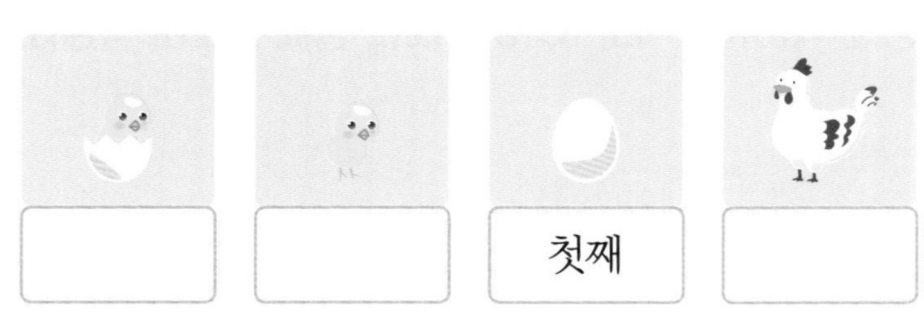

		첫째	

03 사과의 수보다 1만큼 더 큰 수는 얼마일까요?

( )

04 토끼와 다람쥐 중에서 어느 동물이 몇 마리 더 많을까요?

(,)

05 나타내는 수가 가장 큰 것과 가장 작은 것을 찾아 차례로 기호를 써 보세요.

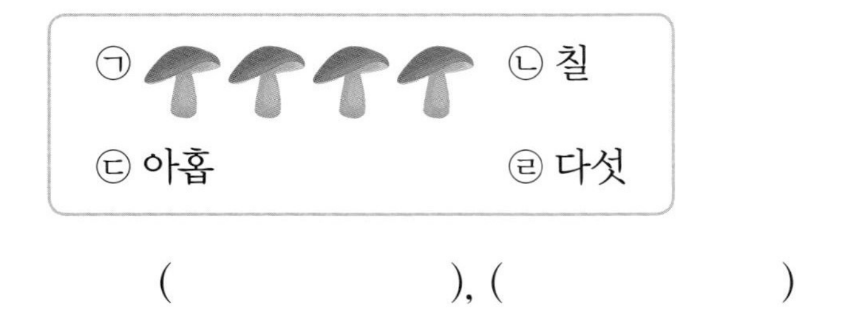

( ), ( )

06 다음 수 카드의 수를 작은 수부터 순서대로 쓸 때, 왼쪽에서 셋째에 오는 수는 얼마일까요?

6 2 5 1 9

( )

07 가장 큰 수에 ○표 하세요.

6보다 1만큼 더 작은 수	7보다 1만큼 더 큰 수	8보다 1만큼 더 작은 수
( )	( )	( )

08 우림이는 구슬을 6개 가지고 있고, 지우는 우림이보다 하나 더 적게 가지고 있습니다. 지우가 가지고 있는 구슬은 몇 개일까요?

( )

09 수진이는 7살이고, 명환이는 9살입니다. 명환이는 수진이보다 몇 살 더 많을까요?

( )

10 오른쪽은 쌓기나무 9개를 쌓은 것입니다. 위에서 셋째에 있는 쌓기나무는 아래에서 몇 째에 있을까요?

( )

11 정은이는 칭찬 붙임딱지 6장을 가지고 있었습니다. 어머니께서 칭찬 붙임딱지 3장을 주셨는데 그중 2장을 동생에게 주었습니다. 지금 정은이가 가지고 있는 칭찬 붙임딱지는 몇 장일까요?

(　　　　　　)

12 우영이가 살고 있는 아파트는 9층까지 있습니다. 4층과 9층 사이에는 몇 개의 층이 있을까요?

(　　　　　　)

13 0부터 9까지의 수 중에서 □ 안에 공통으로 들어갈 수 있는 수를 모두 구해 보세요.

- 3은 □보다 작습니다.
- □은(는) 6보다 작습니다.

(　　　　　　)

14 정우는 딱지 6개를 가지고 있습니다. 상민이는 정우가 가진 딱지보다 하나 더 많이, 혜진이는 정우가 가진 딱지보다 하나 더 적게 가지고 있습니다. 상민이와 혜진이가 가지고 있는 딱지는 각각 몇 개일까요?

상민 (　　　　　　), 혜진 (　　　　　　)

15 소영이네 모둠 학생들이 한 줄로 서 있습니다. 소영이는 앞에서 넷째, 뒤에서 다섯째에 서 있습니다. 소영이네 모둠은 모두 몇 명일까요?

(　　　　　　)

16 참새 몇 마리와 비둘기 1마리가 있습니다. 다리의 수를 세어 보니 모두 8개였습니다. 참새는 몇 마리 있을까요?

(　　　　　　)

17 접시 위에 딸기 맛 사탕과 포도 맛 사탕이 8개 있습니다. 딸기 맛 사탕이 포도 맛 사탕보다 2개 더 많습니다. 포도 맛 사탕은 몇 개일까요?

(　　　　　　)

18 버스에 몇 명이 타고 있었습니다. 이번 정류장에서 4명이 내리고 5명이 타서 버스에 타고 있는 승객은 8명이 되었습니다. 처음 버스에 타고 있던 승객은 몇 명일까요?

(　　　　　　)

19 서술형 다음에서 설명하는 수는 모두 몇 개인지 풀이 과정을 쓰고 답을 구해 보세요.

- 1과 8 사이에 있는 수입니다.
- 5보다 큰 수입니다.

풀이

답

20 서술형 선영이와 은정이네 집의 전화번호 뒷자리입니다. 오른쪽에서 둘째에 있는 수가 더 작은 것은 누구네 집 전화번호인지 풀이 과정을 쓰고 답을 구해 보세요.

5183	8129
선영	은정

풀이

답

디딤돌과 함께하는 4가지 방법

http://cafe.naver.com/didimdolmom

교재 선택부터 맞춤 학습 가이드,
이웃맘과 선배맘들의 경험담과 정보까지
가득한 디딤돌 학부모 대표 커뮤니티

디딤돌 홈페이지

www.didimdol.co.kr

교재 미리 보기와 정답지, 동영상 등
각종 자료들을 만날 수 있는
디딤돌 공식 홈페이지

Instagram

@didimdol_mom

카드 뉴스로 만나는 디딤돌 소식과
손쉽게 참여 가능한 리그램 이벤트가
진행되는 디딤돌 인스타그램

YouTube

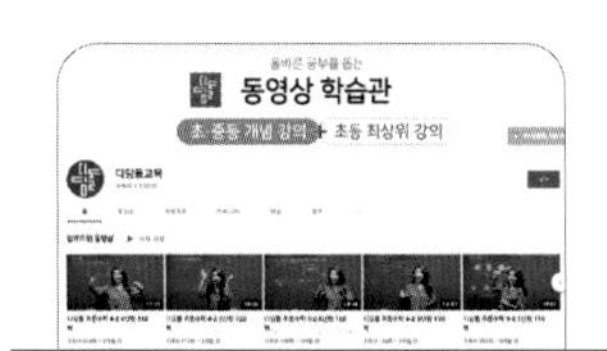

검색창에 디딤돌교육 검색

생생한 개념 설명 영상과
문제 풀이 영상으로 학습에 도움을 주는
디딤돌 유튜브 채널

정답과 풀이

초등 1·1

초등 1·1

상위권의 기준

최상위 수학

새 교육과정 반영

수학 좀 한다면

디딤돌

SPEED 정답 체크

1 9까지의 수

BASIC TEST

1 5까지의 수 11쪽

1 (선 잇기)　2 ②, ④　3 ㉣
4 3　5 예 2 / 3
6 거북

2 9까지의 수 13쪽

1 (1) 8, 6 (2) 7, 5, 3　2 (　)(○)(　)
3 ①, ③, ④　4 정은
5 예 3　6 3개

3 수의 순서 15쪽

1 넷(사) / 넷째
2 (1, 2, 3, 4, 5)　3 셋째
4 7, 8, 9　5 8, 9　6 8번

4 0 알아보기, 수의 크기 비교 17쪽

1 (선 잇기)　2 6, 8 / 작습니다, 큽니다
3 3, 5 / 적습니다 / 5, 3
4 4 7 2 8　5 ㉢　6 0개

MATH TOPIC 18~24쪽

1-1 7권　1-2 8명　1-3 5마리
2-1 4　2-2 3　2-3 2, 5
3-1 4, 5, 6　3-2 4개
4-1 5층　4-2 8명　4-3 9칸
5-1 참외, 2개　5-2 송이, 1개
6-1 2, 3　6-2 0, 1, 2
심화유형 7 4, 4 / 4　7-1 5명

LEVEL UP TEST 25~28쪽

1 6개　2 (　)(○)　3 4개
4 2개　5 ㉡　6 6개
7 5　8 1개　9 9
10 6자루　11 민호네 편　12 3계단

HIGH LEVEL 29쪽

1 2개　2 상원　3 2계단

2 여러 가지 모양

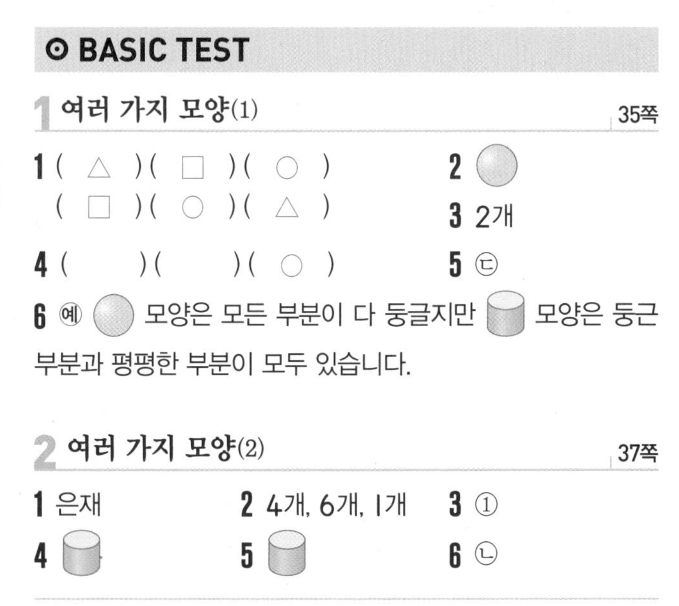

BASIC TEST

1 여러 가지 모양(1) 35쪽

1 (△)(□)(○)
(□)(○)(△)　2 (공 모양)
3 2개
4 (　)(　)(○)　5 ㉢
6 예 (공 모양) 모양은 모든 부분이 다 둥글지만 (원기둥 모양) 모양은 둥근 부분과 평평한 부분이 모두 있습니다.

2 여러 가지 모양(2) 37쪽

1 은재　2 4개, 6개, 1개　3 ①
4 (원기둥 모양)　5 (원기둥 모양)　6 ㉡

MATH TOPIC 38~44쪽

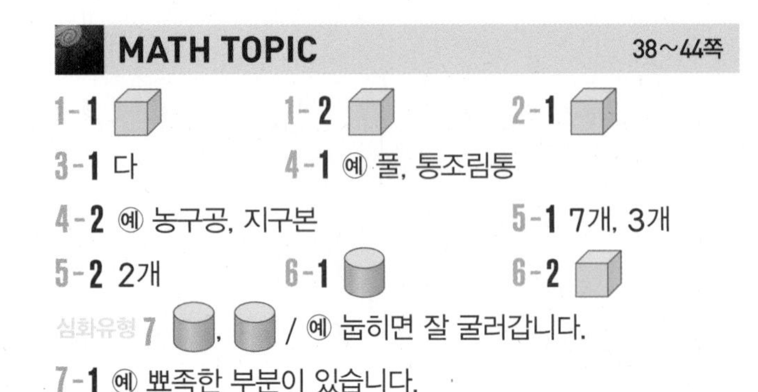

1-1   1-2   2-1
3-1 다   4-1 예 풀, 통조림통
4-2 예 농구공, 지구본   5-1 7개, 3개
5-2 2개   6-1   6-2
심화유형 7 , / 예 눕히면 잘 굴러갑니다.
7-1 예 뾰족한 부분이 있습니다.

LEVEL UP TEST 45~48쪽

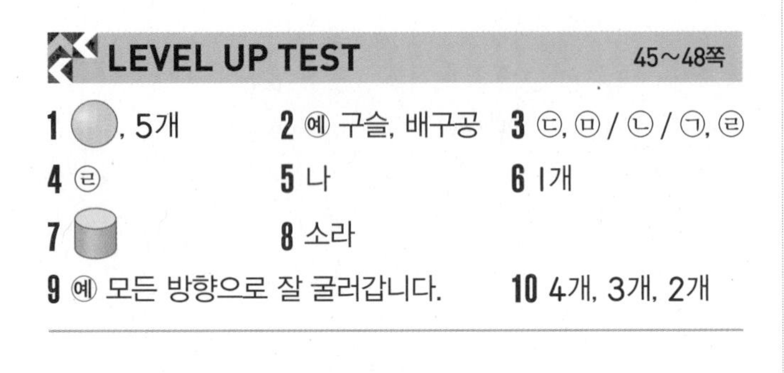

1 , 5개   2 예 구슬, 배구공   3 ㉢, ㉤ / ㉡ / ㉠, ㉣
4 ㉣   5 나   6 1개
7   8 소라
9 예 모든 방향으로 잘 굴러갑니다.   10 4개, 3개, 2개

HIGH LEVEL 49쪽

1 ㉢   2 , 빨간색

3 덧셈과 뺄셈

BASIC TEST

1 모으기와 가르기 55쪽

1 (1) 3, 4 → 7   (2) 7 → 2, 5

2 4 / 3, 3 / 4, 2 / 5, 1

3

2	1	3	6
8	3	7	4
4	7	5	1
5	6	2	8

4 5

5

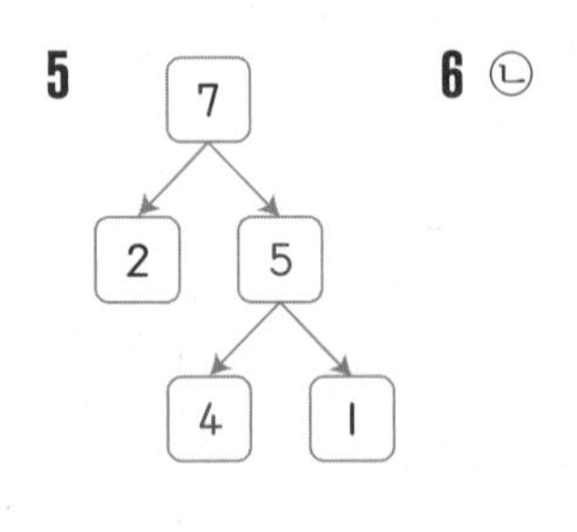

6 ㉡

2 덧셈 57쪽

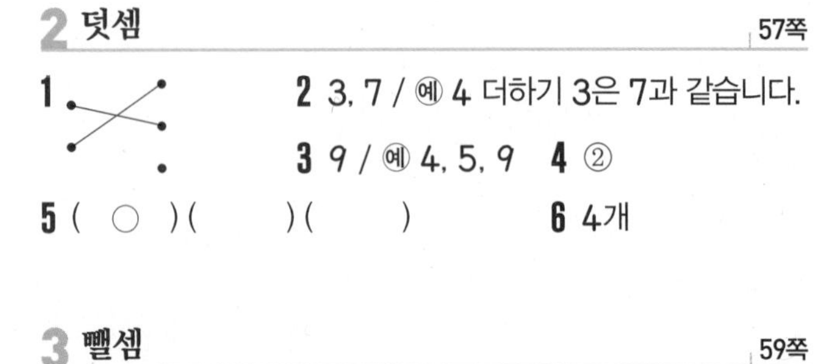

1   2 3, 7 / 예 4 더하기 3은 7과 같습니다.
3 9 / 예 4, 5, 9   4 ②
5 (○)( )( )   6 4개

3 뺄셈 59쪽

1 −, 2 / 예 6 빼기 4는 2와 같습니다.
2 2 / 예 7, 5, 2   3 ④
4 3, 2, 1 / 예 빼는 수가 1씩 커지면 차는 1씩 작아집니다.
5 7, 1, 6   6 5개

4 덧셈과 뺄셈 61쪽

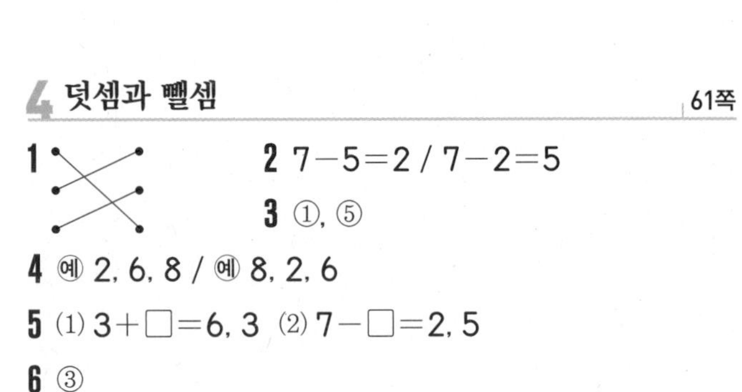

1   2 7−5=2 / 7−2=5
3 ①, ⑤
4 예 2, 6, 8 / 예 8, 2, 6
5 (1) 3+□=6, 3 (2) 7−□=2, 5
6 ③

MATH TOPIC 62~69쪽

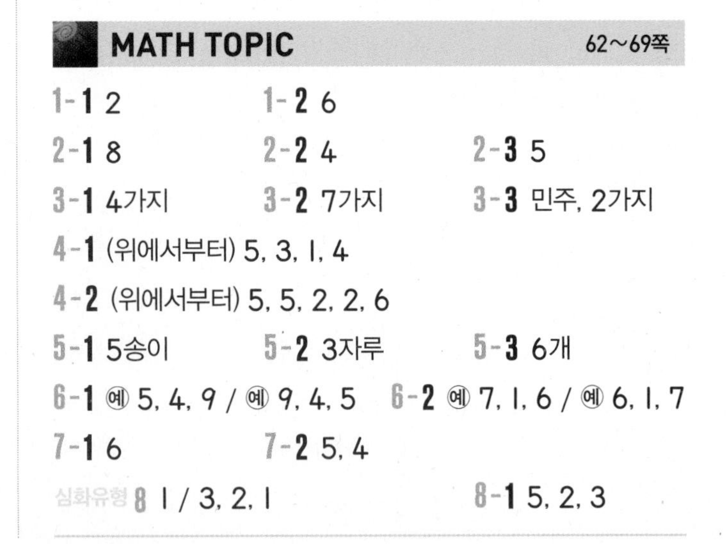

1-1 2   1-2 6
2-1 8   2-2 4   2-3 5
3-1 4가지   3-2 7가지   3-3 민주, 2가지
4-1 (위에서부터) 5, 3, 1, 4
4-2 (위에서부터) 5, 5, 2, 2, 6
5-1 5송이   5-2 3자루   5-3 6개
6-1 예 5, 4, 9 / 예 9, 4, 5   6-2 예 7, 1, 6 / 예 6, 1, 7
7-1 6   7-2 5, 4
심화유형 8 1 / 3, 2, 1   8-1 5, 2, 3

LEVEL UP TEST 70~73쪽

1 9, 1, 8　　2 (위에서부터) 4, 5, 8, 5
3 7개　　4 3가지　　5 6
6 2　　7 3개　　8 9개
9 5　　10 2개
11 예 (왼쪽에서부터) 1, 3, 2　　12 9

HIGH LEVEL 74쪽

1 예 5, 2, 1, 4, 3　　2 5개
3 예 2, 1, 4, 3, 6, 5 / 4, 1, 5, 2, 6, 3

4 비교하기

⊙ BASIC TEST

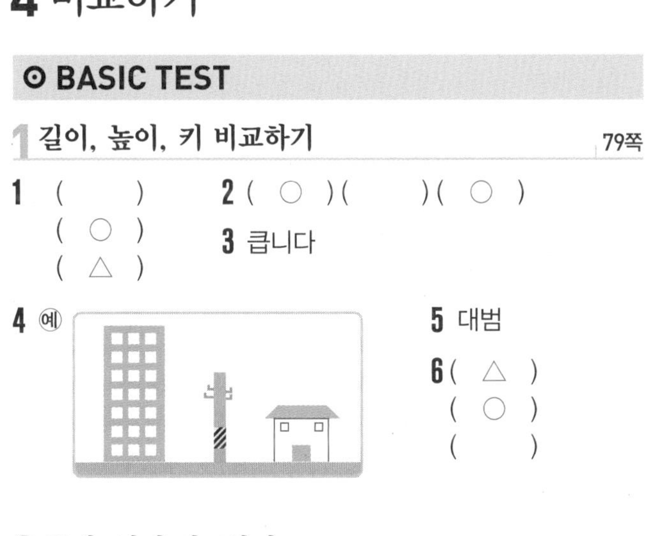

1 길이, 높이, 키 비교하기 79쪽

1 (　　)
(　○　)
(　△　)
2 (　○　)(　　)(　○　)
3 큽니다
4 예
5 대범
6 (　△　)
(　○　)
(　　)

2 무게, 넓이 비교하기 81쪽

1 토마토　　2
3 (　○　)(　　)(　△　)
4 코끼리, 사자, 원숭이
5　　6 진우

3 담을 수 있는 양 비교하기 83쪽

1 ㉡, ㉠, ㉢　　2 (　○　)(　　)
3 ㉡ / 예 수도에서 나오는 물의 양이 ㉡이 더 많기 때문에 물을 더 빨리 받을 수 있습니다.
4 숙영　　5 단비

MATH TOPIC 84~90쪽

1-1 초록색 구슬　　1-2 자
2-1 ㉠, ㉣　　2-2 ㉢, ㉠, ㉣, ㉡
3-1 다, 가, 나　　3-2 나, 다, 가
4-1 민혜, 나래　　4-2 너구리, 돼지, 곰
5-1 5　　5-2 3개　　6-1 나
심화유형 7 진영 / 진영　　7-1 상학

LEVEL UP TEST 91~94쪽

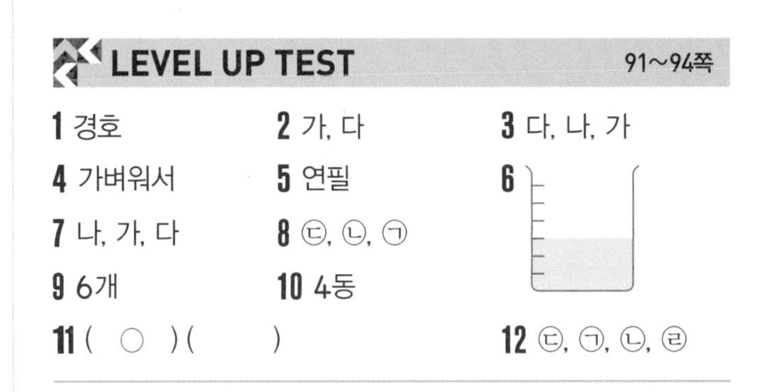

1 경호　　2 가, 다　　3 다, 나, 가
4 가벼워서　　5 연필　　6
7 나, 가, 다　　8 ㉢, ㉡, ㉠
9 6개　　10 4동
11 (　○　)(　　)　　12 ㉢, ㉠, ㉡, ㉣

HIGH LEVEL 95쪽

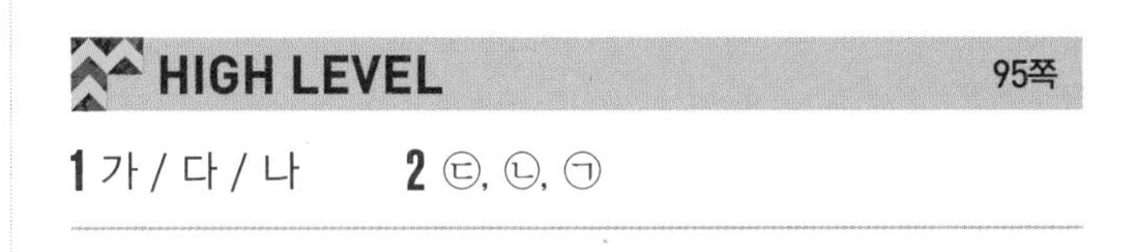

1 가 / 다 / 나　　2 ㉢, ㉡, ㉠

5 50까지의 수

⊙ BASIC TEST

1 10 알아보기 101쪽

1

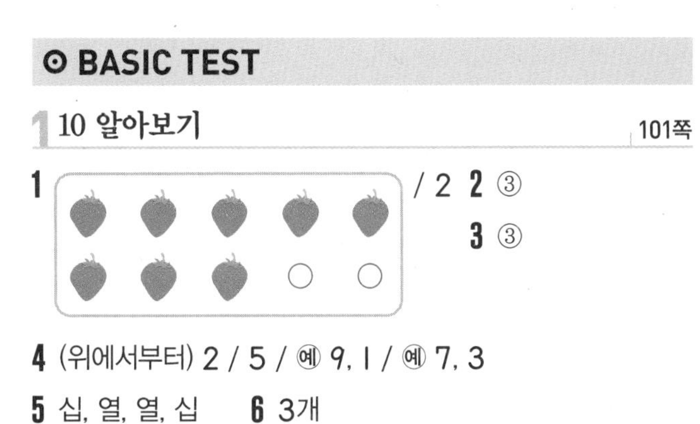

/ 2　　2 ③
3 ③
4 (위에서부터) 2 / 5 / 예 9, 1 / 예 7, 3
5 십, 열, 열, 십　　6 3개

2 십몇 알아보기 103쪽

1 (선 잇기)

2 10, 12 / 13, 15 / 17, 19

3 ④

4 예  / 십칠, 열일곱

5 예 11, 8 / 예 15, 4

6 ㉠

3 10개씩 묶어 세기, 50까지의 수 105쪽

1 ③
2 (위에서부터) 3, 3, 47
3 20
4 (1) 20 (2) 30 (3) 2
5 3개
6 2줄, 8명

4 수의 순서, 수의 크기 비교 107쪽

1 (40) 29 / 35 (38)

2 9, 15, 20, 22, 41, 50

3 46, 47, 48, 49, 50

4 39

5 41

6 예 (위에서부터) 10, 1, 1, 1

MATH TOPIC 108~114쪽

1-1 42
1-2 12
2-1 기영
2-2 영재
2-3 성현
3-1 22, 33, 44
3-2 3개
3-3 31, 41
4-1 47
4-2 49
4-3 37, 39
5-1 0, 1, 2, 3
5-2 0, 1, 2, 3, 4
5-3 2개
6-1 9, 2, 9, 3, 9, 4
6-2 1, 0, 2, 5, 3, 0
6-3 3, 4, 3, 3, 8, 0
심화유형 7 29 / 29
7-1 (1) 26 (2) 45

LEVEL UP TEST 115~118쪽

1 35, 41
2 40마리
3 12명
4 3개
5 12, 21, 30
6 3, 3, 2, 4, 3, 6
7 5개
8 8개
9 25개

10 (1)

20	21	
	27	
	33	34

(2)

28	29	30
		36
		42

11 1 / 3, 4

12 15번

HIGH LEVEL 119쪽

1 ㉢, ㉡, ㉣, ㉤, ㉠

2 5개

교내 경시 문제

1. 9까지의 수 1~2쪽

01 혜미
02 둘째, 셋째, 넷째
03 5
04 토끼, 1마리
05 ㉢, ㉠
06 5
07 ( )(○)( )
08 5개
09 2살
10 일곱째
11 7장
12 4개
13 4, 5
14 7개, 5개
15 8명
16 3마리
17 3개
18 7명
19 2개
20 은정이네 집

2. 여러 가지 모양 3~4쪽

01 (선 잇기)
02 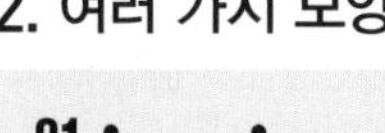 모양
03 ㉡, ㉣
04 ㉠, ㉥
05 ㉢, ㉤
06 (원기둥 모양)
07 ㉠
08 2개, 4개, 1개
09 ㉠, ㉢
10 ㉠
11 ①, ②
12 ㈏
13 
14 예 휴대전화, 동화책, 전자레인지
15 (공 모양)
16 (원기둥) 모양
17 3개
18 2개
19 (공) 모양
20 예 가장 많이 사용한 모양은 (상자) 모양입니다. (상자) 모양의 특징은 '평평한 부분과 뾰족한 부분이 있습니다.', '잘 굴러가지 않습니다.' 등이 있습니다.

3. 덧셈과 뺄셈 5~6쪽

01 (선 잇기 그림)
02 ㉢
03 2, 5
04 ㉣
05 8, 6
06 4, 1, 2
07 1개
08 5
09 9, 7, 2 / 9, 2, 7
10 (왼쪽에서부터) 7, 4, 3, 1
11 4명
12 7개
13 ㉢, ㉡, ㉠, ㉣
14 3가지
15 3, 4, 5, 6
16 4
17 2개
18 1
19 7개
20 4개

4. 비교하기 7~8쪽

01 솜
02 (○)(△)( )
03 ㉠, ㉡
04 (○) (△) ( )
05 소정이네 집
06 ㉢
07 자
08 ㈎
09 코끼리, 사자, 오리
10 민규
11 성태, 유리, 상원, 지은
12 5개
13 ㈐, ㈎, ㈏
14 다, 가, 나
15 ㉰, ㉯, ㉮
16 민경
17 ㈐, ㈏, ㈎
18 4개
19 대야
20 병호, 형우, 상미

5. 50까지의 수 9~10쪽

01 47개
02 32
03 ③
04 ㉡
05 현석
06 5권
07 47장
08 3상자, 6개
09 7
10 ㉢
11 30개
12 0, 1
13 45개
14 미선
15 민경
16 40
17 20, 21, 22
18 3
19 39
20 12개

수능형 사고력을 기르는 1학기 TEST

1회 11~12쪽

1 ③
2 (2)(1)(3)
3 2, 4, 0
4 ( ) (○) ( ) ( )
5 ②, ④
6 ㉡
7 예 5+4=9
8 (위에서부터) 26, 3, 3
9 6−4=2, 6−2=4
10 6가지
11 넷째
12 49
13 5개
14 7
15 ㉡, ㉢, ㉣
16 5
17 40장
18 1개
19 3
20 39

2회 13~14쪽

1 ㉣
2 3개
3 ㉠, ㉡, ㉥
4 ④
5 은경, 지민, 동수
6 3개
7 ㉠
8 5648
9 (상자 모양 그림)
10 7명
11 (위에서부터) 7, 4, 5
12 15번
13 가, 다, 나
14 지민, 2장
15 순희, 동현, 지현, 철수
16 26, 36
17 43
18 4, 8
19 34
20 ㉠, ㉦, ㉧

정답과 풀이

1 9까지의 수

⊙ BASIC TEST | 1 5까지의 수 11쪽

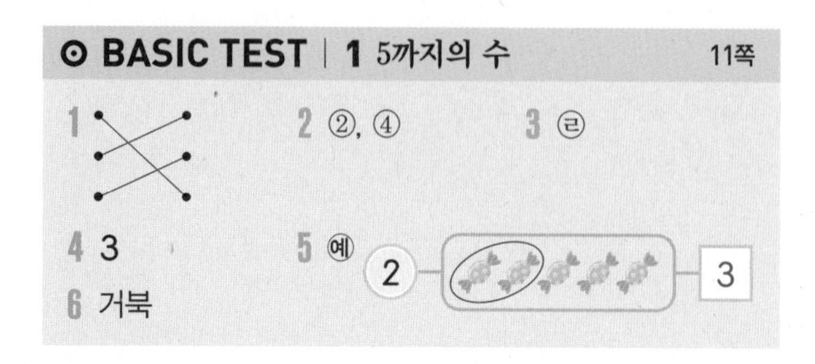

1 (선 잇기) 2 ②, ④ 3 ㉣
4 3 5 예
6 거북

1 보충 개념
수를 셀 때는 하나, 둘, 셋, ... 또는 일, 이, 삼, ...으로 셀 수 있어요.

2 ②, ④는 2를 나타내고, ①은 1, ③은 3, ⑤는 5를 나타냅니다.

지도 가이드
수를 표현하는 방법이 여러 가지이므로 한 가지로 표현한 후 비교하도록 해 주세요.

3 ㉠의 단풍잎의 수를 세어 보면 셋이므로 3이고, 3은 셋 또는 삼이라고 읽습니다. 모두 수로 나타내면 ㉠ 3, ㉡ 3, ㉢ 3, ㉣ 5, ㉤ 3입니다.

4 우산이 ~~2~~개 있어요. ➡ 우산은 셋이므로 3입니다.

5 2이므로 둘만큼 묶고, 묶지 않은 것을 세어 보면 셋이므로 3을 씁니다.

6 토끼는 2마리, 다람쥐는 4마리, 거북은 2마리, 고양이는 5마리, 강아지는 3마리입니다.
따라서 토끼와 수가 같은 동물은 거북입니다.

⊙ BASIC TEST | 2 9까지의 수 13쪽

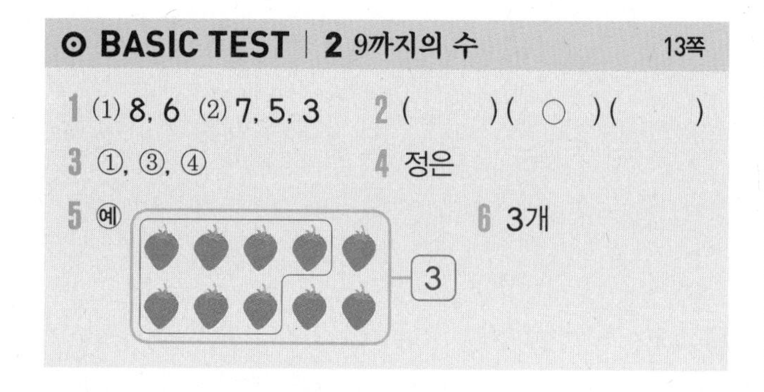

1 (1) 8, 6 (2) 7, 5, 3 2 ( )(○)( )
3 ①, ③, ④ 4 정은
5 예 6 3개

1 9부터 수를 거꾸로 세어 써 봅니다.
9－8－7－6－5－4－3－2－1

2 첫째, 셋째는 ▢이 8개이고, 둘째는 7개입니다.

지도 가이드
▢의 수를 셀 때 빠트리거나 중복되지 않도록 연필로 표시하며 세도록 지도해 주세요.

3 ②, ⑤는 7을 나타내고, ①은 8, ③은 9, ④는 5를 나타냅니다.

해결 전략
모두 수로 나타내어 알아보아요.

4 학년을 나타내는 수는 '일, 이, 삼, ...'으로 읽습니다.
따라서 1학년은 일 학년으로, 6마리는 여섯 마리로 읽습니다.

5 7개만큼 묶고, 묶지 않은 것을 세어 보면 셋이므로 3을 씁니다.

해결 전략
묶지 않은 딸기를 하나, 둘, 셋으로 세어 수로 나타내요.

6 지금까지 쌓은 고리는 5개입니다.
5, 6, 7, 8이므로 5개에서 8개가 되려면 고리를 3개 더 쌓아야 합니다.

보충 개념
다섯에서 여덟이 되려면 여섯, 일곱, 여덟까지 고리를 3개 더 쌓아야 해요.

⊙ BASIC TEST | 3 수의 순서 15쪽

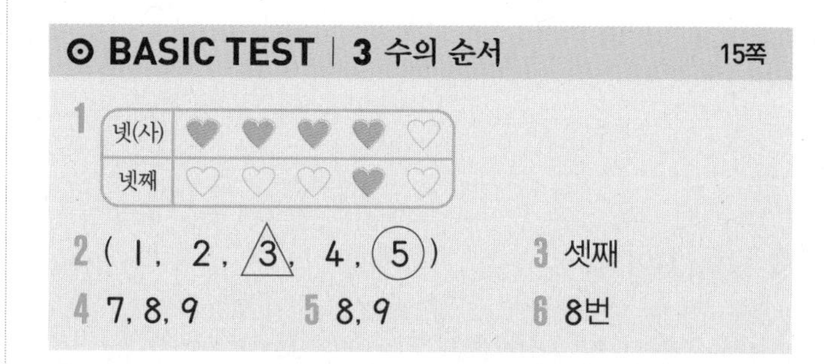

1 (색칠)
2 (1, 2, △3, 4, ⑤) 3 셋째
4 7, 8, 9 5 8, 9 6 8번

1 넷은 수를 나타내므로 4개를 색칠하고, 넷째는 순서를 나타내므로 넷째에 있는 1개에만 색칠합니다.

2 하나 더 많은 수는 수를 순서대로 세었을 때 바로 뒤의 수이고, 하나 더 적은 수는 바로 앞의 수입니다.
➡ 그림의 수는 넷(4)이므로 넷보다 하나 더 많은 수는 다섯(5), 하나 더 적은 수는 셋(3)입니다.

지도 가이드

수의 순서를 바탕으로 하나 더 많고, 하나 더 적은 것을 이해할 수 있도록 지도해 주세요.

3 앞에서부터 영우(첫째), 호영(둘째), 진호(셋째), 윤아(넷째), 연수(다섯째)의 순서로 달리고 있습니다.

4 1부터 9까지의 수를 순서대로 쓰면 1, 2, 3, 4, 5, 6, 7, 8, 9입니다.
따라서 6보다 뒤에 놓이는 수는 7, 8, 9입니다.

5 맨 왼쪽의 수는 가운데 수보다 1만큼 더 작은 수
➡ 가운데 수는 맨 왼쪽의 수보다 1만큼 더 큰 수
따라서 가운데 수는 7보다 1만큼 더 큰 수인 8입니다.
맨 오른쪽의 수는 가운데 수 8보다 1만큼 더 큰 수이므로 9입니다.

지도 가이드

가운데 수를 구하지 않으면 맨 오른쪽의 수를 구할 수 없음을 알 수 있도록 지도해 주세요.

6 어제는 9번보다 하나 더 적게 넘었습니다. 9 바로 앞의 수는 8이므로 어제 넘은 단체줄넘기는 8번입니다.

⊙ BASIC TEST
| 4 0 알아보기, 수의 크기 비교 17쪽

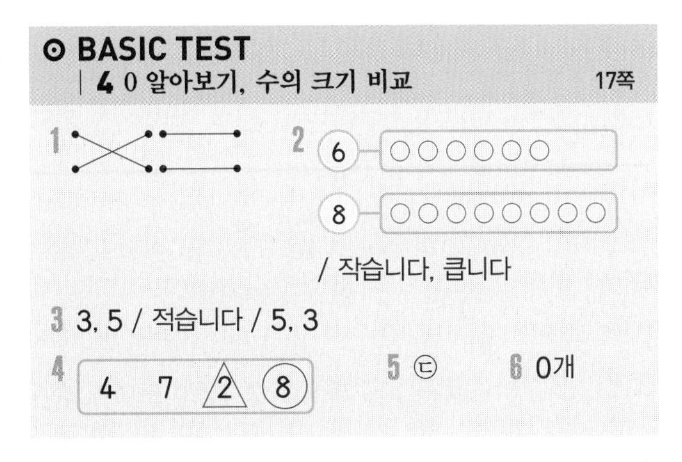

1 • 접시에 아무것도 없으므로 0이고, 영이라고 읽습니다.
• 접시에 빵이 2개 있으므로 2이고, 둘 또는 이라고 읽습니다.

2

6	○ ○ ○ ○ ○ ○
8	○ ○ ○ ○ ○ ○ ○ ○

하나씩 짝지었을 때, 남는 쪽이 더 큰 수이고 모자라는 쪽이 더 작은 수입니다.

3 숟가락은 3개, 포크는 5개이므로 숟가락은 포크보다 적습니다.
➡ 3은 5보다 작습니다. 5는 3보다 큽니다.

보충 개념

사물의 개수를 비교할 때는 '많다', '적다'로 말하지만 수를 비교할 때는 '크다', '작다'로 말해요.

4 주어진 수를 순서대로 쓰면 2, 4, 7, 8이므로 가장 작은 수는 맨 앞에 있는 2이고, 가장 큰 수는 맨 뒤에 있는 8입니다.

5 수로 나타내면 ㉠ 9, ㉡ 7, ㉢ 4, ㉣ 6입니다.
수를 순서대로 쓰면 4, 6, 7, 9이므로 가장 작은 수는 맨 앞에 있는 4입니다.
따라서 나타내는 수가 가장 작은 것은 ㉢입니다.

6 체리를 모두 먹었으므로 남은 체리는 없습니다.
따라서 남은 체리는 0개입니다.

MATH TOPIC 18~24쪽

1-1 7권	1-2 8명	1-3 5마리
2-1 4	2-2 3	2-3 2, 5
3-1 4, 5, 6	3-2 4개	
4-1 5층	4-2 8명	4-3 9칸
5-1 참외, 2개	5-2 송이, 1개	
6-1 2, 3	6-2 0, 1, 2	
심화유형 7 4, 4 / 4		7-1 5명

1-1 9(아홉)보다 하나 더 적은 수는 8(여덟)입니다.
8(여덟)보다 하나 더 적은 수는 7(일곱)입니다.
따라서 재영이가 가지고 있는 공책은 7권입니다.

보충 개념

• 둘 더 많은 수는 하나 더 많은 수보다 하나 더 많은 수예요.
• 둘 더 적은 수는 하나 더 적은 수보다 하나 더 적은 수예요.

1-2 6(여섯)보다 하나 더 많은 수는 7(일곱)입니다.
7(일곱)보다 하나 더 많은 수는 8(여덟)입니다.
따라서 남학생은 8명입니다.

1-3 2(둘)보다 하나 더 많은 수는 3(셋), 3(셋)보다 하나 더 많은 수는 4(넷), 4(넷)보다 하나 더 많은 수는 5(다섯)입니다.
따라서 상현이가 잡은 물고기는 5마리입니다.

다른 풀이

셋 더 많은 수는 3만큼 더 큰 수이므로 2보다 3만큼 더 큰 수를 구합니다.
2부터 수를 순서대로 쓰면 2−3−4−5−…이므로 2보다 3만큼 더 큰 수는 5입니다.
따라서 상현이가 잡은 물고기는 5마리입니다.

2-1 수를 큰 수부터 순서대로 쓰면
9−8−7−5−4−2입니다.
따라서 왼쪽에서 다섯째에 오는 수는 4입니다.

2-2 수를 작은 수부터 순서대로 쓰면
0−2−3−4−6−8−9입니다.
따라서 오른쪽에서 다섯째에 오는 수는 3입니다.

2-3 수를 큰 수부터 순서대로 쓰면
8−7−5−4−2−1−0입니다.
따라서 오른쪽에서 셋째에 오는 수는 2, 왼쪽에서 셋째에 오는 수는 5입니다.

해결 전략

기준이 되는 곳부터 차례로 첫째, 둘째, 셋째, ...로 순서를 따져요.

3-1 3부터 8까지의 수를 순서대로 쓰면
③, 4, 5, 6, 7, ⑧이므로 3과 8 사이에 있는 수는
사이의 수
4, 5, 6, 7입니다.
4, 5, 6, 7 중에서 7보다 작은 수는 4, 5, 6입니다.
따라서 두 조건을 만족하는 수는 4, 5, 6입니다.

보충 개념

3과 8 사이에 있는 수에 3과 8은 포함되지 않아요.

3-2 1부터 7까지의 수를 순서대로 쓰면
①, 2, 3, 4, 5, 6, ⑦이므로 1과 7 사이에 있는 수
사이의 수
는 2, 3, 4, 5, 6입니다.
2, 3, 4, 5, 6 중에서 2보다 큰 수는 3, 4, 5, 6입니다.
따라서 두 조건을 만족하는 수는 3, 4, 5, 6으로 모두 4개입니다.

4-1 건물의 층을 ○로, 민형이가 살고 있는 층을 ●로 그려 순서를 나타냅니다.
아래에서 둘째　위에서 넷째

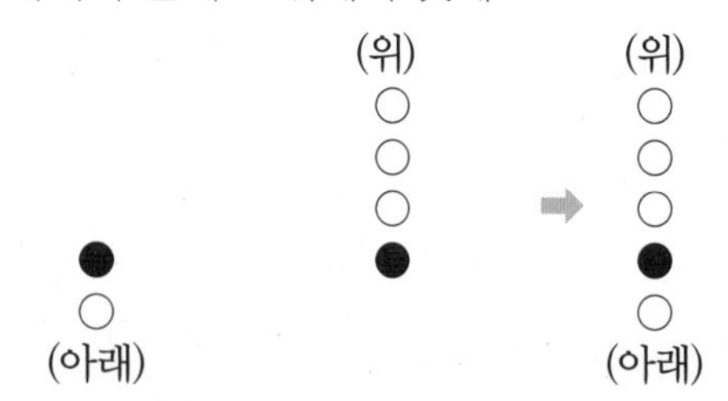

따라서 민형이가 살고 있는 건물의 층을 위와 같이 나타낼 수 있습니다.
○와 ●의 수를 세어 보면 5개이므로 민형이가 살고 있는 건물은 5층까지 있습니다.

지도 가이드

수의 순서를 활용하여 전체 수를 구하는 문제는 ○와 같은 그림을 그려서 해결하도록 지도해 주세요.

보충 개념

수의 순서를 정할 때는 첫째가 되는 기준이 어디인지 알아야 해요.

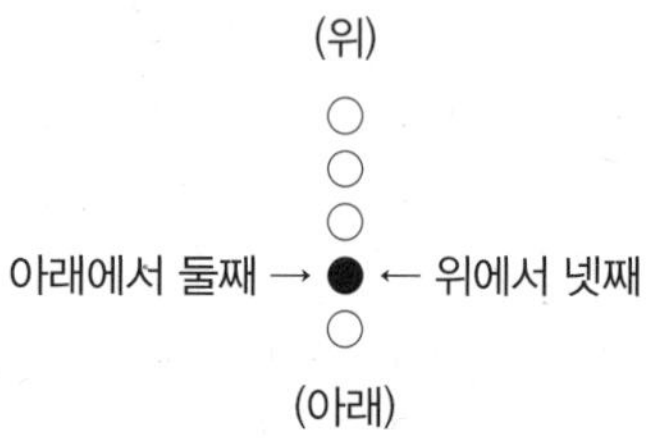

4-2 달리기를 하고 있는 어린이를 ○로, 혜영이를 ●로 그려 순서를 나타냅니다.

(앞) ○○● ← 앞에서 셋째
뒤에서 여섯째 → ●○○○○○ (뒤)

따라서 달리기를 하고 있는 어린이를
(앞) ○○●○○○○○ (뒤)와 같이 나타낼 수 있습니다. ○와 ●의 수를 세어 보면 8개이므로 달리기를 하고 있는 어린이는 모두 8명입니다.

4-3 꼬마 기차의 칸을 ○로, 시원이가 타고 있는 꼬마 기차의 칸을 ●로 그려 순서를 나타냅니다.

(앞) ○○○○○○● ← 앞에서 일곱째
뒤에서 셋째 → ●○○ (뒤)

따라서 꼬마 기차의 칸은

(앞) ○○○○○○●○○ (뒤)와 같이 나타낼 수 있습니다. ○와 ●의 수를 세어 보면 9개이므로 꼬마 기차는 모두 9칸입니다.

5-1 참외: 4개씩 2봉지 ─그림을 그린 다음 왼쪽에서부터 차례로 세어 보면 8개입니다.

(○○○○)(○○○○) ➡ 8개
1 2 3 4 5 6 7 8

복숭아: 2개씩 3봉지

(○○)(○○)(○○) ➡ 6개
1 2 3 4 5 6

8은 6보다 2만큼 더 큰 수이므로 참외가 2개 더 많습니다.

보충 개념

- **더 많은지, 더 적은지 알아보는 방법**
  ① 0, 1, 2, 3, 4, 5, 6, 7, 8, 9에서 뒤로 갈수록 큰 수예요. 따라서 8이 6보다 커요.
  ② 그림을 그려 짝지었을 때, 남는 쪽이 더 큰 수예요.
  참외: ○○○○○○○○
  복숭아: ○○○○○○
  ➡ 참외가 복숭아보다 2개 더 많아요.

5-2

민아 1개씩 5층 ➡ 5개

송이 2개씩 3층 ➡ 6개

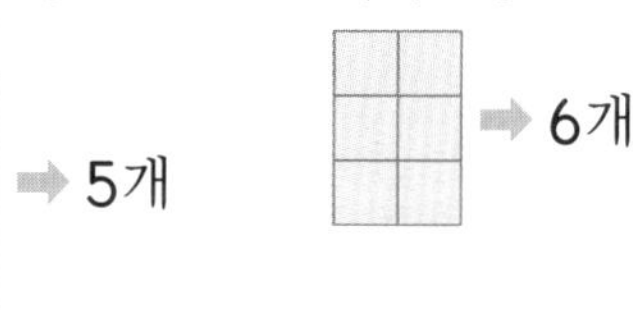

6은 5보다 1만큼 더 큰 수이므로 송이가 블록을 1개 더 많이 사용했습니다.

다른 풀이

블록을 ○로 그려 하나씩 짝지어 봅니다.
민아: ○○○○○
송이: ○○○○○○
➡ 하나씩 짝지었을 때, 송이의 블록이 1개 남으므로 송이가 블록을 1개 더 많이 사용했습니다.

6-1 □은(는) 1보다 큽니다.
➡ □ 안에 들어갈 수 있는 수는 ②, ③, 4, 5, 6, 7, 8, 9입니다.
4는 □보다 큽니다. 즉, □은(는) 4보다 작습니다.
➡ □ 안에 들어갈 수 있는 수는 ③, ②, 1, 0입니다.
따라서 □ 안에 공통으로 들어갈 수 있는 수는 2와 3입니다.

6-2 3은 □보다 큽니다. 즉, □은(는) 3보다 작습니다.
➡ □ 안에 들어갈 수 있는 수는 ②, ①, ⓪입니다.
□은(는) 4보다 작습니다.
➡ □ 안에 들어갈 수 있는 수는 3, ②, ①, ⓪입니다.
따라서 □ 안에 공통으로 들어갈 수 있는 수는 0, 1, 2입니다.

7-1 유나네 가족은 4명보다 많고 6명보다 적습니다.
4와 6 사이에 있는 수는 5이므로 유나네 가족은 5명입니다.

보충 개념

■보다 크고 ▲보다 작은 수에 ■와 ▲는 포함되지 않아요.

LEVEL UP TEST

25~28쪽

1 6개	**2** ( )(○)	**3** 4개	**4** 2개	**5** ㉡	**6** 6개
7 5	**8** 1개	**9** 9	**10** 6자루	**11** 민호네 편	**12** 3계단

1 **접근 ≫ 하나 더 적은 수의 의미를 생각해 봅니다.**

7개보다 하나 더 적은 수는 7보다 1만큼 더 작은 수이므로 6개입니다.

보충 개념

6 − [7] − 8
1만큼 더 작은 수 / 1만큼 더 큰 수

2 접근 ≫ 4보다 1만큼 더 큰 수와 7보다 1만큼 더 작은 수를 알아봅니다.

4보다 1만큼 더 큰 수는 5이고, 7보다 1만큼 더 작은 수는 6입니다.
5와 6 중에서 더 큰 수는 6입니다.

보충 개념
4 — 5 — 6 — 7
5: 4보다 1만큼 더 큰 수
6: 7보다 1만큼 더 작은 수

3 접근 ≫ 어머니가 처음에 가지고 있던 떡의 수와 호랑이에게 준 떡의 수를 알아봅니다.

떡 5개 중 1개를 호랑이에게 주었으므로 어머니에게 남은 떡은 5개보다 하나 더 적은 4개입니다.

지도 가이드
문장이 긴 문제의 경우 수학적인 내용과 관계없이 학생들이 어렵게 느낄 수 있어요. 수학 문제에서 지문이 긴 경우에는 읽어가면서 해결에 필요한 단서들을 찾는 습관을 기를 수 있도록 지도해 주세요.

서술형
4 접근 ≫ 주어진 수를 순서대로 쓴 다음 크기를 비교합니다.

㉮ 주어진 수를 작은 수부터 순서대로 쓰면 0, 1, 4, 5, 6, 8, 9입니다.
따라서 4보다 크고 8보다 작은 수는 5, 6으로 모두 2개입니다.

채점 기준	배점
주어진 수를 작은 수부터 순서대로 썼나요?	2점
4보다 크고 8보다 작은 수를 찾았나요?	2점
4보다 크고 8보다 작은 수의 개수를 구했나요?	1점

주의
4보다 크고 8보다 작은 수에 4와 8은 포함되지 않아요.

5 접근 ≫ 색칠된 칸 수를 세어 봅니다.

색칠된 칸 수를 세어 보면 ㉠ 7칸, ㉡ 6칸, ㉢ 9칸, ㉣ 8칸입니다.
7, 6, 9, 8을 작은 수부터 순서대로 쓰면 6, 7, 8, 9이므로 가장 작은 수는 6입니다.
따라서 색칠된 칸 수가 가장 적은 모양은 ㉡입니다.

해결 전략
7, 6, 9, 8을 작은 수부터 순서대로 써서 크기를 비교해요. 6, 7, 8, 9이므로 가장 작은 수는 맨 앞의 수인 6이에요.

주의
색칠된 칸을 셀 때는 빠트리거나 중복되지 않도록 하나씩 손으로 짚어 가며 세요.

6 접근 ≫ 먼저 우리의 사탕 수를 기준으로 나라의 사탕 수를 구합니다.

18쪽 1번의 변형 심화 유형

나라가 가지고 있는 사탕 수: 4개보다 하나 더 많으므로 5개입니다.
만세가 가지고 있는 사탕 수: 5개보다 하나 더 많으므로 6개입니다.

해결 전략
우리 → 나라 → 만세의 순서로 사탕 수를 구해요.

7

20쪽 3번의 변형 심화 유형

접근 ≫ 4보다 크고 7보다 작은 수 중 6이 아닌 수를 찾아봅니다.

세윤: 7보다 작아. ➡ ⑥, ⑤, 4, 3, 2, 1, 0
안나: 4보다 커. ➡ ⑤, ⑥, 7, 8, 9
세윤이와 안나가 말한 수 중에서 공통으로 들어 있는 수는 5와 6이고, 선아가 6은 아니라고 했으므로 친구들이 말한 수는 5입니다.

해결 전략
세윤이와 안나가 말한 수 중 공통으로 들어 있는 수를 찾은 다음, 선아가 말한 조건을 만족하는 수를 구해요.

다른 풀이
4보다 크고 7보다 작은 수는 5, 6입니다. 선아가 6은 아니라고 했으므로 친구들이 말한 수는 5입니다.

8

접근 ≫ 과자를 준 사람은 개수가 줄어들고, 받은 사람은 개수가 늘어납니다.

명진 : ○ ○ ○ ○ ○ ○ ○
유정 : ○ ○ ○ ○ ○ ○ ○ ○ ○

하나씩 짝지었을 때, 유정이의 과자가 2개 남습니다.
따라서 유정이가 명진이에게 과자를 1개 주면 두 사람이 가지고 있는 과자 수가 8개로 같아집니다.

다른 풀이
7보다 1만큼 더 큰 수와 9보다 1만큼 더 작은 수는 8로 같습니다.
따라서 유정이가 명진이에게 과자를 1개 주면 두 사람이 가지고 있는 과자 수는 같아집니다.

9

19쪽 2번의 변형 심화 유형

접근 ≫ 수 카드의 수를 작은 수부터 순서대로 쓴 다음 조건을 만족하는 수를 구합니다.

주어진 수를 작은 수부터 순서대로 쓰면 0－2－4－5－6－7－8－9입니다.
따라서 왼쪽에서 일곱째에 오는 수는 8이고, 8보다 1만큼 더 큰 수는 9입니다.

보충 개념
(왼쪽) 0－2－4－5－6－7－8－9 (오른쪽)
↑
왼쪽에서 일곱째
오른쪽에서 둘째

서술형 10

18쪽 1번의 변형 심화 유형

접근 ≫ 정훈이의 연필 수를 구한 다음 원준이의 연필 수를 구합니다.

예 정훈이의 연필 수보다 하나 더 많은 수가 8이므로 정훈이의 연필 수는 8자루보다 하나 더 적은 7자루입니다. 따라서 원준이의 연필 수는 정훈이의 연필 수보다 하나 더 적으므로 7자루보다 하나 더 적은 6자루입니다.

해결 전략
정훈이의 연필 수를 구한 다음, 정훈이의 연필 수를 이용하여 원준이의 연필 수를 구해요.

채점 기준	배점
정훈이의 연필 수를 구했나요?	3점
원준이의 연필 수를 구했나요?	2점

18쪽 1번의 변형 심화 유형

11 **접근 ≫ 연지네 편이 항아리에 넣은 화살 수와 민호네 편이 항아리에 넣은 화살 수를 각각 구합니다.**

① 연지네 편이 넣은 화살 수 ➡ 7보다 2만큼 더 작은 수를 구합니다.
7보다 1만큼 더 작은 수는 6, 6보다 1만큼 더 작은 수는 5이므로 7보다 2만큼 더 작은 수는 5입니다.
따라서 연지네 편이 넣은 화살은 5개입니다.

② 민호네 편이 넣은 화살 수 ➡ 3보다 3만큼 더 큰 수를 구합니다.
3보다 1만큼 더 큰 수는 4, 4보다 1만큼 더 큰 수는 5, 5보다 1만큼 더 큰 수는 6이므로 3보다 3만큼 더 큰 수는 6입니다.
따라서 민호네 편이 넣은 화살은 6개입니다.

연지네 편이 넣은 화살은 5개, 민호네 편이 넣은 화살은 6개이고, 6이 5보다 크므로 민호네 편이 이겼습니다.

해결 전략

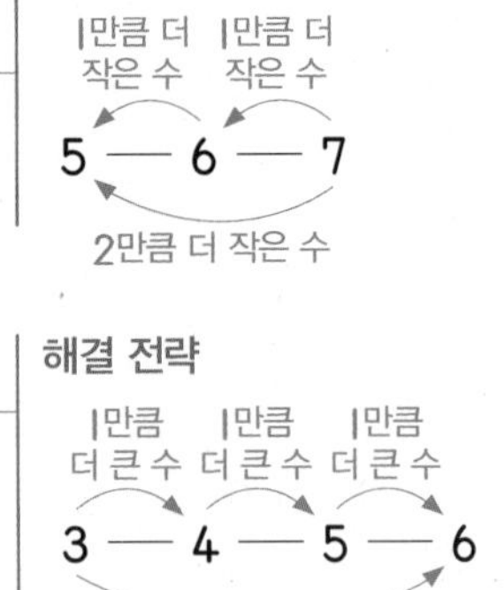

12 **접근 ≫ 그림을 그려서 해결해 봅니다.**

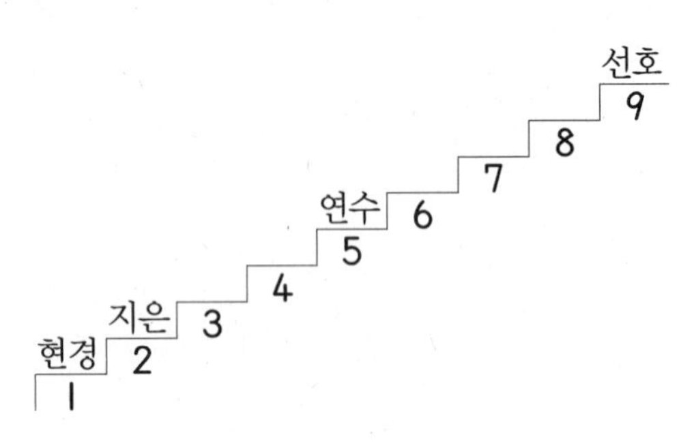

9칸의 계단을 그린 다음 현경, 연수, 선호, 지은이가 있는 곳을 표시하면 왼쪽과 같습니다.
따라서 연수는 지은이보다 3계단 위에 있습니다.

해결 전략
9칸의 계단을 그린 다음 현경 → 연수 → 선호 → 지은이의 순서로 위치를 표시해 보세요.

HIGH LEVEL

29쪽

1 2개 **2** 상원 **3** 2계단

27쪽 8번의 변형 심화 유형

1 **접근 ≫ 붙임딱지를 준 사람은 개수가 줄어들고, 받은 사람은 개수가 늘어납니다.**

민선 : ○ ○ ○ ○ ○ ◌ ◌
선화 : ○ ○ ○ ○ ○ ○ ○ ○ ○

하나씩 짝지었을 때, 선화의 붙임딱지가 4개 남습니다.
따라서 선화가 민선이에게 붙임딱지를 2개 주면 두 사람이 가지고 있는 붙임딱지 수가 7개로 같아집니다.

해결 전략
선화가 민선이에게 붙임딱지를 2개 주면 선화는 2개가 줄어들고, 민선이는 2개가 늘어나요.

2

18쪽 1번의 변형 심화 유형

접근 ≫ 민지와 상원이의 초콜릿 수를 먼저 구한 다음 현아와 연수의 초콜릿 수를 구합니다.

- 민지: 6개보다 1개 더 많이 가지고 있으므로 7개를 가지고 있습니다.
- 상원: 민지보다 2개 더 많이 가지고 있으므로 7보다 2만큼 더 큰 수인 9개를 가지고 있습니다.
- 현아: 상원이가 가지고 있는 9개에서 1개를 현아에게 주면 8개가 되고, 두 사람이 가지고 있는 초콜릿 수가 같아지므로 현아는 8개보다 1개 더 적은 7개를 가지고 있습니다.
- 연수: 상원이보다 1개 더 적게 가지고 있으므로 9개보다 1개 더 적은 8개를 가지고 있습니다.

➡ 민지: 7개, 상원: 9개, 현아: 7개, 연수: 8개

따라서 초콜릿을 가장 많이 가지고 있는 사람은 상원입니다.

해결 전략

민지 → 상원 → 현아, 연수의 순서로 가지고 있는 초콜릿 수를 구해요.

해결 전략

현아가 상원이에게 1개를 받으면 현아와 상원이가 가지고 있는 초콜릿 수가 같아지므로 현아는 상원이가 가진 초콜릿 수보다 2개 더 적게 가지고 있어요.

3

접근 ≫ 지우가 올라간 계단과 서진이가 올라간 계단은 각각 몇 계단인지 구합니다.

지우가 3번 이기고 1번 졌으므로 서진이는 3번 지고 1번 이긴 것입니다.

지우가 올라간 계단은 2계단씩 3번 올라간 다음 1계단 더 올라간 것과 같으므로 7계단입니다.

서진이는 1계단씩 3번 올라간 다음 2계단 더 올라간 것과 같으므로 5계단입니다.

따라서 지우는 서진이보다 2계단 위에 있습니다.

지도 가이드

두 사람이 가위바위보를 하여 한 명이 이겼다면 다른 한 명은 졌다는 것이에요. 지우가 3번 이기고 1번 졌을 때, 서진이는 몇 번 이기고 몇 번 진 것인지 생각할 수 있도록 지도해 주세요.

해결 전략

2씩 3번 뛰어 센 다음 1만큼 더 큰 수

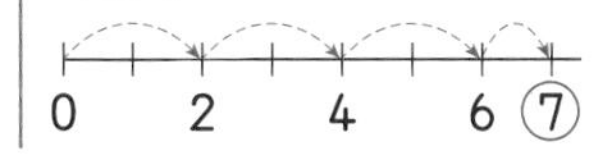

해결 전략

1씩 3번 뛰어 센 다음 2만큼 더 큰 수

0 1 2 3 ⑤

연필 없이 생각 톡 30쪽

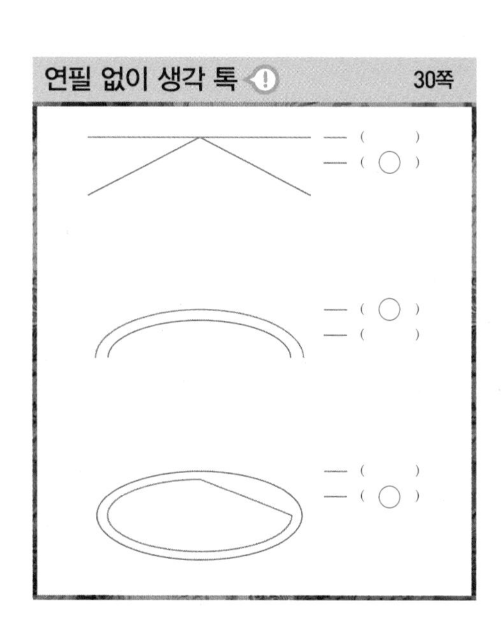

2 여러 가지 모양

⊙ BASIC TEST | 1 여러 가지 모양(1) 35쪽

1 (△)(□)(○)
(□)(○)(△)
2
3 2개
4 ( )( )(○)
5 ㉢
6 예 모양은 모든 부분이 다 둥글지만 모양은 둥근 부분과 평평한 부분이 모두 있습니다.

1 주사위, 수저통은 모양, 페인트 통, 두루마리 휴지는 모양, 농구공, 축구공은 모양입니다.

지도 가이드
우리 주변의 여러 가지 물건들을 모양의 공통된 특징을 파악하여 상자 모양, 둥근기둥 모양, 공 모양으로 추상화하는 학습이에요. 즉, 축구공의 약간 울록볼록한 부분, 농구공의 질감같은 것들은 생각하지 않고, 공과 같이 생긴 모양만을 특징으로 삼아 모두 공 모양으로 분류해요.
이와 같은 모양의 추상화를 통해 처음으로 입체도형을 학습하고, 이후 입체도형의 단면을 알아보면서 평면도형을 배우게 돼요.

2 모양과 모양을 사용하였습니다.
따라서 모양은 사용하지 않았습니다.

3 모양은 야구공과 멜론으로 모두 2개입니다.

4 평평한 부분도 있고 뾰족한 부분도 있는 모양은 모양입니다.
필통은 모양, 볼링공은 모양, 큐브는 모양입니다.

5 부분의 모양에서 평평한 부분도 있고 둥근 부분도 있으므로 모양입니다.
㉠ 오렌지는 모양, ㉡ 과자 상자는 모양, ㉢ 북은 모양입니다.

6 모양은 모든 부분이 다 둥글어 어느 방향으로도 잘 굴러가지만 쌓을 수 없습니다. 모양은 둥근 부분과 평평한 부분이 있어 눕히면 잘 굴러가고 세우면 쌓을 수 있습니다.

⊙ BASIC TEST | 2 여러 가지 모양(2) 37쪽

1 은재 2 4개, 6개, 1개 3 ①
4 5 6 ㉡

1 은재가 모은 물건은 모두 모양이고, 선우가 모은 물건은 모양, 모양입니다.

해결 전략
요요, 풀은 모양, 구슬은 모양이에요.

2 모양 4개, 모양 6개, 모양 1개를 사용했습니다.

3 ①에서 본 모양: , ②에서 본 모양:
③에서 본 모양:

4 , , 이 반복되는 규칙입니다.
빈칸에 들어갈 물건은 이므로 모양입니다.

5 모양 2개, 모양 4개, 모양 2개를 사용하였습니다. 따라서 사용한 모양의 개수가 다른 것은 모양입니다.

6 주어진 모양은 모양 3개, 모양 2개, 모양 1개입니다.
㉠과 ㉡ 모양을 만드는 데 사용한 모양의 개수를 세어 보면 ㉠은 모양 2개, 모양 2개, 모양 1개, ㉡은 모양 3개, 모양 2개, 모양 1개이므로 주어진 모양을 모두 사용한 것은 ㉡입니다.

다른 풀이
㉠ 모양을 만드는 데 사용한 모양은 모두 5개이므로 주어진 모양을 모두 사용하여 만든 모양이 아닙니다.
㉡ 모양을 만드는 데 사용한 모양은 모두 6개이고, 주어진 모양을 모두 사용하여 만들 수 있습니다.

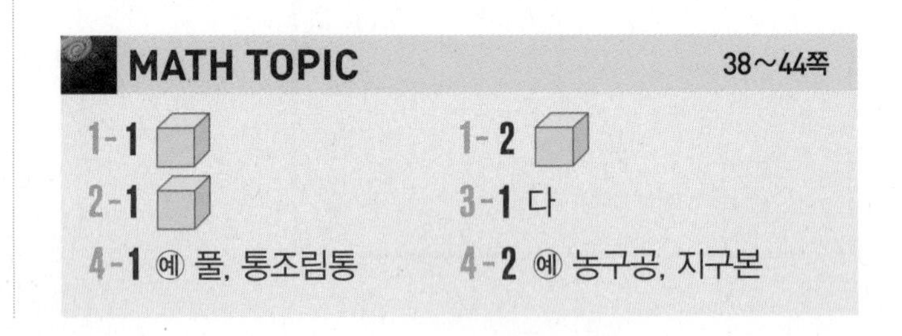

5-1 7개, 3개　　5-2 2개

6-1　　6-2

심화유형 7 , / 예 눕히면 잘 굴러갑니다.

7-1 예 뾰족한 부분이 있습니다.

1-1 모양은 5개, 모양은 4개, 모양은 3개 사용하였으므로 가장 많이 사용한 모양은 모양입니다.

해결 전략

, , 은 크기가 다르지만 같은 모양이에요.

1-2 모양은 3개, 모양은 4개, 모양은 6개 사용하였으므로 가장 적게 사용한 모양은 모양입니다.

해결 전략

연필로 표시하면서 세면 빠트리거나 중복하여 세지 않을 수 있어요.

2-1 • 상진이네 집에 있는 물건 중 ㉠과 ㉡은 모양, ㉢과 ㉣은 모양입니다.

• 희정이네 집에 있는 물건 중 ㉠과 ㉣은 모양, ㉡과 ㉢은 모양입니다.

따라서 두 사람의 집에 모두 있는 모양은 모양입니다.

지도 가이드

여러 사물들은 크기, 색깔, 딱딱함과 같은 여러 가지 속성을 가지고 있으므로 여러 가지 속성들 중 모양 부분에 초점을 두어 찾을 수 있도록 지도해 주세요.

3-1 왼쪽 모양은 모양 2개, 모양 4개, 모양 2개입니다.

가: 모양 3개, 모양 4개, 모양 1개

나: 모양 3개, 모양 1개, 모양 2개

다: 모양 2개, 모양 4개, 모양 2개

따라서 왼쪽 모양을 모두 사용하여 만들 수 있는 모양은 다입니다.

다른 풀이

가는 왼쪽 모양을 모두 사용하지 않았고, 왼쪽 모양에 없는 , 모양이 있습니다.

나는 왼쪽 모양을 모두 사용하지 않았고, 왼쪽 모양에 없는 모양이 있습니다.

다는 왼쪽 모양을 모두 사용하여 만들 수 있습니다.

4-1 , , 모양 중에서 눕히면 잘 굴러가고 평평한 부분이 있는 모양은 모양입니다.

모양의 물건을 주변에서 찾아보면 풀, 통조림통 등이 있습니다.

4-2 , , 모양 중에서 잘 굴러가고 쌓을 수 없는 모양은 모양입니다.

모양의 물건을 주변에서 찾아보면 농구공, 지구본 등이 있습니다.

보충 개념

: 평평한 부분과 뾰족한 부분이 있어요. 평평한 부분이 있어서 잘 쌓을 수 있어요. 둥근 부분이 없어서 잘 굴러가지 않아요.

: 평평한 부분과 둥근 부분이 있어요. 둥근 부분이 있어서 눕히면 잘 굴러가요. 세우면 평평한 부분으로 쌓을 수 있어요.

: 모든 부분이 둥글어 잘 굴러가고, 쌓을 수 없어요.

5-1 평평한 부분이 있는 모양은 , 모양이고, 평평한 부분이 없는 모양은 모양입니다.

사용한 모양은 모양 3개, 모양 4개, 모양 3개이므로 평평한 부분이 있는 모양은 모두 7개, 평평한 부분이 없는 모양은 3개입니다.

해결 전략

, , 모양에서 평평한 부분이 있는 모양과 없는 모양은 무엇인지 알아보아요.

5-2 평평한 부분이 2개인 모양은 모양, 평평한 부분이 6개인 모양은 모양입니다.

사용한 모양 중 모양은 4개, 모양은 2개이므로 평평한 부분이 2개인 모양은 평평한 부분이 6개인 모양보다 2개 더 많습니다.

해결 전략

오른쪽 모양에 사용한 , , 모양의 개수 알아보기

(평평한 부분이 6개) ➡ 2개

(평평한 부분이 2개) ➡ 4개

(평평한 부분이 0개) ➡ 4개

6-1 • 축구공과 같은 모양은 모양입니다.

• 평평한 부분이 없는 모양은 모양입니다.

• 잘 굴러가지 않는 모양은 모양입니다.

따라서 설명에 없는 모양은 모양입니다.

6-2 • 평평한 부분이 2개인 모양은 모양입니다.

• 모든 방향으로 잘 굴러가는 모양은 모양입니다.

• 딱풀과 같은 모양은 모양입니다.

• 쌓을 수 없는 모양은 모양입니다.

따라서 설명에 없는 모양은 모양입니다.

보충 개념

• : 평평한 부분과 둥근 부분이 모두 있어요.
평평한 부분이 2개예요.
눕히면 잘 굴러가요.
세우면 쌓을 수 있어요.

• : 모든 부분이 다 둥글고 뾰족한 부분이 없어요.
잘 굴러가요.
쌓을 수 없어요.

7-1 백설기, 시루떡, 인절미, 무지개떡은 모두 모양입니다. 모양의 여러 가지 특징 중 한 가지만 찾아 씁니다.
특징으로 '평평한 부분이 있습니다.' 또는 '잘 굴러가지 않습니다.' 또는 '잘 쌓을 수 있습니다.'라고 쓸 수도 있습니다.

LEVEL UP TEST

45~48쪽

1 , 5개	**2** 예 구슬, 배구공	**3** ㉢, ㉤ / ㉡ / ㉠, ㉣	**4** ㉣	**5** 나
6 1개	**7**	**8** 소라	**9** 예 모든 방향으로 잘 굴러갑니다.	**10** 4개, 3개, 2개

1 접근 » 두 모양을 만드는 데 사용한 모양을 각각 알아봅니다.

왼쪽 모양은 모양 3개, 모양 3개를 사용했고, 오른쪽 모양은 모양 3개, 모양 2개를 사용했습니다. 두 모양을 만드는 데 공통으로 사용한 모양은 모양으로 모두 5개입니다.

해결 전략

크기가 다르더라도 과

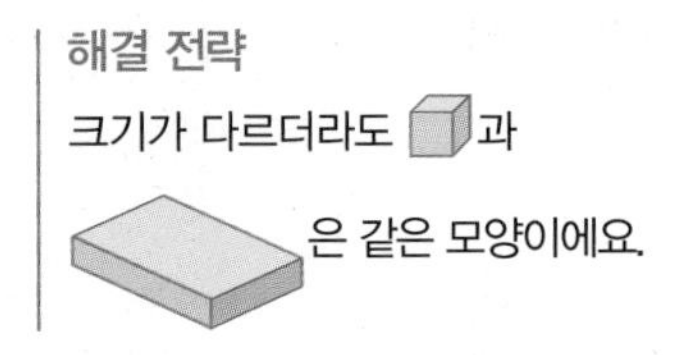

은 같은 모양이에요.

2 접근 » 사진에 있는 물건의 특징을 보고 , , 중 어떤 모양인지 알아봅니다.

케이크, 양초는 모양이고, 상자, 옷장, 세탁기는 모양이므로 사진에 없는 모양은 모양입니다. 모양의 물건은 구슬, 배구공, 야구공 등이 있습니다.

지도 가이드

여러 사물들은 크기, 색깔, 딱딱함과 같은 여러 가지 속성을 가지고 있으므로 여러 가지 속성들 중 모양 부분에 초점을 두어 찾을 수 있도록 지도해 주세요.

42쪽 5번의 변형 심화 유형

3 **접근 ≫ □, ◯, ○ 모양에 평평한 부분이 각각 몇 개 있는지 알아봅니다.**

- 평평한 부분이 0개인 모양은 ○ 모양이므로 ㉢, ㉤입니다.
- 평평한 부분이 2개인 모양은 ◯ 모양이므로 ㉡입니다.
- 평평한 부분이 6개인 모양은 □ 모양이므로 ㉠, ㉣입니다.

지도 가이드

각 모양별 특징을 이해하여 해결하는 문제예요. 평평한 부분의 개수를 알아보고 분류해 보는 활동은 이후 입체도형의 특징을 이해하는 학습과도 연결돼요.

4 **접근 ≫ 상자 안의 물건에 평평한 부분, 뾰족한 부분, 둥근 부분 등이 있는지 살펴봅니다.**

선영이와 세진이가 위와 옆에서 들여다본 모양은 둥근 부분만 보이므로 상자 안에 들어 있는 모양은 ○ 모양입니다.

○ 모양의 물건은 ㉣입니다.

보충 개념

○ 모양은 모든 부분이 다 둥글고 평평한 부분과 뾰족한 부분이 없어요.

40쪽 3번의 변형 심화 유형

5 **접근 ≫ 가, 나, 다를 만드는 데 □, ◯, ○ 모양을 각각 몇 개 사용했는지 세어 봅니다.**

가: □ 모양 3개, ◯ 모양 3개, ○ 모양 4개

나: □ 모양 4개, ◯ 모양 3개, ○ 모양 5개

다: □ 모양 4개, ◯ 모양 3개, ○ 모양 4개

따라서 경희가 만든 모양은 나입니다.

해결 전략

모양을 셀 때 일부분만 보이는 모양도 빠짐없이 세어야 해요.

서술형

38쪽 1번의 변형 심화 유형

6 **접근 ≫ 각 모양별로 사용한 개수를 알아봅니다.**

예 □ 모양 6개, ◯ 모양 2개, ○ 모양 1개를 사용하여 만든 모양이므로 둘째로 적게 사용한 모양은 ◯ 모양, 가장 적게 사용한 모양은 ○ 모양입니다.

따라서 2는 1보다 1만큼 더 큰 수이므로 1개 더 많이 사용하였습니다.

채점 기준	배점
각 모양별로 사용한 개수를 구했나요?	2점
둘째로 적게 사용한 모양과 가장 적게 사용한 모양을 찾았나요?	2점
둘째로 적게 사용한 모양은 가장 적게 사용한 모양보다 몇 개 더 많이 사용했는지 구했나요?	1점

보충 개념

수를 순서대로 쓰면 1, 2, 6이에요. 가장 작은 수는 맨 앞의 수이므로 1이고 가장 큰 수는 맨 뒤의 수이므로 6이에요.

7 41쪽 4번의 변형 심화 유형

접근 ≫ □, ⌸, ○ 모양의 특징을 생각해 봅니다.

- 뾰족한 부분이 있는 모양은 □ 모양입니다.
- 야구공과 같은 모양은 ○ 모양입니다.
- 잘 굴러가지 않는 모양은 □ 모양입니다.

따라서 설명에 없는 모양은 ⌸ 모양입니다.

보충 개념

- □ 모양: 평평한 부분과 뾰족한 부분이 있어요. 잘 굴러가지 않고, 잘 쌓을 수 있어요.
- ○ 모양: 모든 부분이 둥글고 뾰족한 부분이 없어요. 어느 방향으로도 잘 굴러가고, 쌓을 수 없어요.

8 **접근 ≫ □, ⌸, ○ 모양 중 눕히면 잘 굴러가는 모양이 어느 것인지 알아봅니다.**

눕히면 잘 굴러가는 모양은 ⌸ 모양입니다. ⌸ 모양을 은선이는 2개, 광희는 1개, 소라는 3개 사용하였으므로 ⌸ 모양을 가장 많이 사용한 사람은 소라입니다.

보충 개념

- □ 모양은 둥근 부분이 없어서 잘 굴러가지 않아요.
- ⌸ 모양은 눕혀서 굴리면 잘 굴러가요.
- ○ 모양은 어느 방향으로도 잘 굴러가요.

9 **접근 ≫ 물건의 모양을 보고 □, ⌸, ○ 모양 중 어떤 모양인지 알아봅니다.**

□ 모양은 ㉠, ㉣, ㉧으로 3개이고, ⌸ 모양은 ㉤, ㉨으로 2개, ○ 모양은 ㉡, ㉢, ㉥, ㉦으로 4개입니다.
따라서 개수가 4개인 모양은 ○ 모양입니다. 이 모양의 특징은 '모든 부분이 둥급니다.', '쌓을 수 없습니다.' 등 여러 가지로 쓸 수 있습니다.

보충 개념

○ 모양의 특징: 모든 부분이 둥글고 뾰족한 부분이 없어요. 어느 방향으로도 잘 굴러가요. 쌓을 수 없어요. 등

지도 가이드
물건을 먼저 □, ⌸, ○ 모양으로 분류한 다음에 개수가 4개인 모양이 무엇인지 찾도록 해 주세요. 분류한 사물을 보고 특징을 생각해 볼 수 있도록 지도해 주세요.

서술형 **10** **접근 ≫ 주어진 모양에 사용한 □, ⌸, ○ 모양의 개수를 구해 봅니다.**

예 주어진 모양을 만들려면 □ 모양 2개, ⌸ 모양 1개, ○ 모양 3개가 필요합니다.
□, ⌸ 모양은 2개씩 남고, ○ 모양은 1개 부족하므로 현진이가 가지고 있는 □ 모양은 2개보다 둘 더 많은 4개, ⌸ 모양은 1개보다 둘 더 많은 3개, ○ 모양은 3개보다 하나 더 적은 2개입니다.

채점 기준	배점
만들려는 모양의 각 모양별 개수를 구했나요?	2점
현진이가 가지고 있는 각 모양별 개수를 구했나요?	3점

해결 전략

1개가 남는다는 것은 1개 더 많다는 것이고, 1개가 부족하다는 것은 1개 더 적다는 것이에요.

HIGH LEVEL

49쪽

1 ㉢

2 , 빨간색

1

46쪽 4번의 변형 심화 유형

접근 ≫ 모양의 일부분을 보고 각 층에 사용한 모양이 무엇인지 알아봅니다.

맨 아래층과 맨 위층은 평평한 부분과 뾰족한 부분이 있으므로 모양입니다.

가운데 층은 평평한 부분과 둥근 부분이 있으므로 모양입니다.

따라서 ㉢의 일부분입니다.

다른 풀이

모양의 일부분과 맨 아래층, 가운데 층의 모양이 같은 것은 ㉠, ㉢입니다. 이 중 맨 위층의 모양도 같은 것은 ㉢입니다.

따라서 ㉢의 일부분입니다.

2

접근 ≫ 반복되는 모양과 색깔의 규칙을 찾아봅니다.

모양은 이 반복되는 규칙이므로 4개씩 묶어 보면

이 되고, 빈칸에 들어갈 모양은 모양입니다.

색깔은 빨간색, 파란색, 노란색이 반복되는 규칙이므로 3개씩 묶어 보면

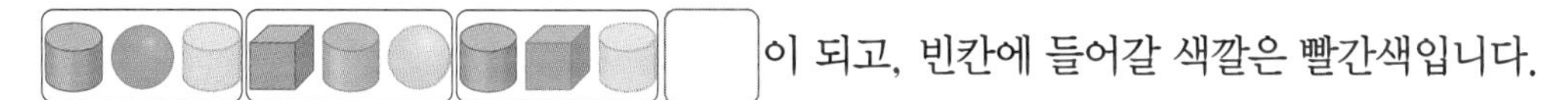

이 되고, 빈칸에 들어갈 색깔은 빨간색입니다.

지도 가이드

모양의 규칙과 색깔의 규칙 두 가지가 적용된 문제예요. 반복되는 모양의 규칙을 찾아 어떤 모양이 놓일지 생각한 다음, 반복되는 색깔의 규칙을 찾아 어떤 색깔일지 생각하도록 지도해 주세요.

연필 없이 생각 톡 50쪽

3 덧셈과 뺄셈

⊙ BASIC TEST | 1 모으기와 가르기 55쪽

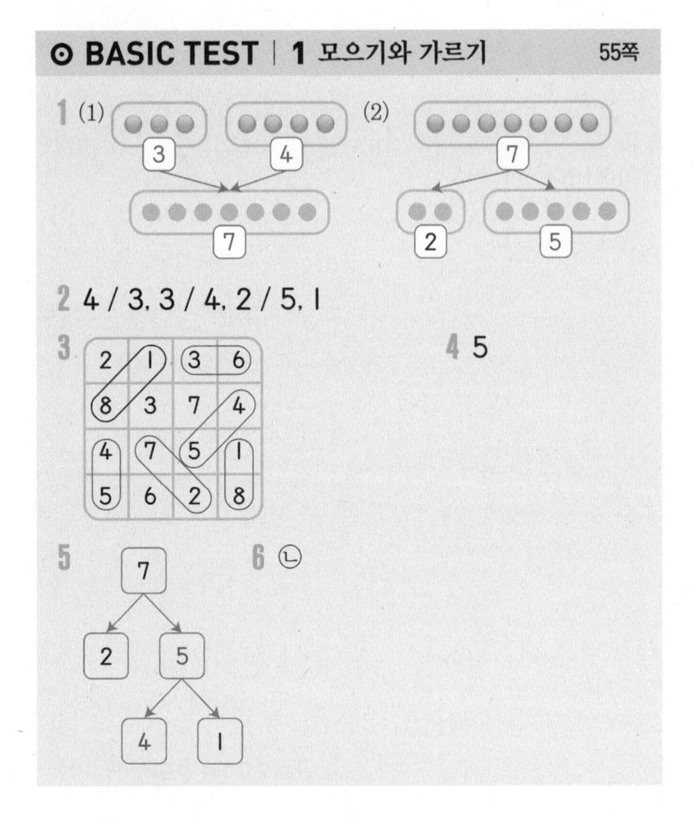

1 (1) 3, 4, 7 (2) 7, 2, 5

2 4 / 3, 3 / 4, 2 / 5, 1

3

4 5

5 7, 2, 5, 4, 1

6 ㉡

1 (1) 3과 4를 모으기하면 7이 됩니다.
(2) 7은 2와 5로 가르기할 수 있습니다.

2 6은 1과 5, 2와 4, 3과 3, 4와 2, 5와 1로 가르기할 수 있습니다.

해결 전략

2와 4, 4와 2로 가르기한 경우는 다른 방법이에요.

3 모으기하여 9가 되는 이웃한 두 수를 찾습니다.
1과 8, 2와 7, 3과 6, 4와 5를 찾아 묶어 봅니다.

해결 전략

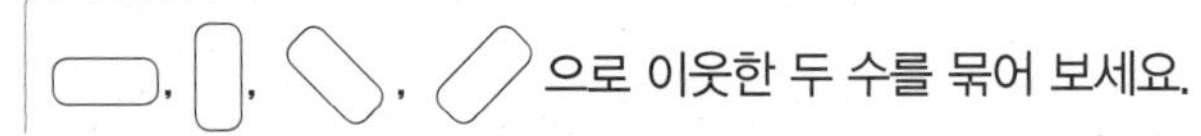
으로 이웃한 두 수를 묶어 보세요.

4 5와 3을 모으기하면 8이 되고, 3과 5를 모으기해도 8이 됩니다.

해결 전략

5와 3, 3과 5처럼 두 수를 바꾸어 모으기해도 값은 같아요.

지도 가이드

모으기는 덧셈을 학습하는 데 기초가 돼요. 5와 3을 모으기하여 8이 되는 것을 덧셈식으로 나타내면 $5+3=8$이고, 3과 5를 모으기하여 8이 되는 것을 덧셈식으로 나타내면 $3+5=8$이에요. 이를 통해 덧셈에서 두 수를 바꾸어 더해도 계산한 값이 같다는 것을 알 수 있어요.

5 • 7은 2와 5로 가르기할 수 있습니다.
• 5는 4와 1로 가르기할 수 있습니다.

6 ㉠ 2와 2를 모으기하면 4가 됩니다.
㉡ 3과 3을 모으기하면 6이 됩니다.
㉢ 1과 4를 모으기하면 5가 됩니다.
4, 6, 5 중에서 6이 가장 크므로 두 수를 모으기한 수가 가장 큰 것은 ㉡입니다.

⊙ BASIC TEST | 2 덧셈 57쪽

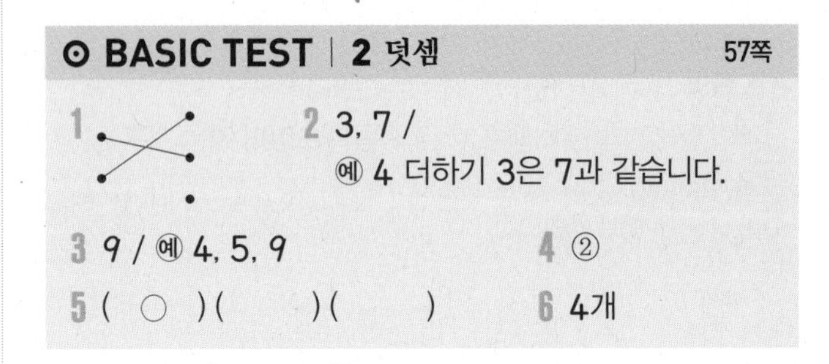

1

2 3, 7 / 예 4 더하기 3은 7과 같습니다.

3 9 / 예 4, 5, 9

4 ②

5 (○)(   )(   )

6 4개

1 • 구슬 2개와 4개를 더하는 덧셈식은 $2+4$입니다.
• 구슬 3개와 1개를 더하는 덧셈식은 $3+1$입니다.

2 왼쪽 접시에 있는 과자 4개와 오른쪽 접시에 있는 과자 3개를 합하면 과자가 모두 7개입니다. 덧셈식으로 쓰면 $4+3=7$이고, '4 더하기 3은 7과 같습니다.' 또는 '4와 3의 합은 7입니다.'라고 읽습니다.

3 4와 5를 모으기하면 9이므로 4와 5를 더하면 9가 됩니다.

4 ① $5+3=8$ ② $6+3=9$ ③ $4+4=8$
④ $6+2=8$ ⑤ $7+1=8$
계산 결과가 다른 하나는 ②입니다.

5 $1+1=2$, $1+3=4$, $1+2=3$
2, 4, 3 중에서 가장 작은 수는 2이므로 합이 가장 작은 것은 $1+1$입니다.

6 옥수수 2개와 감자 2개는 모두 $2+2=4$(개)입니다.

⊙ BASIC TEST | 3 뺄셈 59쪽

1 −, 2 / 예 6 빼기 4는 2와 같습니다.

2 2 / 예 7, 5, 2

3 ④

4 3, 2, 1 / 예 빼는 수가 1씩 커지면 차는 1씩 작아집니다.

5 7, 1, 6

6 5개

1 숟가락 6개와 포크 4개를 하나씩 짝지어 보면 숟가락이 2개 남습니다. 뺄셈식으로 나타내면 $6-4=2$이고, '6 빼기 4는 2와 같습니다.' 또는 '6과 4의 차는 2입니다.'라고 읽습니다.

2 7은 5와 2로 가르기할 수 있으므로 7에서 5를 빼면 2가 됩니다.

3 ① $9-5=4$ ② $6-2=4$ ③ $7-3=4$
④ $5-2=3$ ⑤ $8-4=4$
계산 결과가 다른 하나는 ④입니다.

4 $4-1=\boxed{3}$
$4-2=\boxed{2}$
$4-3=\boxed{1}$
➡ 빼는 수가 1씩 커지면 차는 1씩 작아집니다.

5 수 카드 중에서 가장 큰 수는 7이고 가장 작은 수는 1입니다. ➡ $7-1=6$

6 상자 속에 있던 구슬은 모두 $4+3=7$(개)입니다. 빨간 구슬 2개를 꺼냈으므로 상자 속에 남아 있는 구슬은 $7-2=5$(개)입니다.

⊙ BASIC TEST | 4 덧셈과 뺄셈 61쪽

1 (풀이 참조)
2 $7-5=2$ / $7-2=5$
3 ①, ⑤
4 예 2, 6, 8 / 예 8, 2, 6
5 (1) $3+\square=6$, 3 (2) $7-\square=2$, 5
6 ③

1 $4-1=3$ • — • $3+0=3$
$9-2=7$ • — • $5+2=7$
$8-0=8$ • — • $4+4=8$

2 ■+▲=● → ●−▲=■, ●−■=▲

3 $8-7=1$ → $1+7=8$, $7+1=8$
③, ④는 덧셈식은 맞지만 주어진 뺄셈식을 보고 만들 수 없으므로 답이 아닙니다.

4 덧셈식은 $2+6=8$, $6+2=8$을 만들 수 있고, 뺄셈식은 $8-2=6$, $8-6=2$를 만들 수 있습니다.

5 (1) $3+\square=6$, $6-3=\square$, $\square=3$
(2) $7-\square=2$, $7-2=\square$, $\square=5$

해결 전략
□의 값은 거꾸로 빼서 구할 수도 있고, 더해서 구할 수도 있어요.

6 왼쪽의 두 수보다 =의 오른쪽의 수가 커지면 더한 것이고, 가장 왼쪽의 수보다 =의 오른쪽의 수가 작아지면 뺀 것입니다.
➡ ② $8\boxed{+}1=9$, ① $4\boxed{-}2=2$
가장 왼쪽에 0이 있는 식은 덧셈식이고, 왼쪽의 두 수가 같고 결과가 0이면 뺄셈식입니다.
➡ ⑤ $0\boxed{+}4=4$, ④ $7\boxed{-}7=0$
③ $6\square0=6$의 □ 안에는 +, −를 모두 쓸 수 있습니다.

MATH TOPIC 62~69쪽

1-1 2　1-2 6
2-1 8　2-2 4　2-3 5
3-1 4가지　3-2 7가지　3-3 민주, 2가지
4-1 (위에서부터) 5, 3, 1, 4
4-2 (위에서부터) 5, 5, 2, 2, 6
5-1 5송이　5-2 3자루　5-3 6개
6-1 예 5, 4, 9 / 예 9, 4, 5
6-2 예 7, 1, 6 / 예 6, 1, 7
7-1 6　7-2 5, 4
심화유형 8 1 / 3, 2, 1　8-1 5, 2, 3

1-1

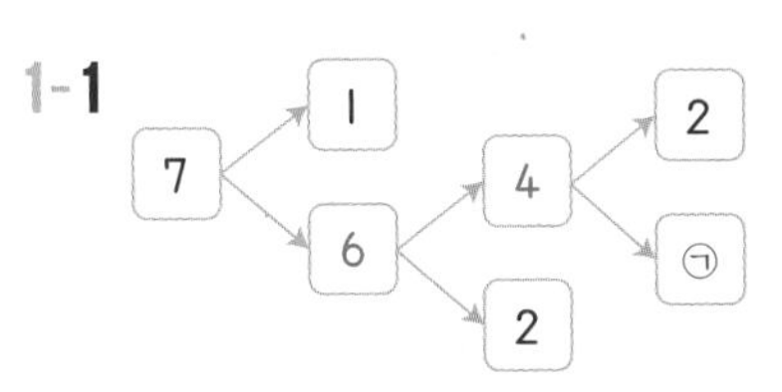

• 7은 1과 6으로 가르기할 수 있습니다.
• 6은 4와 2로 가르기할 수 있습니다.
• 4는 2와 2로 가르기할 수 있습니다. ➡ ㉠=2

1-2

• 4는 1과 3으로 가르기할 수 있습니다.
• 8은 3과 5로 가르기할 수 있습니다.
• 5와 1을 모으기하면 6이 됩니다. ➡ ㉠=6

해결 전략

빈칸이 많은 경우는 어떤 순서로 빈칸을 채워야 하는지 먼저 생각해야 해요.

2-1 2+3과 ▲+2의 계산 결과는 같고, 2+3=3+2이므로 ▲=3입니다.
2+3=5이므로 ■=5입니다.
➡ ■+▲=5+3=8

2-2 1+2와 2+■의 계산 결과는 같고, 1+2=2+1이므로 ■=1입니다. 1+2=3이므로 ●=3입니다.
➡ ●+■=3+1=4

2-3 1+3과 3+◆의 계산 결과는 같고, 1+3=3+1이므로 ◆=1입니다. 1+3=♥이므로 ♥=4입니다.
➡ ♥+◆=4+1=5

3-1 5는 1과 4, 2와 3, 3과 2, 4와 1로 가르기할 수 있습니다. 5를 가르기할 수 있는 방법은 모두 4가지이므로 나누어 가지는 방법은 모두 4가지입니다.

해결 전략

1과 4로 가르기한 경우와 4와 1로 가르기한 경우는 다른 방법이에요.

3-2 8은 1과 7, 2와 6, 3과 5, 4와 4, 5와 3, 6과 2, 7과 1로 가르기할 수 있습니다.
8을 가르기할 수 있는 방법은 모두 7가지이므로 나누어 가지는 방법은 모두 7가지입니다.

3-3 7은 1과 6, 2와 5, 3과 4, 4와 3, 5와 2, 6과 1로 가르기할 수 있습니다.
7을 가르기할 수 있는 방법은 모두 6가지입니다.
9는 1과 8, 2와 7, 3과 6, 4와 5, 5와 4, 6과 3, 7과 2, 8과 1로 가르기할 수 있습니다.
9를 가르기할 수 있는 방법은 모두 8가지입니다.
따라서 민주가 2가지 더 많습니다.

4-1

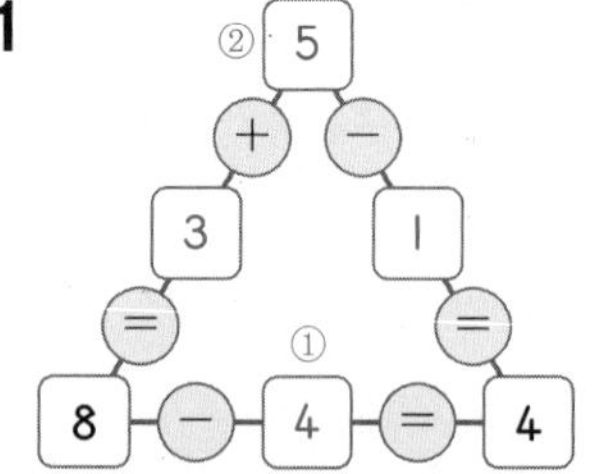

①에 들어갈 수를 먼저 찾습니다.
8−□=4, 8−4=□, □=4
남는 수 카드 1, 3, 5 중에서 더해서 8이 되는 두 수는 3, ⑤이고, 빼서 4가 되는 두 수는 ⑤, 1입니다. 5가 공통으로 들어가므로 ②에 들어갈 수는 5입니다.

4-2

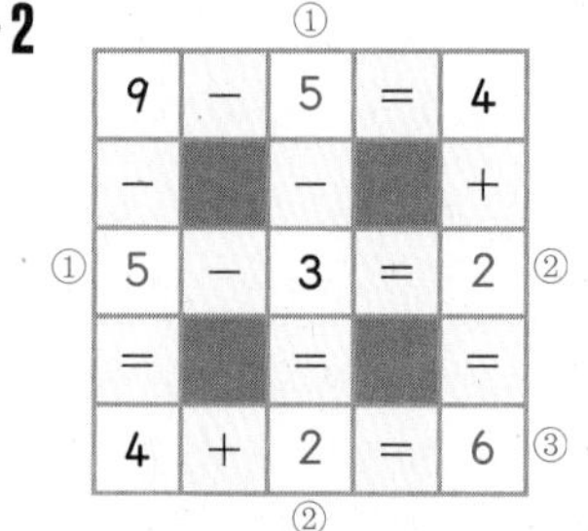

①에 들어갈 수를 먼저 찾습니다.
9−□=4, 9−4=□, □=5
①에 들어갈 수가 5이므로 ②에 들어갈 수는 5−3=□, □=2입니다.
③에 들어갈 수는 4+2=□, □=6입니다.

5-1 (선주가 처음에 가지고 있던 장미의 수)
=(빨간 장미의 수)+(노란 장미의 수)
=4+4=8(송이)
(선주가 지금 가지고 있는 장미의 수)
=(선주가 처음에 가지고 있던 장미의 수)
−(은지에게 준 장미의 수)
=8−3=5(송이)

5-2 (경우가 처음에 가지고 있던 색연필의 수)
=(보라 색연필의 수)+(주황 색연필의 수)
=2+5=7(자루)
(경우가 지금 가지고 있는 색연필의 수)
=(경우가 처음에 가지고 있던 색연필의 수)
−(정희에게 준 색연필의 수)
=7−4=3(자루)

5-3 (연수가 지원이에게 주고 남은 구슬의 수)
$=3-2=1$(개)
(연수가 지금 가지고 있는 구슬의 수)
=(연수가 지원이에게 주고 남은 구슬의 수)
+(지원이에게 받은 구슬의 수)
$=1+5=6$(개)

6-1 만들 수 있는 덧셈식은 $5+4=9$ 또는 $4+5=9$ 입니다.

$5+4=9$ → $9-4=5$, $5+4=9$ → $9-5=4$, $4+5=9$ → $9-5=4$, $4+5=9$ → $9-4=5$

6-2 만들 수 있는 뺄셈식은 $7-1=6$ 또는 $7-6=1$ 입니다.

$7-1=6$ → $6+1=7$, $7-1=6$ → $1+6=7$, $7-6=1$ → $1+6=7$, $7-6=1$ → $6+1=7$

7-1 ◎가 1이므로 ◎+◎=1+1=2입니다. ➡ ■=2
■=2, ◎=1이므로
■+◎+3=2+1+3=6입니다.
따라서 ★=6입니다.

해결 전략

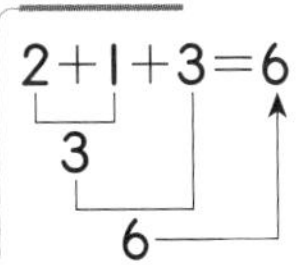

7-2 두 수의 합이 9가 되도록 표를 만들어 봅니다.

◇	0	1	2	3	4	5	6	7	8	9
◆	9	8	7	6	5	4	3	2	1	0

이 중에서 ◇−◆=1이 되는 것은 ◇=5, ◆=4인 경우입니다.

다른 풀이

두 수의 차가 1이 되도록 표를 만들어 봅니다.

◇	1	2	3	4	5	6	7	8	9
◆	0	1	2	3	4	5	6	7	8

이 중에서 ◇+◆=9가 되는 것은 ◇=5, ◆=4인 경우입니다.

8-1 동물은 사자, 비둘기, 개구리, 닭, 무당벌레이고 식물은 해바라기, 나무입니다.
동물이 식물보다 얼마나 더 많은지 뺄셈식을 써서 구하면 $5-2=3$입니다.

LEVEL UP TEST

70~73쪽

1 9, 1, 8 **2** (위에서부터) 4, 5, 8, 5 **3** 7개 **4** 3가지 **5** 6
6 2 **7** 3개 **8** 9개 **9** 5 **10** 2개
11 예 (왼쪽에서부터) 1, 3, 2 **12** 9

1

접근 » 차가 가장 크려면 빼는 수와 빼지는 수가 어떤 수여야 하는지 생각해 봅니다.

차가 가장 크려면 가장 큰 수에서 가장 작은 수를 빼야 합니다.
가장 큰 수는 9이고 가장 작은 수는 1이므로 두 수의 차는 $9-1=8$입니다.

해결 전략

수 카드의 수를 작은 수부터 순서대로 쓰면 1, 2, 4, 5, 6, 9이므로 가장 작은 수는 1, 가장 큰 수는 9예요.

2

62쪽 1번의 변형 심화 유형

접근 ≫ 빈칸에 들어갈 수를 어떤 순서로 구해야 되는지 알아봅니다.

- 6은 2와 4로 가르기할 수 있으므로 ㉠은 4입니다.
- 2와 3으로 가르기할 수 있는 수는 5이므로 ㉡은 5입니다.
- 9는 4와 5로 가르기할 수 있으므로 ㉢은 5입니다.
- 3과 5로 가르기할 수 있는 수는 8이므로 ㉣은 8입니다.

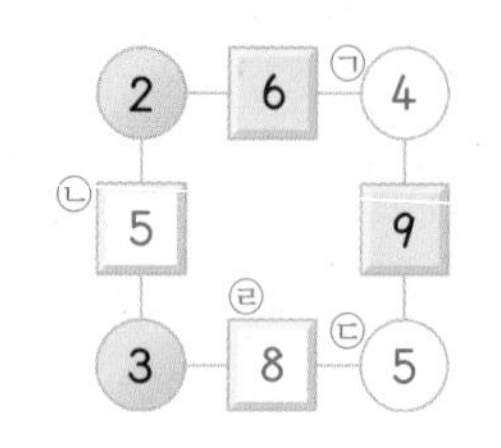

해결 전략

㉠과 ㉡에 들어갈 수를 먼저 구한 후 ㉢에 들어갈 수를 구하고, ㉣에 들어갈 수를 마지막으로 구해요.

서술형

3

접근 ≫ 형찬이가 저녁에 먹은 바나나의 수를 먼저 구합니다.

예 저녁에 먹은 바나나는 아침에 먹은 바나나보다 1개 더 많으므로 3+1=4(개)입니다.
따라서 형찬이가 아침과 저녁에 먹은 바나나는 모두 3+4=7(개)입니다.

채점 기준	배점
형찬이가 저녁에 먹은 바나나의 수를 구했나요?	2점
형찬이가 아침과 저녁에 먹은 바나나의 수를 구했나요?	3점

해결 전략

아침과 저녁에 먹은 바나나의 수를 구해야 하는데 아침에 먹은 바나나의 수는 알고 있어요. 따라서 저녁에 먹은 바나나의 수를 먼저 구해야 해요.

4

접근 ≫ 4를 두 수로 가르기하는 방법을 빠트리지 않고 알아봅니다.

4는 1과 3, 2와 2, 3과 1로 가르기할 수 있습니다.
4를 가르기할 수 있는 방법은 모두 3가지이므로 나누어 먹는 방법은 모두 3가지입니다.

5

62쪽 1번의 변형 심화 유형

접근 ≫ 2와 3을 모으기하여 ㉠에 들어갈 수를 구한 다음 ㉡에 들어갈 수를 구합니다.

2와 3을 모으기하면 5이므로 ㉠은 5입니다.
9는 5와 4로 가르기할 수 있으므로 ㉢은 4입니다.
2와 1을 모으기하면 3이므로 ㉣은 3이고, 4는 3과 1로 가르기할 수 있으므로 ㉡은 1입니다.
㉠은 5이고, ㉡은 1이므로 ㉠+㉡=6입니다.

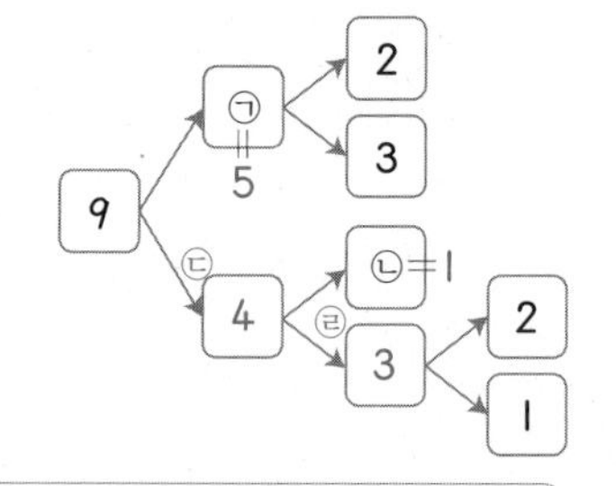

지도 가이드

빈칸이 많은 경우에 어떤 순서로 빈칸을 채워야 하는지 먼저 생각할 수 있도록 지도해 주세요.

보충 개념

합이 6이 되는 두 수
➡ 모으기하여 6이 되는 두 수
➡ 1과 5, 2와 4, 3과 3, 4와 2, 5와 1
이때 1과 5, 5와 1처럼 수는 같고 순서만 바뀐 경우는 하나만 생각해요.

서술형

6

접근 ≫ 합이 6이 되는 두 수를 먼저 찾습니다.

예 합이 6이 되는 두 수는 1과 5, 2와 4, 3과 3입니다. 이 중에서 차가 2인 두 수는 2와 4입니다. 따라서 두 수 중 더 작은 수는 2입니다.
└4−2=2

채점 기준	배점
합이 6이 되는 두 수를 구했나요?	2점
합이 6이 되는 두 수 중 차가 2인 두 수를 구했나요?	2점
두 수 중 더 작은 수를 구했나요?	1점

7

66쪽 5번의 변형 심화 유형

접근 » 두 사람이 먹은 고구마의 수를 똑같은 두 수로 가르기해 봅니다.

(전체 고구마의 수)=(밤고구마의 수)+(물고구마의 수)=$2+5=7$(개)
고구마가 1개 남았으므로 두 사람이 나누어 먹은 고구마는 $7-1=6$(개)입니다.
6은 똑같은 두 수 3과 3으로 가르기할 수 있으므로 한 사람이 먹은 고구마는 3개입니다.

다른 풀이

(전체 고구마의 수)=(밤고구마의 수)+(물고구마의 수)=$2+5=7$(개)
두 사람이 먹은 고구마의 수는 같으므로 한 사람이 먹은 고구마의 수를 □라고 하면 다른 한 사람이 먹은 고구마의 수도 □가 됩니다.
먹고 남은 고구마의 수를 구하는 식을 만들면 $7-□-□=1$입니다.
따라서 식에 맞는 □는 3이므로 한 사람이 먹은 고구마는 3개입니다.

해결 전략

두 수가 같고 나머지 한 수가 1이 되도록 7을 세 수로 가르기해 보세요.

7개

□개	□개	1개

➡ □=3
□에 1, 2, 3, ...을 넣어 계산해 보아도 □를 찾을 수 있어요.

8

접근 » 노르웨이와 대한민국의 각 메달 수의 차를 구합니다.

노르웨이가 대한민국보다 금메달은 $9-6=3$(개), 은메달은 $8-6=2$(개), 동메달은 $6-2=4$(개) 더 많이 땄습니다.
$3+2+4=9$(개)이므로 노르웨이는 대한민국보다 메달을 모두 9개 더 많이 땄습니다.

보충 개념

세 수의 덧셈은 두 수를 먼저 더한 후 다른 수를 더해요.
$3+2+4=5+4=9$

해결 전략

각 메달 수의 차를 구하려면 뺄셈식을 만들어야 해요. 그런 다음 각각의 메달 수의 차를 모두 더해야 4위인 노르웨이가 5위인 대한민국보다 메달을 모두 몇 개 더 많이 땄는지 알 수 있어요.

9

68쪽 7번의 변형 심화 유형

접근 » ◈, ♣, ♠의 순서로 구합니다.

◎가 2이므로 ◎+◎+◎=$2+2+2=6$입니다. 따라서 ◈=6입니다.
♣+◈=7에서 ◈=6이므로 ◈ 대신 6을 넣으면 ♣+6=7, ♣=1입니다.
◈−♣=♠에서 ◈=6, ♣=1을 넣으면 $6-1$=♠, ♠=5입니다.

보충 개념

세 수의 덧셈은 두 수를 먼저 더한 후 다른 수를 더해요.
$2+2+2=4+2=6$

보충 개념

♣+6=7에서 ♣를 구하는 방법은 7을 6과 1로 가르기하여 구할 수도 있고, 6부터 수를 세어 구할 수도 있어요.

10

접근 » 은영이가 던져서 나온 두 눈의 수의 합을 구합니다.

은영이가 주사위를 던져서 나온 두 눈의 수의 합은 $3+6=9$입니다.
은영이가 던져서 나온 두 눈의 수의 합이 동진이가 던져서 나온 두 눈의 수의 합보다 크므로 동진이가 던져서 나온 두 눈의 수의 합은 9보다 작아야 합니다. 동진이가 던져서 나온 눈의 수가 6과 □이므로 6+□는 9보다 작아야 합니다. 6+3=9이므로 □는 3보다 작아야 합니다.
따라서 □ 안에 들어갈 수 있는 수는 1, 2로 모두 2개입니다.

보충 개념
주사위의 눈의 수는 1부터 6까지이므로 0은 들어갈 수 없어요.

다른 풀이

2개의 주사위를 던져서 은영이는 3과 ⑥, 동진이는 ⑥과 □가 나왔습니다. 두 사람은 모두 6이 나왔고, 은영이가 던져서 나온 두 눈의 수의 합이 동진이가 던져서 나온 두 눈의 수의 합보다 크다고 했으므로 □는 3보다 작습니다.
따라서 □ 안에 들어갈 수 있는 수는 1, 2로 모두 2개입니다.

11

62쪽 1번의 변형 심화 유형

접근 ≫ 맨 아래의 9는 맨 윗줄 어느 칸의 수가 두 번 더해지는지 생각해 봅니다.

맨 윗줄에 들어갈 수를 ㉠, ㉡, ㉢이라고 하면 각 칸에 들어갈 수는 오른쪽과 같습니다.

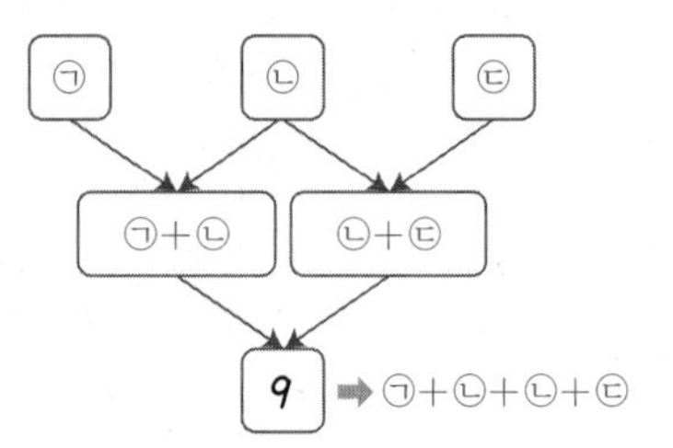

9에는 ㉡에 들어갈 수가 두 번 모아지게 됩니다.
1, 2, 3을 모으기하면 6이 되고 3을 더 모으기해야 9가 되므로 ㉡에 들어갈 수는 3입니다.
따라서 ㉠=1, ㉡=3, ㉢=2 또는 ㉠=2, ㉡=3, ㉢=1이 됩니다.

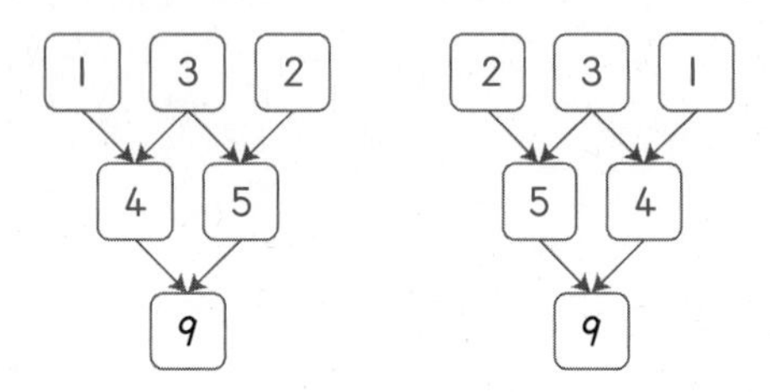

지도 가이드

맨 윗줄에 1, 2, 3을 여러 가지 방법으로 넣어 문제를 해결할 수도 있지만 수를 여러 번 모으기하여 9가 만들어지는 원리를 찾아 해결하는 것이 문제해결력을 기르는 데 도움이 돼요.

12

접근 ≫ 어떤 수를 먼저 구하여 바르게 계산한 값을 구해 봅니다.

어떤 수를 □로 하여 잘못 계산한 식을 만들면 □−4=1입니다.
□−4=1 ➡ 1+4=□, □=5
따라서 바르게 계산하면 5+4=9입니다.

HIGH LEVEL

74쪽

1 예 5, 2, 1, 4, 3 **2** 5개 **3** 예 2, 1, 4, 3, 6, 5 / 4, 1, 5, 2, 6, 3

62쪽 1번의 변형 심화 유형

1 **접근 ≫ 1부터 5까지의 수 중에서 두 수의 합이 7이 되는 수와 세 수의 합이 7이 되는 수를 알아봅니다.**

1부터 5까지의 수 중에서 두 수의 합이 7이 되는 경우는 2와 5, 3과 4이고, 세 수의 합이 7이 되는 경우는 1, 2, 4입니다.

①과 ③ 동그라미에는 두 수의 합이 7이 되는 수를 써넣고, ② 동그라미에는 세 수의 합이 7이 되는 수를 써넣습니다.

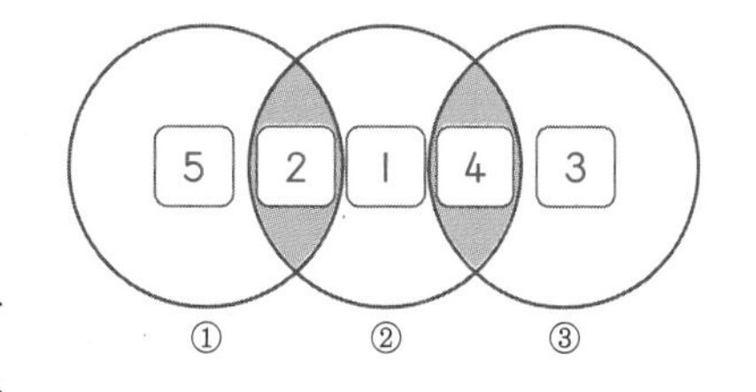

이때 색칠된 곳에 들어가는 수는 두 번씩 사용되므로 색칠된 곳에 들어갈 수는 2와 4입니다.

해결 전략

2와 4는 두 수의 합이 7이 되는 경우와 세 수의 합이 7이 되는 경우에 공통으로 사용되므로 색칠된 곳에 들어가요.

2 **접근 ≫ 주어진 조건을 식으로 나타내 봅니다.**

(빨간 구슬)+(파란 구슬)=6, (빨간 구슬)+(파란 구슬)+(노란 구슬)=9 (앞의 두 항 = 6)

➡ 6+(노란 구슬)=9에서 (노란 구슬)=9−6=3(개)입니다.

(파란 구슬)+(노란 구슬)=7, (빨간 구슬)+(파란 구슬)+(노란 구슬)=9 (뒤의 두 항 = 7)

➡ (빨간 구슬)+7=9에서 (빨간 구슬)=9−7=2(개)입니다.

따라서 (빨간 구슬)+(노란 구슬)=2+3=5(개)입니다.

3 **접근 ≫ 1부터 6까지의 수를 모두 사용하여 두 수의 차가 같게 나오는 세 가지 식을 만들어 봅니다.**

1부터 6까지의 수를 모두 사용하여 두 수의 차가 1이 되는 세 가지 식을 만들면 2−1=4−3=6−5입니다.

1부터 6까지의 수를 모두 사용하여 두 수의 차가 3이 되는 세 가지 식을 만들면 4−1=5−2=6−3입니다.

해결 전략

두 수의 차가 1, 2, 3, 4, 5가 되는 식을 만들어 봐요.
가장 큰 수에서 가장 작은 수를 빼어도 차가 6이 될 수 없으므로 차가 6과 같거나 6보다 큰 경우는 생각하지 않고, 두 수의 차가 2, 4, 5가 되는 경우는 모든 수 카드를 한 번씩 사용하여 세 가지 식을 만들 수 없으므로 제외해요.
따라서 두 수의 차가 1, 3이 되는 세 가지 식을 각각 만들 수 있어요.

4 비교하기

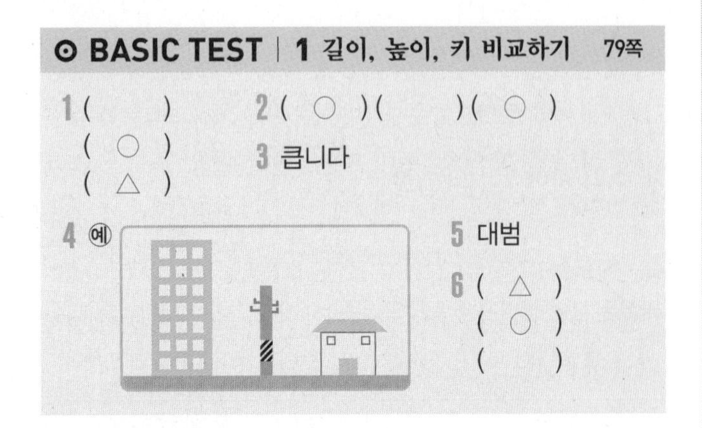

⊙ BASIC TEST | 1 길이, 높이, 키 비교하기 79쪽

1 ( ) (○) (△)
2 (○)( )(○)
3 큽니다
4 예
5 대범
6 (△) (○) ( )

1 왼쪽 끝이 맞추어져 있으므로 오른쪽 끝을 비교합니다.

2 크레파스보다 더 긴 것은 가위와 연필입니다.

3 두 동물의 키를 비교할 때에는 '키가 더 크다', '키가 더 작다'로 나타냅니다.

보충 개념

길이를 표현하는 다양한 용어를 알아두세요.
• 길이: 길다, 짧다 • 높이: 높다, 낮다
• 키: 키가 크다, 키가 작다

4 아래쪽 끝을 전봇대와 맞춘 후 건물의 위쪽 끝이 전봇대보다 더 높은 것과 전봇대보다 더 낮은 것을 그립니다.

5 위쪽 끝을 기준으로 하여 아래쪽 끝을 비교하면 대범이가 키가 가장 큽니다.

해결 전략

바닥의 높이가 다르고 위쪽이 맞추어져 있으므로 위쪽을 기준으로 하여 키를 비교해 보세요.

6 양쪽 끝이 맞추어져 있으므로 많이 구부러져 있을수록 폈을 때의 길이가 더 깁니다.

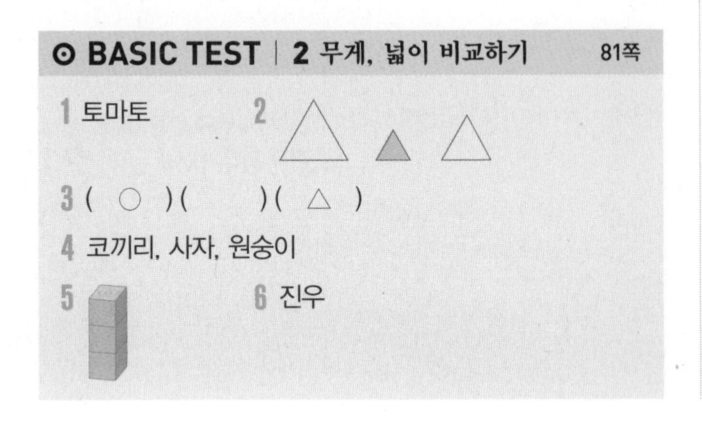

⊙ BASIC TEST | 2 무게, 넓이 비교하기 81쪽

1 토마토
2
3 (○)( )(△)
4 코끼리, 사자, 원숭이
5
6 진우

1 저울은 더 무거운 쪽이 아래로 내려가고 더 가벼운 쪽이 위로 올라가므로 토마토가 더 무겁습니다.

보충 개념

무게와 넓이를 표현하는 다양한 용어를 알아두세요.
• 무게: 무겁다, 가볍다 • 넓이: 넓다, 좁다

2 높이와 너비를 살펴보고 크기가 가장 작은 것을 찾습니다.

3 높이와 너비를 살펴보고 크기가 가장 큰 것, 가장 작은 것을 각각 찾습니다.

4 동물의 몸집이 클수록 더 무거우므로 코끼리, 사자, 원숭이의 순서로 무겁습니다.

5 저울의 오른쪽이 아래로 내려갔으므로 오른쪽에 있는 쌓기나무는 2개보다 더 무겁습니다.
따라서 쌓기나무 3개에 ○표 합니다.

6 더 넓은 종이일수록 적은 수로 벽을 덮을 수 있습니다. 따라서 진우가 벽을 더 빨리 덮을 수 있습니다.

해결 전략

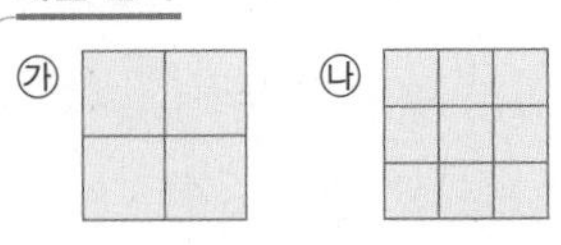

같은 넓이에 ㉮는 4장을 붙이고, ㉯는 9장을 붙여야 하므로 ㉮로 벽을 더 빨리 덮을 수 있어요.

⊙ BASIC TEST | 3 담을 수 있는 양 비교하기 83쪽

1 ㉡, ㉠, ㉢
2 (○)( )
3 ㉡ / 예 수도에서 나오는 물의 양이 ㉡이 더 많기 때문에 물을 더 빨리 받을 수 있습니다.
4 숙영
5 단비

1 그릇의 크기가 클수록 담을 수 있는 양이 더 많습니다. 따라서 물을 많이 담을 수 있는 그릇부터 차례로 기호를 쓰면 ㉡, ㉠, ㉢입니다.

2 왼쪽 그릇보다 더 큰 그릇을 찾습니다.

보충 개념

그릇의 크기가 클수록 물이 더 많이 들어가요.

3 대야의 모양과 크기가 같으므로 물이 더 많이 나올수록 물을 더 빨리 받을 수 있습니다.

4 남긴 주스의 양이 더 적은 숙영이가 주스를 더 많이 마셨습니다.

5 물의 높이가 모두 같지만 그릇의 모양과 크기가 다르므로 그릇이 클수록 물의 양이 더 많습니다.

MATH TOPIC 84~90쪽

1-1 초록색 구슬	**1-2** 자	
2-1 ㉠, ㉣	**2-2** ㉢, ㉠, ㉣, ㉡	
3-1 다, 가, 나	**3-2** 나, 다, 가	
4-1 민혜, 나래	**4-2** 너구리, 돼지, 곰	
5-1 5	**5-2** 3개	**6-1** 나
심화유형 **7** 진영 / 진영		**7-1** 상학

1-1 용수철이 많이 늘어날수록 구슬의 무게가 더 무겁습니다. 용수철이 가장 많이 늘어난 것을 찾으면 초록색 구슬이므로 가장 무거운 구슬은 초록색 구슬입니다.

1-2 고무줄이 적게 늘어날수록 물건의 무게가 더 가볍습니다. 고무줄이 가장 적게 늘어난 것을 찾으면 자이므로 가장 가벼운 것은 자입니다.

2-1 ㉠, ㉡, ㉣은 오른쪽 끝이 맞추어져 있으므로 왼쪽 끝을 비교하면 ㉠이 가장 길고 ㉣이 가장 짧습니다.
➡ ㉠, ㉡, ㉣의 순서로 깁니다.
㉠과 ㉢은 왼쪽 끝이 맞추어져 있으므로 오른쪽 끝을 비교하면 ㉠이 더 깁니다.
㉡과 ㉢은 눈으로 비교해 보면 ㉢이 더 깁니다.
따라서 긴 것부터 차례로 기호를 쓰면 ㉠, ㉢, ㉡, ㉣이므로 가장 긴 것은 ㉠, 가장 짧은 것은 ㉣입니다.

보충 개념

비교하는 방법에는 눈으로 확인하여 비교하는 방법이 있고, 직접 맞대어 비교하는 방법이 있어요. 직접 비교하는 경우는 한쪽 끝을 맞추고 다른 쪽 끝을 비교해 보세요.

2-2 ㉠, ㉢, ㉣은 왼쪽 끝이 맞추어져 있으므로 오른쪽 끝을 비교하면 ㉢이 가장 길고 ㉣이 가장 짧습니다.
➡ ㉢, ㉠, ㉣의 순서로 깁니다.
㉡과 ㉢은 오른쪽 끝이 맞추어져 있으므로 왼쪽 끝을 비교하면 ㉢이 더 깁니다.
㉡과 ㉣은 눈으로 비교하면 ㉣이 더 깁니다.
따라서 긴 것부터 차례로 기호를 쓰면 ㉢, ㉠, ㉣, ㉡입니다.

3-1 작은 한 칸의 크기가 같으므로 칸 수를 세어 비교합니다. ➡ 가: 7칸, 나: 6칸, 다: 9칸
칸 수가 많은 것부터 차례로 쓰면 9칸, 7칸, 6칸이므로 넓은 것부터 차례로 쓰면 다, 가, 나입니다.

3-2 작은 한 칸의 크기가 같으므로 칸 수를 세어 비교합니다. ➡ 가: 9칸, 나: 7칸, 다: 8칸
칸 수가 적은 것부터 차례로 쓰면 7칸, 8칸, 9칸이므로 좁은 것부터 차례로 쓰면 나, 다, 가입니다.

4-1 가벼움 ← → 무거움

	성주	나래 ······ 성주는 나래보다 더 가볍습니다.
민혜	성주	······ 민혜는 성주보다 더 가볍습니다.

따라서 민혜가 가장 가볍고 나래가 가장 무겁습니다.

해결 전략

두 시소에 모두 타고 있는 성주를 기준으로 몸무게를 비교해 보세요.

4-2 가벼움 ← → 무거움

	돼지	곰 ······ 돼지가 곰보다 더 가볍습니다.
너구리	돼지	······ 너구리가 돼지보다 더 가볍습니다.

따라서 가벼운 동물부터 차례로 쓰면 너구리, 돼지, 곰입니다.

5-1 왼쪽 저울이 기울지 않았으므로 ㉮+㉮=㉯입니다.
㉯=6이라고 했으므로 ㉮+㉮=6입니다.
3+3=6이므로 ㉮=3입니다.
같은 두 수를 더해서 6이 되는 덧셈식
오른쪽 저울이 기울지 않았으므로
㉮+㉮=㉰+㉰+㉰입니다. ㉮=3이므로
3+3=㉰+㉰+㉰, 6=㉰+㉰+㉰입니다.
6=2+2+2이므로 ㉰=2입니다.
같은 세 수를 더해서 6이 되는 덧셈식
㉮=3, ㉰=2이므로 ㉮ 구슬 1개와 ㉰ 구슬 1개의 무게를 합하면 3+2=5입니다.

5-2 저울이 기울지 않았으므로 저울 위에 올린 양쪽의 무게는 같습니다.

㉮=㉯+㉰이고, ㉯=㉰+㉰입니다.
㉯=㉰+㉰이므로 ㉮=㉯+㉰에서
㉯ 대신 ㉰+㉰로 나타낼 수 있습니다.
㉮=㉯+㉰=㉰+㉰+㉰이므로
㉮ 구슬 1개는 ㉰ 구슬 3개와 무게가 같습니다.

6-1 초록 구슬 1개를 넣으면 물의 높이가 2칸 올라가고, 빨간 구슬 1개를 넣으면 물의 높이가 1칸 올라갑니다. 빨간 구슬 2개를 넣은 가 그릇은 물의 높이가 2칸 올라간 것이고, 초록 구슬 2개를 넣은 나 그릇은 물의 높이가 4칸 올라간 것입니다.
구슬을 모두 꺼냈을 때 물의 높이는 가 그릇은 5칸, 나 그릇은 3칸입니다.
따라서 물이 더 적게 들어 있는 그릇은 나입니다.

7-1 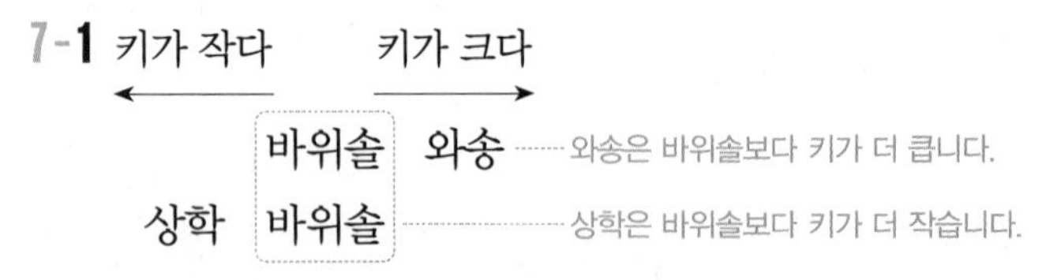

따라서 키가 가장 작은 것은 상학입니다.

LEVEL UP TEST

91~94쪽

1 경호	**2** 가, 다	**3** 다, 나, 가	**4** 가벼워서	**5** 연필	**6**
7 나, 가, 다	**8** ㉢, ㉡, ㉠	**9** 6개	**10** 4동		
11 (○)( )		**12** ㉢, ㉠, ㉡, ㉣			

1 접근 ≫ 아래쪽 끝을 맞추고 위쪽 끝을 비교해 봅니다.

아래쪽 끝이 맞추어져 있으므로 위쪽 끝을 비교합니다.
키가 큰 사람부터 차례로 쓰면 미진, 철규, 경호, 혜수입니다.
따라서 키가 셋째로 큰 사람은 경호입니다.

2 86쪽 3번의 변형 심화 유형
접근 ≫ 작은 한 칸의 크기가 같은 모양에서는 칸의 수를 세어 넓이를 비교해 봅니다.

보기 의 색칠된 부분은 7칸이고, 가의 색칠된 부분은 8칸, 나의 색칠된 부분은 6칸, 다의 색칠된 부분은 9칸입니다.
따라서 보기 보다 더 넓게 색칠된 것은 가, 다입니다.

보충 개념
작은 한 칸의 크기가 같으면 칸 수가 많을수록 넓이가 더 넓어요.

3 접근 ≫ 물의 높이가 같으므로 그릇의 크기를 비교해 봅니다.

물의 높이가 같을 때 그릇의 크기가 작을수록 물이 더 적게 들어 있습니다.
그릇 바닥의 크기가 같으면 윗부분의 크기가 작을수록 물이 더 적게 들어 있는 것입니다.
윗부분의 크기가 가장 작은 다 그릇이 물이 가장 적게 들어 있고, 윗부분의 크기가 가장 큰 가 그릇이 물이 가장 많이 들어 있습니다.
따라서 물이 적게 들어 있는 것부터 차례로 쓰면 다, 나, 가입니다.

보충 개념
물의 높이가 같고 그릇의 모양과 크기가 다른 경우는 그릇의 크기를 비교해요.

4 접근 ≫ 글을 읽고 개미의 무게를 생각해 봅니다.

비가 조금만 와도 떠내려간다는 것은 몸이 가볍다는 뜻이므로 '무거워서'를 '가벼워서'로 고쳐야 합니다.

보충 개념
무게는 '무겁다', '가볍다'로 표현해요.

서술형
5 접근 ≫ 연필과 색연필의 수와 무게 사이의 관계를 생각해 봅니다.

예 연필 3자루와 색연필 5자루의 무게가 같으므로 수가 적을수록 한 자루의 무게가 더 무겁습니다. 따라서 연필의 수가 색연필의 수보다 더 적으므로 한 자루의 무게가 더 무거운 것은 연필입니다.

채점 기준	배점
수가 적을수록 한 자루의 무게가 더 무거운지, 더 가벼운지 알았나요?	3점
수를 비교하여 한 자루의 무게가 더 무거운 것을 찾았나요?	2점

해결 전략
(연필 1자루의 무게)=(색연필 2자루의 무게)인 경우를 생각해 보세요.
양쪽의 무게가 같으려면 색연필 1자루의 무게가 연필 1자루의 무게보다 가벼워야 해요.

89쪽 6번의 변형 심화 유형
6 접근 ≫ 구슬 1개를 꺼낼 때 내려가는 물의 높이를 생각해 봅니다.

구슬이 들어 있는 물의 높이가 6칸입니다. 구슬을 1개 넣으면 물의 높이가 1칸 올라가므로 구슬을 3개 꺼내면 물의 높이가 3칸 내려갑니다.
따라서 구슬을 모두 꺼냈을 때 물의 높이는 6－3＝3(칸)이 됩니다.

지도 가이드
물이 담긴 그릇에 물체를 넣으면 그 물체의 부피만큼 물의 높이가 높아져요. 이 개념은 이후 고학년에서 부피를 학습할 때 배우게 되지만 일상생활 속에서 물이 담긴 냄비 안에 감자나 고기 등을 넣으면 물의 높이가 높아지는 상황 등을 예로 들어 부피의 개념을 알 수 있도록 지도해 주세요.

7 접근 ≫ 막대의 굵기와 끈의 길이 사이의 관계를 생각해 봅니다.

끈이 감긴 횟수가 3번으로 모두 같으므로 굵은 막대에 감긴 끈일수록 길이가 더 깁니다.
따라서 사용한 끈의 길이가 긴 것부터 차례로 쓰면 나, 가, 다입니다.

지도 가이드
끈의 길이는 막대의 굵기, 감긴 횟수와 상관이 있고, 막대의 길이와는 관계가 없다는 것을 알려주세요.

8 접근 ≫ 그릇의 크기와 통에 남는 음료수의 양 사이의 관계를 생각해 봅니다.

그릇의 크기가 클수록 들어가는 음료수의 양이 많으므로 통에 남는 음료수의 양은 적습니다.
따라서 가장 큰 그릇에 음료수를 부은 통의 음료수가 가장 적게 남으므로 ㉢, ㉡, ㉠의 순서로 음료수의 양이 적게 남습니다.

9

88쪽 5번의 변형 심화 유형

접근 » ㉯ 구슬의 무게를 이용하여 ㉮ 구슬과 ㉰ 구슬의 무게를 비교해 봅니다.

저울이 기울지 않았으므로 저울 위에 올린 양쪽의 무게는 같습니다.

㉯+㉯=㉰+㉰+㉰이고, ㉮=㉯+㉯+㉯+㉯입니다.

㉯+㉯=㉰+㉰+㉰이므로 ㉮=㉯+㉯+㉯+㉯에서 ㉯+㉯ 대신 ㉰+㉰+㉰로 나타낼 수 있습니다.

㉮=㉰+㉰+㉰+㉰+㉰+㉰이므로 ㉮ 구슬 1개는 ㉰ 구슬 6개와 무게가 같습니다.

(㉰+㉰+㉰ ← ㉯+㉯, ㉰+㉰+㉰ ← ㉯+㉯)

10

서술형

90쪽 7번의 변형 심화 유형

접근 » 1동, 2동, 3동, 4동을 높이가 높은 동부터 차례로 써 봅니다.

예 • 아파트 2동은 1동보다 더 낮으므로 높은 동부터 차례로 쓰면 1동, 2동입니다.

• 아파트 3동은 가장 높으므로 높은 동부터 차례로 쓰면 3동, 1동, 2동입니다.

• 아파트 2동은 4동보다 더 높으므로 높은 동부터 차례로 쓰면 3동, 1동, 2동, 4동입니다.

따라서 가장 낮은 동은 4동입니다.

채점 기준	배점
아파트 1동, 2동, 3동, 4동의 높이를 비교했나요?	3점
가장 낮은 동이 몇 동인지 찾았나요?	2점

해결 전략

낮다 ← → 높다

2동 1동

3동

4동 2동

11

88쪽 5번의 변형 심화 유형

접근 » 양쪽에 과일을 더 놓았을 때 저울이 어느 쪽으로 기울었는지 살펴봅니다.

왼쪽 저울을 보면 복숭아 2개가 사과 2개보다 더 무겁습니다. 사과 2개가 있는 쪽에 사과 1개와 귤 1개를 더 놓고, 복숭아 2개가 있는 쪽에 복숭아 1개를 더 놓으면 사과 3개와 귤 1개가 복숭아 3개보다 더 무거워집니다.

따라서 사과 1개와 귤 1개가 복숭아 1개보다 더 무겁습니다.

12

접근 » ㉠에 들어가는 물의 양을 이용하여 ㉡, ㉢, ㉣에 들어가는 물의 양을 구해 봅니다.

㉠에는 3컵이 들어가고, ㉠과 ㉡에는 5컵이 들어가므로 ㉠+㉡=5(컵),
3+㉡=5(컵), ㉡=5−3=2(컵)이 들어갑니다. ➡ ㉠: 3컵, ㉡: 2컵

㉡과 ㉢에는 6컵이 들어가므로 ㉡+㉢=6(컵), 2+㉢=6(컵), ㉢=6−2=4(컵)이 들어갑니다. ➡ ㉢: 4컵

㉢과 ㉣에는 5컵이 들어가므로 ㉢+㉣=5(컵), 4+㉣=5(컵), ㉣=5−4=1(컵)이 들어갑니다. ➡ ㉣: 1컵

따라서 물이 많이 들어가는 그릇부터 차례로 기호를 쓰면 ㉢, ㉠, ㉡, ㉣입니다.

해결 전략

㉠+㉡=5

3+㉡=5

5−3=㉡

㉡=2

따라서 ㉡에는 2컵이 들어가요.

지도 가이드

문제 지문에 주어진 조건들을 기호와 수를 사용한 식으로 나타내면 내용을 이해하는 데 도움이 돼요.
즉, 식으로 나타내면 어떤 그릇에 들어가는 물의 양을 먼저 구해야 할지 판단하기 쉬워요.
이러한 훈련은 이후 학년에서 복잡한 문제들을 해결할 수 있는 힘을 길러주게 되므로 식으로 표현하여 해결할 수 있도록 지도해 주세요.

HIGH LEVEL 95쪽

1 가 / 다 / 나 **2** ㉢, ㉡, ㉠

1 접근 ≫ 가 그릇을 기준으로 하여 나와 다 그릇의 크기를 비교해 봅니다.

가 그릇에 가득 채운 물을 나 그릇에 모두 부으면 물이 넘치므로 가 그릇이 나 그릇보다 더 큽니다.
가 그릇에 가득 채운 물을 다 그릇에 모두 부으면 물이 반만 차므로 다 그릇이 가 그릇보다 더 큽니다.
따라서 그릇의 크기가 큰 것부터 차례로 쓰면 다, 가, 나입니다.

해결 전략

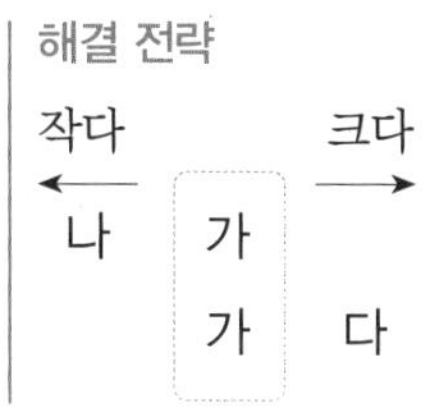

2 접근 ≫ 상자에 사용한 끈을 세 부분으로 나누어 생각해 봅니다.

상자에 사용한 끈의 세 부분의 길이를 다음과 같이 나타냅니다.

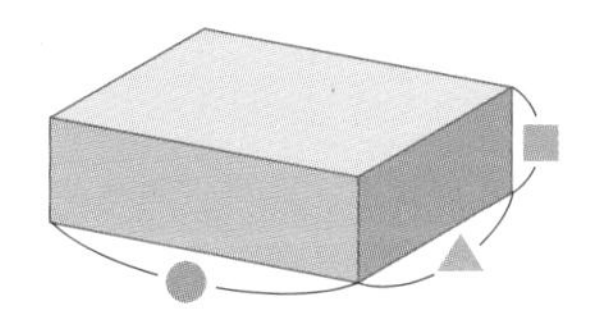

㉠에 사용한 끈의 길이: ●가 2번, ▲가 2번, ■가 4번, 매듭의 길이
㉡에 사용한 끈의 길이: ●가 2번, ▲가 4번, ■가 2번, 매듭의 길이
㉢에 사용한 끈의 길이: ●가 4번, ▲가 2번, ■가 2번, 매듭의 길이
매듭의 길이는 모두 같고 ● 2번, ▲ 2번, ■ 2번은 공통으로 사용하였으므로 공통으로 사용한 끈보다 더 사용한 끈의 길이는 ㉠: ■ 2번, ㉡: ▲ 2번, ㉢: ● 2번입니다.
따라서 ●, ▲, ■의 순서로 길이가 길므로 사용한 끈의 길이가 긴 것부터 차례로 기호를 쓰면 ㉢, ㉡, ㉠입니다.

해결 전략

보이지 않는 부분에 사용한 끈의 길이도 생각해야 해요.

연필 없이 생각 톡 96쪽

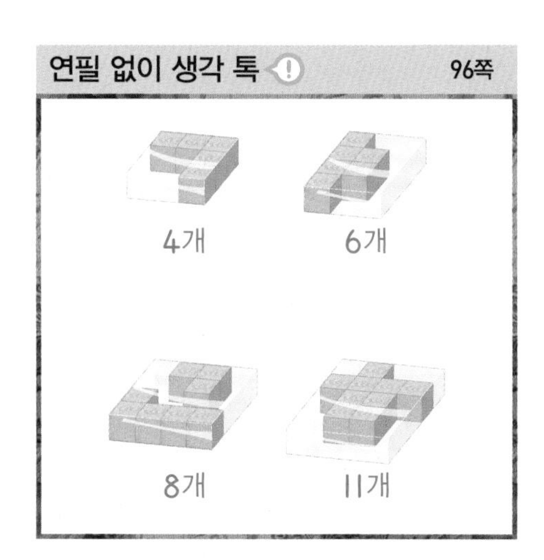

5 50까지의 수

⊙ BASIC TEST | 1 10 알아보기 101쪽

1 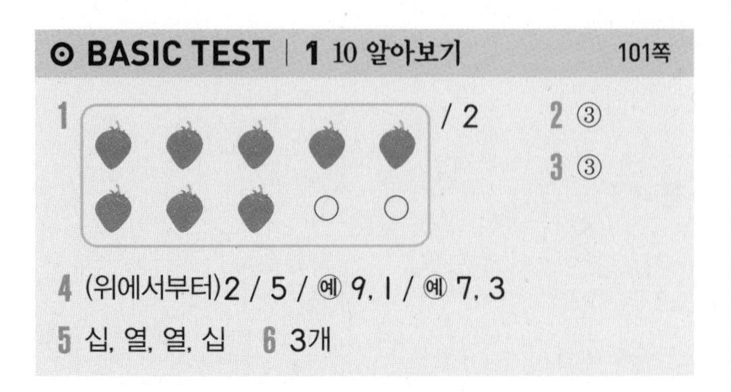 / 2　2 ③　3 ③

4 (위에서부터)2 / 5 / 예 9, 1 / 예 7, 3

5 십, 열, 열, 십　6 3개

1 딸기가 8개이므로 아홉, 열을 세면서 ○를 하나씩 그려 2개를 그리면 됩니다.
따라서 10은 8보다 2만큼 더 큽니다.

2 ①, ②, ④, ⑤ ➡ 10　③ ➡ 9

해결 전략
모두 수로 나타내어 비교해 보세요.

3 ③ 8과 1을 모으기하면 9가 됩니다.

4 10을 (1, 9), (2, 8), (3, 7), (4, 6), (5, 5), (6, 4), (7, 3), (8, 2), (9, 1)로 가르기할 수 있습니다.

5 • 열로 읽는 경우: 개수나 양을 나타낼 때(10개, 10마리, 10명 등)나 나이를 나타내는 단위 '살'과 함께 오는 경우
• 십으로 읽는 경우: 측정한 값을 나타낼 때나 순서를 나타낼 때(10년, 10등, 10층 등), 나이를 나타내는 단위 '세'와 함께 오는 경우

6 10은 7보다 3만큼 더 큰 수입니다.
따라서 사과가 3개 더 있어야 10개가 됩니다.

⊙ BASIC TEST | 2 십몇 알아보기 103쪽

1 (선 잇기)　2 10, 12 / 13, 15 / 17, 19　3 ④

4 예 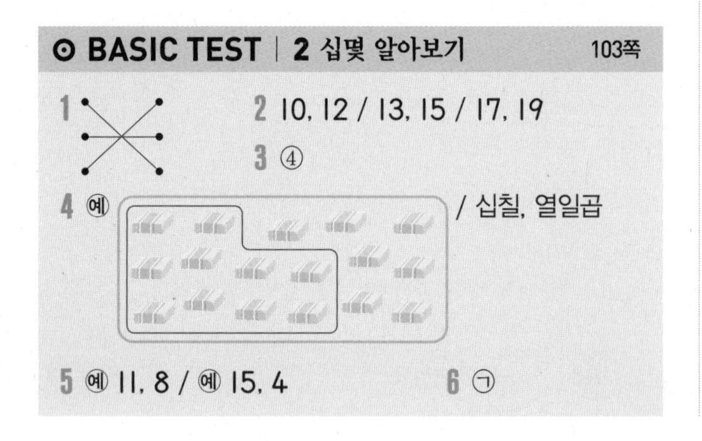 / 십칠, 열일곱

5 예 11, 8 / 예 15, 4　6 ㉠

1 • 10개씩 묶음 1개와 낱개 3개 ➡ 13(십삼, 열셋)
• 10개씩 묶음 1개와 낱개 8개 ➡ 18(십팔, 열여덟)
• 10개씩 묶음 1개와 낱개 6개 ➡ 16(십육, 열여섯)

2 수를 순서대로 쓰면 오른쪽으로 갈수록 1씩 커집니다.

3 ①, ②, ③, ⑤ ➡ 14　④ ➡ 16

4 10개씩 묶어 보면 10개씩 묶음 1개와 낱개 7개이므로 17입니다. 17은 십칠 또는 열일곱이라고 읽습니다.

5 19를 왼쪽의 수가 더 크도록 가르기하면 (10, 9), (11, 8), (12, 7), (13, 6), (14, 5), (15, 4), (16, 3), (17, 2), (18, 1)로 가르기할 수 있습니다.

6 ㉠ 14 ㉡ 11 ㉢ 13 ㉣ 11
14, 11, 13 중에서 14가 가장 크므로 두 수를 모으기한 수가 가장 큰 것은 ㉠입니다.

⊙ BASIC TEST | 3 10개씩 묶어 세기, 50까지의 수 105쪽

1 ③　2 (위에서부터) 3, 3, 47

3 20　4 (1) 20 (2) 30 (3) 2

5 3개　6 2줄, 8명

1 ① 40: 사십, 마흔　② 26: 이십육, 스물여섯
③ 35: 삼십오, 서른다섯　④ 50: 오십, 쉰
⑤ 47: 사십칠, 마흔일곱

주의
'일, 이, 삼, ..., 오십'으로 읽는 것과 '하나, 둘, 셋, ..., 쉰'으로 읽는 것을 섞어 읽지 않도록 합니다.

2 13 ➡ 10개씩 묶음 1개와 낱개 3개
39 ➡ 10개씩 묶음 3개와 낱개 9개
10개씩 묶음 4개와 낱개 7개 ➡ 47

4 (1)

10개씩 묶음	낱개
2	9

→ 20+9 (20을 나타냅니다.)

(2)

10개씩 묶음	낱개
3	3

→ 30+3 (30을 나타냅니다.)

(3)

10개씩 묶음	낱개
4	2

→ 40+2

5 왼쪽 모양을 만드는 데 사용한 모형은 10개입니다. 주어진 모형은 32개이므로 왼쪽 모양을 3개까지 만들 수 있습니다.

해결 전략

주어진 모형을 셀 때 10개씩 묶어서 세요.

보충 개념

묶어 세기를 하면 많은 수를 빠트리지 않고 셀 수 있고, 다시 세어야 할 때 처음부터 셀 필요가 없어요.

6 28은 10개씩 묶음 2개와 낱개 8개이므로 한 줄에 10명씩 줄을 서면 2줄이 되고 8명이 남습니다.

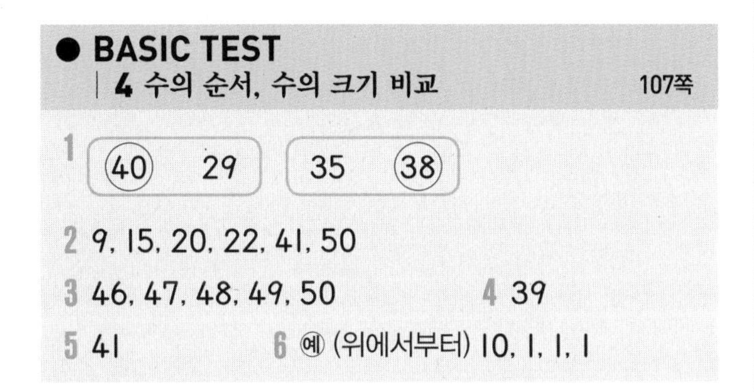

● BASIC TEST

4 수의 순서, 수의 크기 비교 107쪽

1 (40) 29 / 35 (38)

2 9, 15, 20, 22, 41, 50

3 46, 47, 48, 49, 50 **4** 39

5 41 **6** 예 (위에서부터) 10, 1, 1, 1

1 10개씩 묶음의 수가 다른 경우 10개씩 묶음의 수가 클수록 큰 수입니다.
10개씩 묶음의 수가 같은 경우 낱개의 수가 클수록 큰 수입니다.

보충 개념

낱개의 수가 나타내는 수보다 10개씩 묶음의 수가 나타내는 수가 더 크므로 10개씩 묶음의 수부터 비교해요.

2 10개씩 묶음의 수가 작을수록 작은 수입니다.
10개씩 묶음의 수가 같은 경우 낱개의 수가 작을수록 작은 수입니다.

3 10개씩 묶음 4개와 낱개 5개인 수는 45입니다.
40부터 50까지의 수 중에서 45보다 큰 수는 46, 47, 48, 49, 50입니다.

4 수직선의 작은 눈금 한 칸은 1을 나타냅니다.
30부터 오른쪽으로 이어 세면 □ 안에 들어갈 수는 39입니다.

다른 풀이

43부터 왼쪽으로 거꾸로 세면 □ 안에 들어갈 수는 39입니다.

5 5부터 시작하여 4씩 커지는 규칙입니다.
따라서 ㉠에 알맞은 수는 41입니다.

5 – 9 – 13 – 17 – 21 – 25 – 29 – 33 – 37 – ㉠

6 점수가 같아지려면 서진이와 재민이의 그림 면이 나온 횟수와 숫자 면이 나온 횟수가 각각 서로 같아야 합니다.
서진이는 3회까지 그림 면 1번, 숫자 면 2번이 나왔고, 재민이는 그림 면 2번, 숫자 면 1번이 나왔습니다.
따라서 서진이는 그림 면이 1번 더 나오고 재민이는 숫자 면이 1번 더 나와야 두 사람의 점수가 같아집니다. 나머지 한 회는 두 사람이 같은 면(그림 면 또는 숫자 면)이 나오면 됩니다.

해결 전략

4회에 두 사람이 같은 면이 나오고 5회에 서진이가 그림 면, 재민이가 숫자 면이 나와도 돼요.

MATH TOPIC

108~114쪽

1-1 42	**1-2** 12	
2-1 기영	**2-2** 영재	**2-3** 성현
3-1 22, 33, 44	**3-2** 3개	**3-3** 31, 41
4-1 47	**4-2** 49	**4-3** 37, 39
5-1 0, 1, 2, 3	**5-2** 0, 1, 2, 3, 4	
5-3 2개	**6-1** 9, 2, 9, 3, 9, 4	
6-2 1, 0, 2, 5, 3, 0	**6-3** 3, 4, 3, 3, 8, 0	
심화유형 **7** 29 / 29	**7-1** (1) 26 (2) 45	

1-1 수 카드의 수를 큰 수부터 차례로 쓰면 4, 2, 1, 0이므로 가장 큰 수는 4, 둘째로 큰 수는 2입니다.
가장 큰 수를 10개씩 묶음의 수로, 둘째로 큰 수를 낱개의 수로 하여 몇십몇을 만들면 가장 큰 수 42를 만들 수 있습니다.

보충 개념

10개씩 묶음의 수가 낱개의 수보다 더 큰 수를 나타내요.
즉, 같은 숫자라도 높은 자리에 있을수록 큰 수를 나타내요.
따라서 가장 큰 몇십몇을 만들 때에는 가장 큰 수를 10개씩 묶음의 수로, 둘째로 큰 수를 낱개의 수로 두어요.

1-2 수 카드의 수를 작은 수부터 차례로 쓰면 1, 2, 5, 6, 7이므로 가장 작은 수는 1, 둘째로 작은 수는 2입니다. 가장 작은 수를 10개씩 묶음의 수로, 둘째로 작은 수를 낱개의 수로 하여 몇십몇을 만들면 가장 작은 수 12를 만들 수 있습니다.

지도 가이드

수를 알아보는 단원에서 자주 나오는 문제예요.
이는 십진법의 개념이 바탕이 되어 있어야 학생 스스로 이해하여 해결할 수 있어요. 십진법에서는 수의 각 자리마다 자릿값이라는 것을 가져요. 즉, 같은 숫자라도 자리에 따라 나타내는 수가 달라지는 것이지요.
1학년에서는 '자릿값', '십의 자리 숫자'와 같은 표현을 사용하지 않지만 이러한 자릿값 개념은 이후 더 큰 수를 이해하고, 연산으로 이어지는 학습에서 매우 중요한 밑거름이 돼요. 따라서 이와 같은 문제의 해결 전략을 외워서 풀게 하지 마시고, 각 숫자가 나타내는 수를 이해하여 해결할 수 있도록 지도해 주세요.

2-1 정수가 모은 우표 46장을 10장씩 묶음과 낱장으로 나타내면 10장씩 묶음 4개와 낱장 6장입니다.
기영이와 정수가 모은 우표의 수는 10장씩 묶음의 수가 같으므로 낱장의 수를 비교하면 47이 46보다 큽니다.
따라서 기영이가 우표를 더 많이 모았습니다.

다른 풀이

10장씩 묶음 4개와 낱장 7장은 47이므로 기영이는 우표를 47장 모았습니다.
47이 46보다 크므로 기영이가 우표를 더 많이 모았습니다.

보충 개념

10개씩 묶음의 수가 같으면 낱개의 수가 클수록 큰 수예요.

2-2 민성이가 딴 귤 19개를 10개씩 묶음과 낱개로 나타내면 10개씩 묶음 1개와 낱개 9개입니다. 민성이와 영재가 딴 귤의 수는 10개씩 묶음의 수가 같으므로 낱개의 수를 비교하면 17이 19보다 작습니다.
따라서 영재가 귤을 더 적게 땄습니다.

다른 풀이

10개씩 묶음 1개와 낱개 7개는 17이므로 영재는 귤을 17개 땄습니다.
17이 19보다 작으므로 영재가 귤을 더 적게 땄습니다.

보충 개념

10개씩 묶음의 수가 같으면 낱개의 수가 작을수록 작은 수예요.

2-3 10개씩 묶음 3개와 낱개 5개는 35이므로 성현이는 구슬을 35개 가지고 있습니다.
10개씩 묶음의 수를 비교하면 35, 37이 42보다 작고, 낱개의 수를 비교하면 35가 37보다 작으므로 성현이가 구슬을 가장 적게 가지고 있습니다.

다른 풀이

성현이는 구슬을 35개 가지고 있습니다. 35, 42, 37을 작은 수부터 차례로 쓰면 35, 37, 42입니다. 따라서 35개의 구슬을 가지고 있는 성현이가 가장 적게 가지고 있습니다.

보충 개념

세 수의 크기 비교는 두 수씩 묶어서 비교하거나 크기 순서대로 나열하여 비교할 수 있어요.

3-1 10개씩 묶음의 수와 낱개의 수가 같은 몇십몇은 11, 22, 33, 44, ...입니다. 이 중에서 20과 50 사이에 있는 수는 22, 33, 44입니다.

다른 풀이

20과 50 사이에 있는 수는 21, 22, 23, ..., 47, 48, 49입니다. 이 중에서 10개씩 묶음의 수와 낱개의 수가 같은 수는 22, 33, 44입니다.

3-2 26보다 크고 33보다 작은 수는 27, 28, 29, 30, 31, 32입니다. 이 중에서 10개씩 묶음의 수가 낱개의 수보다 작은 것은 27, 28, 29이므로 모두 3개입니다.

3-3 30과 42 사이에 있는 수는 31, 32, 33, ..., 39, 40, 41입니다. 이 중에서 10개씩 묶음의 수가 낱개의 수보다 큰 것은 31, 32, 40, 41이므로 가장 작은 수는 31, 가장 큰 수는 41입니다.

해결 전략

33은 10개씩 묶음의 수와 낱개의 수가 같은 수예요.

4-1 낱개 16개는 10개씩 묶음 1개와 낱개 6개와 같습니다. 10개씩 묶음 3개와 낱개 16개인 수는 10개씩 묶음 $3+1=4$(개)와 낱개 6개인 수이므로 46입니다. 46보다 1만큼 더 큰 수는 46 바로 뒤의 수인 47입니다.

4-2 낱개 20개는 10개씩 묶음 2개와 같습니다.
10개씩 묶음 3개와 낱개 20개인 수는 10개씩 묶음 $3+2=5$(개)와 낱개 0개인 수이므로 50입니다.
50보다 1만큼 더 작은 수는 50 바로 앞의 수인 49입니다.

4-3 낱개 18개는 10개씩 묶음 1개와 낱개 8개와 같습니다. 10개씩 묶음 2개와 낱개 18개인 수는 10개씩 묶음 $2+1=3$(개)와 낱개 8개인 수이므로 38입니다. 38보다 1만큼 더 작은 수는 38 바로 앞의 수인 37이고, 38보다 1만큼 더 큰 수는 38 바로 뒤의 수인 39입니다.

5-1 2□와 24의 10개씩 묶음의 수가 2로 같으므로 낱개의 수를 비교하면 □는 4보다 작습니다. 0부터 9까지의 수 중에서 4보다 작은 수는 0, 1, 2, 3이므로 □ 안에 들어갈 수 있는 수는 0, 1, 2, 3입니다.

주의

□는 4보다 작으므로 □ 안에 4가 들어가면 안 돼요.

지도 가이드

같은 숫자라도 십의 자리에 놓인 수가 일의 자리에 놓인 수보다 커요. 예를 들어 22에서 십의 자리에 놓인 2는 20을, 일의 자리에 놓인 2는 2를 나타내요.
이처럼 모든 수는 각 자리의 자릿값을 가지므로 수의 크기를 비교할 때에는 높은 자리 수부터 비교해요.
1학년에서는 '자릿값', '십의 자리', '일의 자리'와 같은 표현을 사용하지 않지만 이러한 자릿값의 개념을 바탕으로 수를 이해하여 크기를 비교할 수 있도록 지도해 주세요.

5-2 35와 3□의 10개씩 묶음의 수가 3으로 같으므로 낱개의 수를 비교하면 5는 □보다 큽니다. 즉, □는 5보다 작습니다. 0부터 9까지의 수 중에서 5보다 작은 수는 0, 1, 2, 3, 4이므로 □ 안에 들어갈 수 있는 수는 0, 1, 2, 3, 4입니다.

해결 전략

5는 □보다 커요. ➡ □는 5보다 작아요.

지도 가이드

□ 안에 들어갈 수 있는 수를 구하는 것이므로 □가 어떤 수보다 크거나 작은지로 표현할 수 있도록 지도해 주세요.

5-3 1□, 16, 19의 10개씩 묶음의 수가 1로 같으므로 낱개의 수를 비교하면 □는 6보다 크고 9보다 작습니다. 0부터 9까지의 수 중에서 6보다 크고 9보다 작은 수는 7, 8이므로 모두 2개입니다.

6-1 10씩 뛰어 세면 낱개의 수는 변하지 않으므로 낱개의 수는 모두 9이고 첫째 수는 19입니다.
19부터 10씩 뛰어 세면 10개씩 묶음의 수가 1씩 커지므로 19－29－39－49입니다.

보충 개념

1, 2, 3, 4, ...와 같이 세는 것은 수의 순서대로 세는 것이기도 하지만 1씩 뛰어 세는 것으로도 생각할 수 있어요. 즉, 1씩 뛰어 세면 수가 1씩 커져요. 따라서 10씩 뛰어 세면 수는 10씩 커지게 되므로 10개씩 묶음의 수가 1씩 커지게 돼요. 이때 낱개의 수는 변하지 않아요.

6-2 첫째 수의 낱개의 수가 5이고 여기서 5 뛰어 센 수는 낱개의 수가 0이 되므로 둘째 수의 □ 안에 알맞은 수는 0입니다. 20부터 거꾸로 5 뛰어 센 수는 15이므로 첫째 수의 □ 안에 알맞은 수는 1입니다.
낱개의 수가 0이 되고 10개씩 묶음의 수가 1 커집니다.
20부터 5씩 뛰어 세면 5씩 커지므로 20－25－30입니다.

6-3 둘째 수의 낱개의 수가 6이고 2씩 뛰어 센 것이므로 첫째 수의 낱개의 수는 6보다 2만큼 더 작은 수인 4입니다. 셋째 수의 낱개의 수는 6보다 2만큼 더 큰 수인 8입니다. 넷째 수의 낱개의 수는 8보다 2만큼 더 커지는데 8보다 2만큼 더 큰 수는 10이므로 넷째 수의 낱개의 수는 0이 되고 10개씩 묶음의 수가 1 커집니다. 넷째 수의 10개씩 묶음의 수인 4는 셋째 수의 10개씩 묶음의 수보다 1 커진 것이므로 셋째 수의 10개씩 묶음의 수는 3이 됩니다.
따라서 네 수는 34, 36, 38, 40입니다.

7-1 (1) 14
↓ 10만큼 더 큰 수
24
↓ 10만큼 더 큰 수
34 → 35 → 36 (1만큼 더 큰 수, 1만큼 더 큰 수)
↑ 10만큼 더 작은 수
26

(2) 29 → 28 → 27 → 26 (1만큼 더 작은 수, 1만큼 더 작은 수, 1만큼 더 작은 수)
↓ 10만큼 더 큰 수
36
↓ 10만큼 더 큰 수
46 → 45 (1만큼 더 작은 수)

해결 전략

- 10만큼 더 작은 수: 10개씩 묶음의 수가 1 작아집니다.
- 1만큼 더 작은 수: 낱개의 수가 1 작아집니다.
- 10만큼 더 큰 수: 10개씩 묶음의 수가 1 커집니다.
- 1만큼 더 큰 수: 낱개의 수가 1 커집니다.

LEVEL UP TEST

115~118쪽

1 35, 41 **2** 40마리 **3** 12명 **4** 3개 **5** 12, 21, 30 **6** 3, 3, 2, 4, 3, 6
7 5개 **8** 8개 **9** 25개
10 (1)

20	21	
	27	
	33	34

(2)

28	29	30
		36
		42

11 1 / 3, 4 **12** 15번

1 접근 ≫ 나열된 수의 규칙을 알아봅니다.

주어진 수들을 수직선에서 살펴보면 다음과 같습니다.

따라서 26부터 시작하여 3씩 커지는 규칙입니다.
32보다 3만큼 더 큰 수 ➡ 35 38보다 3만큼 더 큰 수 ➡ 41

해결 전략

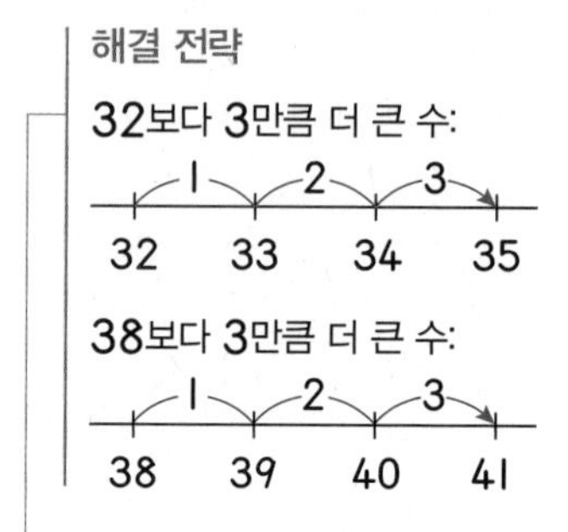

2 접근 ≫ 생선 두 두름은 10마리씩 묶음이 몇 개인지 생각해 봅니다.

생선 한 두름은 10마리씩 묶음 2개입니다.
생선 두 두름은 10마리씩 묶음 4개이므로 40마리입니다.

3 접근 ≫ 34와 47 사이에 있는 수를 세어 봅니다.

34와 47 사이에 있는 수는 35, 36, 37, 38, 39, 40, 41, 42, 43, 44, 45, 46입니다.
따라서 영호와 지형이 사이에는 12명이 서 있습니다.

주의
34와 47 사이에 있는 수에 34와 47은 포함되지 않아요.

서술형

108쪽 1번의 변형 심화 유형

4 접근 ≫ 30보다 크고 40보다 작은 수의 10개씩 묶음의 수를 생각해 봅니다.

예 30보다 크고 40보다 작은 수를 만들려면 10개씩 묶음의 수가 3이 되어야 합니다.
따라서 10개씩 묶음의 수가 3인 몇십몇을 만들면 31, 32, 34이므로 모두 3개입니다.

채점 기준	배점
30보다 크고 40보다 작은 수의 10개씩 묶음의 수를 알았나요?	2점
조건을 만족하는 수는 모두 몇 개인지 구했나요?	3점

다른 풀이

만들 수 있는 몇십몇은 12, 13, 14, 21, 23, 24, 31, 32, 34, 41, 42, 43입니다.
이 중에서 30보다 크고 40보다 작은 수는 31, 32, 34로 모두 3개입니다.

5

110쪽 3번의 변형 심화 유형

접근 ≫ 10개씩 묶음의 수와 낱개의 수의 합이 3이 되는 경우를 먼저 생각해 봅니다.

10개씩 묶음의 수와 낱개의 수의 합이 3이 되는 경우는 0과 3, 1과 2, 2와 1, 3과 0입니다. 이 중 몇십몇으로 나타낼 수 있는 수는 12, 21, 30입니다.

해결 전략
몇십몇으로 나타내려면 10개씩 묶음의 수가 반드시 0보다 커야 해요.

6

113쪽 6번의 변형 심화 유형

접근 ≫ 10개씩 묶음의 수에 들어갈 수와 낱개의 수에 들어갈 수를 나누어 생각해 봅니다.

첫째 수의 낱개의 수가 0이고, 2씩 뛰어 세었으므로 낱개의 수는 0−2−4−6입니다.
10개씩 묶음의 수는 변하지 않으므로 모두 3입니다.

서술형 7

접근 ≫ 감 35개를 한 줄에 10개씩 끼우면 몇 줄과 낱개 몇 개가 되는지 구합니다.

예 감을 한 줄에 10개씩 끼워 4줄을 만들려면 40개가 있어야 합니다. 감 35개를 한 줄에 10개씩 끼우면 10개씩 3줄과 낱개 5개입니다. 감이 5개 더 있으면 10개씩 4줄과 낱개 0개가 됩니다.
따라서 감이 최소한 5개 더 있으면 4줄을 만들 수 있습니다.

채점 기준	배점
감 35개를 한 줄에 10개씩 끼우면 10개씩 몇 줄과 낱개 몇 개인지 구했나요?	3점
감이 최소한 몇 개 더 있으면 4줄을 만들 수 있는지 구했나요?	2점

해결 전략
35에서 40이 되려면 오른쪽으로 5칸 가야 해요.
35 36 37 38 39 40

다른 풀이

감을 한 줄에 10개씩 끼워 4줄을 만들려면 40개가 있어야 합니다.
감이 35개 있으므로 감이 5개 더 있으면 40개가 됩니다.

8

접근 ≫ 빨간 구슬과 파란 구슬이 모두 14개가 되도록 14를 가르기해 봅니다.

14를 가르기하여 빨간 구슬이 파란 구슬보다 더 많은 경우를 알아봅니다.

빨간 구슬의 수(개)	13	12	11	10	9	8
파란 구슬의 수(개)	1	2	3	4	5	6

이 중 빨간 구슬이 파란 구슬보다 2개 더 많은 경우를 찾습니다.
따라서 빨간 구슬은 8개, 파란 구슬은 6개입니다.

해결 전략
빨간 구슬이 파란 구슬보다 2개 더 많은 경우를 모두 따져서 풀어도 되지만 14를 가르기하여 빨간 구슬이 파란 구슬보다 2개 더 많은 경우를 찾는 것이 쉬워요.

9 접근 ≫ 12개를 10개씩 1봉지와 낱개 2개로 생각해 봅니다.

동생에게 준 사탕 12개는 10개씩 1봉지와 낱개 2개와 같습니다. 이것을 진경이가 산 사탕 수에서 덜어 내면 10개씩 $3-1=2$(봉지)와 낱개 $7-2=5$(개)가 남습니다.
따라서 진경이에게 남은 사탕은 25개입니다.

다른 풀이

진경이가 산 사탕 수: 10개씩 3봉지와 낱개 7개
동생에게 준 사탕 수: 10개씩 1봉지와 낱개 2개
남은 사탕 수: 10개씩 $3-1=2$(봉지)와 낱개 $7-2=5$(개) ➡ 25개

해결 전략
10개씩 봉지 수의 차와 낱개 수의 차를 각각 구해 보세요.

10 접근 ≫ 수 배열표의 규칙을 알아봅니다.

오른쪽으로 1칸 갈 때마다 1씩 커지고, 아래쪽으로 1칸 갈 때마다 6씩 커집니다.
(1) 27의 위 칸은 27보다 6만큼 더 작은 수인 21이고, 21의 왼쪽 칸은 21보다 1만큼 더 작은 수인 20입니다.
27의 아래 칸은 27보다 6만큼 더 큰 수인 33이고, 33의 오른쪽 칸은 33보다 1만큼 더 큰 수인 34입니다.
(2) 36의 위 칸은 36보다 6만큼 더 작은 수인 30이고, 30에서 왼쪽으로 1칸 갈 때마다 1씩 작아집니다.
36의 아래 칸은 36보다 6만큼 더 큰 수인 42입니다.

해결 전략

1씩 커져요.

13	14	15	16	17	18
19	20	21	22	23	24
25	26	27	28	29	30

6씩 커져요.
6개의 칸으로 되어 있으므로 아래쪽으로 내려갈수록 6씩 커져요.

112쪽 5번의 변형 심화 유형

11 접근 ≫ 재웅이가 만든 도자기의 수를 이용하여 성진이가 만든 도자기의 수를 먼저 구해 봅니다.

• 재웅이는 도자기를 성진이보다 많이 만들었으므로 32는 3■보다 큽니다.
➡ ■에 들어갈 수 있는 수는 1입니다.
• 재웅이는 도자기를 미연이보다 적게 만들었으므로 32는 ●6보다 작습니다.
➡ ●에 들어갈 수 있는 수는 3, 4입니다.

보충 개념
32는 3■보다 커요.
➡ 10개씩 묶음의 수가 같으므로 2는 ■보다 커요.
■는 2보다 작아요.

해결 전략
문제의 조건에서 ■, ●는 1부터 4까지의 수라고 했으므로 ■는 0이 될 수 없어요.

12 접근 ≫ 10개씩 묶음의 수에 4를 쓰는 경우와 낱개의 수에 4를 쓰는 경우로 나누어 생각해 봅니다.

1부터 50까지의 수를 한 번씩 모두 썼을 때 10개씩 묶음의 수에 4를 쓰는 경우는
④0, ④1, ④2, ④3, ④4, ④5, ④6, ④7, ④8, ④9이고,
낱개의 수에 4를 쓰는 경우는 ④, 1④, 2④, 3④, 4④입니다.
따라서 숫자 4는 모두 15번 쓰게 됩니다.

보충 개념
수는 양이나 순서를 나타낸 것이고, 숫자는 수를 나타낼 때 사용하는 기호예요.

HIGH LEVEL

119쪽

1 ㉢, ㉡, ㉣, ㉤, ㉠ **2** 5개

1 접근 ≫ 10개씩 묶음의 수를 먼저 비교하고, 낱개의 수를 비교합니다.

10개씩 묶음의 수를 비교하면 가장 큰 수는 4■입니다.
그 다음으로 29와 2■를 비교하면 주어진 수 중 같은 수는 없으므로 2■에서 ■에 9가 들어갈 수 없습니다. 따라서 29가 2■보다 더 큽니다.
넷째로 큰 수는 10개씩 묶음의 수가 1인 1■이고, 가장 작은 수는 낱개의 수로만 되어 있는 ■입니다.
큰 수부터 차례로 쓰면 4■, 29, 2■, 1■, ■입니다.

해결 전략
10개씩 묶음의 수를 비교하여 가장 큰 수 4■와 가장 작은 수 ■를 찾을 수 있어요.

다른 풀이

10개씩 묶음의 수를 비교하여 큰 수부터 차례로 씁니다.
㉢ 4■ ➡ ㉡ 29, ㉣ 2■ ➡ ㉤ 1■ ➡ ㉠ ■
㉡ 29와 ㉣ 2■에서 ■에 9가 들어갈 수 없으므로 29가 더 큽니다.
따라서 큰 수부터 차례로 쓰면 ㉢ 4■, ㉡ 29, ㉣ 2■, ㉤ 1■, ㉠ ■입니다.

2 접근 ≫ 40부터 0이 될 때까지 8씩 거꾸로 뛰어 세어 봅니다.

사과를 남김없이 8개씩 담을 때 필요한 상자 수는 40부터 0이 될 때까지 8씩 거꾸로 뛰어 센 횟수와 같습니다.

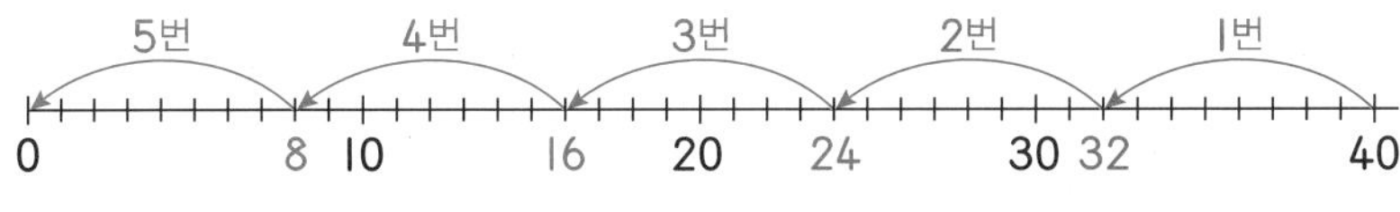

따라서 상자는 5개 필요합니다.

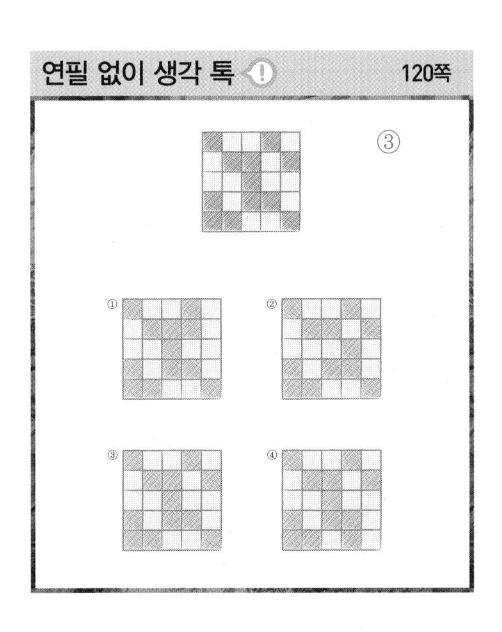

교내 경시 1단원 9까지의 수

01 혜미	02 둘째, 셋째, 넷째	03 5	04 토끼, 1마리	05 ㉢, ㉠	06 5
07 ( )(○)( )		08 5개	09 2살	10 일곱째	11 7장
12 4개	13 4, 5	14 7개, 5개	15 8명	16 3마리	17 3개
18 7명	19 2개	20 은정이네 집			

1 접근 ≫ 앞에서부터 순서를 따져 봅니다.

앞에서부터 첫째, 둘째, 셋째, 넷째, 다섯째로 짚어 가며 순서를 알아봅니다.

첫째 – 둘째 – 셋째 – 넷째 – 다섯째
(재진) (윤창) (민경) (민규) (혜미)

따라서 앞에서 다섯째로 달리고 있는 사람은 혜미입니다.

2 접근 ≫ 알에서 닭이 되는 과정을 생각해 봅니다.

알에서(첫째) 깨어난 다음(둘째) 병아리가 되고,(셋째) 닭이 되는(넷째) 과정을 순서대로 써 봅니다.

보충 개념
수의 순서
1 – 2 – 3 – 4
(첫째) (둘째) (셋째) (넷째)

3 접근 ≫ 그림에서 사과의 수를 세어 봅니다.

사과를 세어 보면 4개입니다. 4보다 1만큼 더 큰 수는 4 바로 뒤의 수인 5입니다.

지도 가이드
그림 속 사과의 수를 먼저 센 다음 수의 순서를 바탕으로 하나 더 많은 수를 알아보도록 지도해 주세요.

4 접근 ≫ 그림에서 토끼의 수와 다람쥐의 수를 각각 세어 봅니다.

토끼는 7마리, 다람쥐는 6마리입니다.

토끼의 수와 다람쥐의 수를 각각 ○로 나타내고 하나씩 짝지어 봅니다.

토끼: ○ ○ ○ ○ ○ ○ ○
다람쥐: ○ ○ ○ ○ ○ ○

➡ 토끼의 ○가 1개 남으므로 토끼가 다람쥐보다 1마리 더 많습니다.

해결 전략
하나씩 짝지었을 때, 남는 쪽이 더 큰 수예요.

5 접근 ≫ 모두 수로 나타낸 다음 수의 순서대로 써 봅니다.

나타내는 수를 알아보면 ㉠ 4, ㉡ 7, ㉢ 9, ㉣ 5입니다.

해결 전략
수를 표현하는 방법이 여러 가지이므로 한 가지 표현으로 나타낸 후 비교해 보세요.

수를 순서대로 쓰면 4, 5, 7, 9이므로 맨 뒤의 수인 9가 가장 큰 수이고, 맨 앞의 수인 4가 가장 작은 수입니다.
따라서 나타내는 수가 가장 큰 것은 ㉢, 가장 작은 것은 ㉠입니다.

보충 개념
수를 순서대로 썼을 때 맨 앞의 수는 가장 작은 수, 맨 뒤의 수는 가장 큰 수예요.

6 접근 » 수 카드의 수를 작은 수부터 순서대로 써 봅니다.

수를 작은 수부터 순서대로 쓰면 1−2−5−6−9입니다.
따라서 왼쪽에서 셋째에 오는 수는 5입니다.

보충 개념
기준이 되는 곳부터 차례로 첫째, 둘째, 셋째, ...로 순서를 따져요.

7 접근 » 6보다 1만큼 더 작은 수, 7보다 1만큼 더 큰 수, 8보다 1만큼 더 작은 수를 먼저 구합니다.

• 6보다 1만큼 더 작은 수: 5
• 7보다 1만큼 더 큰 수: 8
• 8보다 1만큼 더 작은 수: 7

5, 8, 7을 순서대로 쓰면 5, 7, 8이므로 가장 큰 수는 맨 뒤에 있는 8입니다.
따라서 7보다 1만큼 더 큰 수에 ○표 합니다.

해결 전략
가장 큰 수를 찾기 전에 각각의 수를 먼저 구해야 해요.

8 접근 » 6보다 1만큼 더 작은 수를 알아봅니다.

6보다 1만큼 더 작은 수는 5이므로 지우가 가지고 있는 구슬은 5개입니다.

보충 개념
6보다 1만큼 더 작은 수는 6 바로 앞의 수예요.

9 접근 » 수진이의 나이와 명환이의 나이를 그림을 그려 하나씩 짝지어 봅니다.

수진이의 나이와 명환이의 나이를 각각 ○로 나타내고 하나씩 짝지어 봅니다.
수진: ○ ○ ○ ○ ○ ○ ○
명환: ○ ○ ○ ○ ○ ○ ○ ○ ○
➡ 명환이의 ○가 2개 남으므로 명환이가 2살 더 많습니다.

해결 전략
하나씩 짝지었을 때, 남는 쪽이 더 큰 수예요.

10 접근 » 위에서 셋째에 있는 쌓기나무를 표시해 봅니다.

위에서 셋째에 있는 쌓기나무는 아래에서 일곱째에 있는 쌓기나무와 같습니다.

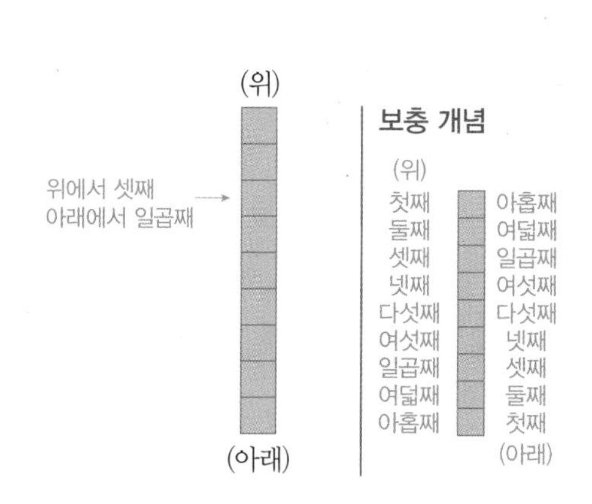

11 접근 ≫ 정은이가 처음에 가지고 있던 칭찬 붙임딱지에서 몇 장이 늘어나고 줄어들었는지 생각해 봅니다.

정은이가 처음에 가지고 있던 칭찬 붙임딱지는 6장입니다. 어머니께서 칭찬 붙임딱지 3장을 주셨는데 그중 2장을 동생에게 주었으므로 칭찬 붙임딱지가 1장 늘어났습니다.
따라서 지금 정은이가 가지고 있는 칭찬 붙임딱지는 6장보다 하나 더 많은 7장입니다.

해결 전략
정은이가 3장을 어머니에게 받고 다시 2장을 동생에게 주었으므로 정은이의 칭찬 붙임딱지는 1장이 늘어나게 돼요.

다른 풀이

어머니께서 칭찬 붙임딱지 3장을 주셨으므로 정은이의 칭찬 붙임딱지는 6보다 3만큼 더 큰 수인 9장이 됩니다. 2장을 동생에게 주었으므로 정은이의 칭찬 붙임딱지는 9보다 2만큼 더 작은 수인 7장이 됩니다.

지도 가이드
이 문제는 처음에 가지고 있던 칭찬 붙임딱지에서 몇 장이 늘어나고 줄어들었는지를 생각하여 결과적으로 1장이 늘어났다는 것을 생각할 수 있어야 합니다. **다른 풀이**와 같이 풀어도 되지만 이는 문제의 출제 의도와는 다른 풀이 방법입니다.

12 접근 ≫ 4와 9 사이에 있는 수를 알아봅니다.

4층과 9층 사이에는 5층, 6층, 7층, 8층이 있습니다.
따라서 4층과 9층 사이에는 4개의 층이 있습니다.

해결 전략
4층과 9층 사이에 있는 층에 4층과 9층은 포함되지 않아요.

13 접근 ≫ ■는 ●보다 작습니다. ➡ ●는 ■보다 큽니다.

- 3은 □보다 작으므로 □는 3보다 큽니다.
  ➡ □ 안에 들어갈 수 있는 수는 ④, ⑤, 6, ..., 9입니다.
- □는 6보다 작습니다. ➡ □ 안에 들어갈 수 있는 수는 ⑤, ④, 3, 2, 1, 0입니다.

따라서 □ 안에 공통으로 들어갈 수 있는 수는 4, 5입니다.

해결 전략
□ 안에 들어갈 수를 구해야 하므로 '3은 □보다 작습니다.'는 '□는 3보다 큽니다.'로 고쳐서 구하면 쉬워요.

지도 가이드
□ 안에 공통으로 들어가는 수를 구하는 문제는 각각의 조건을 만족하는 수를 찾은 다음 공통으로 들어간 수가 무엇인지 알 수 있도록 지도해 주세요.

14 접근 ≫ 정우의 딱지 수를 이용하여 상민이가 가지고 있는 딱지 수, 혜진이가 가지고 있는 딱지 수를 구합니다.

문제 분석 | 정우는 딱지 6개를 가지고 있습니다. 상민이는 정우가 가진 딱지보다 하나 더 많이(❶ 상민이가 가진 딱지 수), 혜진이는 정우가 가진 딱지보다 하나 더 적게(❷ 혜진이가 가진 딱지 수) 가지고 있습니다. 상민이와 혜진이가 가지고 있는 딱지는 각각 몇 개일까요?

보충 개념
6개보다 하나 더 많은 수는 6 바로 뒤의 수이고, 하나 더 적은 수는 6 바로 앞의 수예요.

❶ 상민이는 정우가 가진 딱지보다 하나 더 많이 가지고 있으므로 6보다 1만큼 더 큰 수인 7개의 딱지를 가지고 있습니다.
❷ 혜진이는 정우가 가진 딱지보다 하나 더 적게 가지고 있으므로 6보다 1만큼 더 작은 수인 5개의 딱지를 가지고 있습니다.

15 접근 ≫ 그림을 그려서 해결해 봅니다.

소영이는 앞에서 넷째이므로 소영이 앞에 3명이 있고, 뒤에서 다섯째이므로 소영이 뒤에 4명이 있습니다. 그림으로 나타내면 오른쪽과 같습니다.
따라서 소영이네 모둠은 모두 8명입니다.

앞에서 넷째
(앞) ○○○●○○○○ (뒤)
소영
뒤에서 다섯째

해결 전략
수의 순서를 정할 때에는 첫째가 되는 기준이 어디인지 알아야 해요.

16 접근 ≫ 참새와 비둘기의 다리가 몇 개씩인지 알아봅니다.

참새와 비둘기의 다리는 2개씩입니다. 비둘기는 1마리 있으므로 먼저 비둘기의 다리 수만큼 ○를 그린 다음 전체가 8개가 되도록 ●를 2개씩 그립니다.
(○○)(●●)(●●)(●●)
따라서 참새는 3마리 있습니다.

해결 전략
참새의 다리는 2개이므로 참새의 다리가 6개가 되려면 참새는 3마리가 있어야 해요.

17 접근 ≫ 딸기 맛 사탕이 포도 맛 사탕보다 2개 더 많으므로 딸기 맛 사탕의 수가 포도 맛 사탕의 수보다 2만큼 더 큰 수입니다.

딸기 맛 사탕과 포도 맛 사탕을 하나씩 짝지었을 때 딸기 맛 사탕이 2개 남는 경우 중에서 사탕이 8개가 되는 경우를 알아봅니다.
포도 맛: ○ ○ ○
딸기 맛: ○ ○ ○ ○ ○
따라서 딸기 맛 사탕은 5개, 포도 맛 사탕은 3개입니다.

해결 전략
포도 맛 사탕의 수가 1인 경우부터 생각해 보세요.

포도 맛		딸기 맛
1	2만큼 더 큰 수 →	3
2	→	4
3	→	5

18 접근 ≫ 거꾸로 생각하여 5명이 타기 전의 승객 수를 먼저 구합니다.

5명이 타기 전의 승객 수는 8보다 5만큼 더 작은 수이므로 3명입니다.
4명이 내리기 전의 승객 수는 3보다 4만큼 더 큰 수이므로 7명입니다.
따라서 처음 버스에 타고 있던 승객은 7명입니다.

해결 전략
'4명이 내리고'
→ 4만큼 더 작은 수
'5명이 타서'
→ 5만큼 더 큰 수

다른 풀이
처음 버스에 몇 명이 타고 있었는데 정류장에서 4명이 내리고 5명이 탔으므로 버스 안의 승객은 1명 늘어났습니다. 따라서 처음 버스에 타고 있던 승객은 8보다 1만큼 더 작은 수인 7명입니다.

지도 가이드

이 문제는 11번과 같은 유형의 문제입니다. 하지만 여기서는 처음 버스에 타고 있던 승객의 수를 모르므로 11번과 같이 해결하기 어려울 수 있습니다. 이런 경우 거꾸로 생각하여 5명이 타기 전 승객의 수를 먼저 구하고, 4명이 내리기 전 승객의 수를 차례로 구할 수 있도록 지도해 주세요.

서술형 19 접근 » 1과 8 사이에 있는 수 중에서 5보다 큰 수를 찾습니다.

예 1과 8 사이에 있는 수는 2, 3, 4, 5, 6, 7입니다. 이 중에서 5보다 큰 수는 6, 7이므로 모두 2개입니다.

채점 기준	배점
1과 8 사이에 있는 수를 모두 찾았나요?	2점
1과 8 사이에 있는 수 중에서 5보다 큰 수는 모두 몇 개인지 구했나요?	3점

보충 개념
1과 8 사이에 있는 수에 1과 8은 포함되지 않아요.

서술형 20 접근 » 오른쪽에서 둘째에 있는 수를 먼저 알아봅니다.

예 오른쪽에서 둘째에 있는 수를 알아보면 선영이네 집은 8, 은정이네 집은 2입니다. 따라서 2가 8보다 작으므로 오른쪽에서 둘째에 있는 수가 더 작은 것은 은정이네 집 전화번호입니다.

채점 기준	배점
오른쪽에서 둘째에 있는 수를 각각 찾았나요?	2점
오른쪽에서 둘째에 있는 수가 더 작은 것은 누구네 집 전화번호인지 구했나요?	3점

해결 전략
기준이 되는 곳이 어디인지 생각하여 첫째, 둘째, ...로 순서를 따지세요.

교내 경시 2단원 여러 가지 모양

01 (선 잇기)
02  모양
03 ㉡, ㉣
04 ㉠, ㉥
05 ㉢, ㉤
06 
07 ㉠
08 2개, 4개, 1개
09 ㉠, ㉢
10 ㉠
11 ①, ②
12 ㈏
13
14 예 휴대전화, 동화책, 전자레인지
15 
16  모양
17 3개
18 2개
19 모양
20 예 가장 많이 사용한 모양은 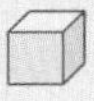 모양입니다. 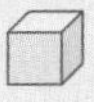 모양의 특징은 '평평한 부분과 뾰족한 부분이 있습니다.', '잘 굴러가지 않습니다.' 등이 있습니다.

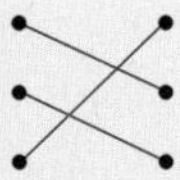

1 접근 » 모양을 보고 모양의 특징을 생각해 봅니다.

모양: 평평한 부분만 있어서 잘 쌓을 수 있지만 잘 굴러가지 않습니다.

모양: 평평한 부분과 둥근 부분이 있어서 세우면 쌓을 수 있고 눕히면 잘 굴러갑니다.

모양: 둥근 부분만 있어서 쌓을 수 없지만 모든 방향으로 잘 굴러갑니다.

2 접근 ≫ , 모양의 특성을 생각해 보고 자동차 바퀴로 알맞은 모양을 찾아봅니다.

자동차 바퀴는 잘 굴러야 하므로 둥근 부분이 있어야 합니다.
모양은 둥근 부분이 없고 평평한 부분만 있어서 자동차 바퀴로 알맞지 않습니다.
모양은 눕히면 둥근 부분으로 잘 굴러가므로 바퀴 부분으로 사용하기에 알맞습니다.

보충 개념
모양: 평평한 부분과 뾰족한 부분이 있어요.
모양: 평평한 부분과 둥근 부분이 있어요.

3 접근 ≫ , , 모양의 특징을 생각해 봅니다.

모양은 둥근 부분이 없고, , 모양은 둥근 부분이 있습니다.
따라서 둥근 부분이 없는 모양은 ㉡, ㉣입니다.

해결 전략
모양: ㉡, ㉣
모양: ㉠, ㉥
모양: ㉢, ㉤

4 접근 ≫ , , 모양에 평평한 부분이 각각 몇 개 있는지 생각해 봅니다.

평평한 부분이 2개인 모양은 모양이므로 ㉠, ㉥입니다.

보충 개념
, , 모양의 평평한 부분의 수
모양: 6개, 모양: 2개, 모양: 0개

5 접근 ≫ 모든 방향으로 잘 굴러가려면 모양이 어떠해야 하는지 생각해 봅니다.

모든 방향으로 잘 굴러가는 모양은 모양이므로 ㉢, ㉤입니다.

보충 개념
모양은 둥근 부분이 없어서 잘 굴러가지 않아요.
모양은 눕히면 둥근 부분으로 잘 굴러가요.

지도 가이드
3~5번 문제는 모양의 특징에 따라 분류하는 것이므로 모양과 크기가 정확히 같지 않아도 같은 모양으로 분류하도록 지도해 주세요.

6 접근 ≫ , , 모양 중 사용하지 않은 모양을 찾아봅니다.

모양 3개, 모양 4개를 사용하여 만든 모양입니다.
따라서 사용하지 않은 모양은 모양입니다.

해결 전략
과 모양은 모두 모양이에요.

7 접근 ≫ 위에서 본 모양을 그려 봅니다.

위에서 본 모양을 그려 보면 ㉠ → , ㉡ → , ㉢ → 입니다.
따라서 위에서 본 모양이 다른 하나는 ㉠입니다.

8 **접근 ≫ 직육면체, 원기둥, 공 모양을 각각 몇 개 사용했는지 세어 봅니다.**

상자 모양 2개, 원기둥 모양 4개, 공 모양 1개로 만든 것입니다.

해결 전략
손으로 짚어 가며 세거나 X, V, ○ 등으로 표시하면서 세면 중복되지 않고 빠짐없이 셀 수 있어요.

9 **접근 ≫ 모양의 일부분을 보고 전체 모양을 생각해 봅니다.**

뾰족한 부분과 평평한 부분이 있으므로 상자 모양의 일부분입니다.

상자 모양은 둥근 부분이 없고, 잘 굴러가지 않습니다.

해결 전략
ⓛ과 ⓡ은 공 모양의 특징이에요.

10 **접근 ≫ 상자, 원기둥, 공 모양을 옆에서 본 모양을 생각해 봅니다.**

• ㉠을 옆에서 본 모양: ○ • ㉡, ㉢을 옆에서 본 모양: □

지도 가이드
상자, 원기둥, 공 모양을 위, 앞, 옆에서 본 모양을 머릿속으로 생각하기 힘들 수 있습니다.
그런 경우 주변에서 상자, 원기둥, 공 모양을 찾아 직접 관찰해 볼 수 있도록 지도해 주세요.

보충 개념
상자, 원기둥, 공 모양을 위, 앞, 옆에서 본 모양

위 / 옆 / 앞

11 **접근 ≫ 상자, 원기둥, 공 모양 중 한 방향으로만 잘 굴러가는 모양이 무엇인지 생각해 봅니다.**

한 방향으로만 잘 굴러가는 모양은 원기둥 모양입니다.

원기둥 모양은 ① 쿠키 상자, ② 저금통입니다.

보충 개념
상자 모양: 잘 굴러가지 않아요.
원기둥 모양: 눕혀서 굴리면 잘 굴러가요.(한 방향으로만 잘 굴러가요.)
공 모양: 어느 방향으로도 잘 굴러가요.

12 **접근 ≫ ㈎와 ㈏에 사용된 모양의 수를 각각 알아봅니다.**

㈎ 상자 모양: 3개, 원기둥 모양: 5개, 공 모양: 2개

㈏ 상자 모양: 3개, 원기둥 모양: 4개, 공 모양: 2개

해결 전략
빠트리거나 여러 번 세지 않도록 손으로 짚어 가며 세거나 X, V, ○ 등으로 표시하면서 세어요.

13 **접근 ≫ 어떤 규칙으로 늘어놓았는지 생각해 봅니다.**

공, 원기둥, 상자 모양이 반복되는 규칙입니다.

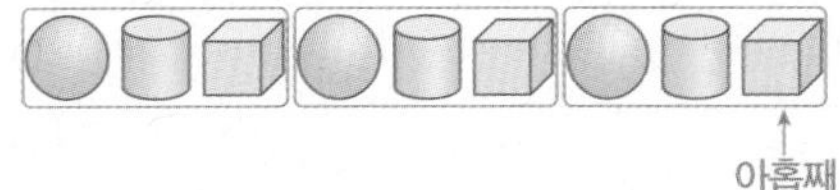

따라서 아홉째에 놓을 모양은 상자 모양입니다.

14 접근 » 설명하는 모양이 , , 모양 중에서 어떤 모양인지 생각해 봅니다.

어느 방향으로도 잘 굴러가지 않는 모양은 모양입니다.
모양의 물건은 휴대전화, 동화책, 전자레인지 등이 있습니다.

15 접근 » , , 모양 중 설명하는 모양이 무엇인지 알아봅니다.

- 분필과 같은 모양은 모양입니다.
- 잘 쌓을 수 있는 모양은 , 모양입니다.
- 상자와 같은 모양은 모양입니다.
- 평평한 부분이 6개인 모양은 모양입니다.

따라서 설명하는 모양이 아닌 것은 모양입니다.

지도 가이드

, , 모양의 특징을 생각해 보고, 문제에서 설명하는 모양이 무엇인지 찾을 수 있도록 지도해 주세요.

보충 개념

모양: 평평한 부분과 뾰족한 부분이 있어요. 잘 쌓을 수 있어요. 잘 굴러가지 않아요.
모양: 평평한 부분과 둥근 부분이 있어요. 세우면 쌓을 수 있고, 눕히면 잘 굴러가요.
모양: 모든 부분이 둥글어 어느 방향으로도 잘 굴러가고, 쌓을 수 없어요.

16 접근 » 손으로 짚거나 연필로 표시하며 사용한 모양의 수를 세어 봅니다.

왼쪽과 오른쪽 모양을 만드는 데 사용한 , , 모양을 알아보면

모양: 6개, 모양: 9개, 모양: 7개입니다.

따라서 가장 많이 사용한 모양은 모양입니다.

해결 전략

각각의 모양을 만드는 데 사용한 , , 모양의 수를 구하는 것이 아니라 두 모양을 만드는 데 사용한 , , 모양의 수를 비교하는 거예요.

17 접근 » 가장 많이 사용한 모양의 수가 가장 적게 사용한 모양의 수보다 얼마만큼 더 큰 수인지 알아봅니다.

가장 많이 사용한 모양은 모양으로 9개이고, 가장 적게 사용한 모양은 모양으로 6개입니다.
따라서 모양은 모양보다 3개 더 많습니다.

지도 가이드

이 문제는 모양의 개수를 세어 몇 개 더 많은지를 구하는 문제입니다. 문제를 해결하기 위해서는 1단원에서 배운 수의 크기 비교를 알아야 합니다. 또한 3단원에서 배울 뺄셈을 이용하여 $9-6=3$(개)로 계산하는 방법도 있습니다.

보충 개념

6－7－8－9 이므로
3만큼 더 큰 수
9는 6보다 3만큼 더 큰 수예요.

18 접근 ≫ 주어진 모양을 1개 만들 때 필요한 ⬜ 모양, ⬜ 모양의 수를 먼저 구합니다.

주어진 모양을 1개 만들 때 필요한 ⬜ 모양은 4개, ⬜ 모양은 3개, ⬤ 모양은 3개이므로 주어진 모양을 2개 만들 때 필요한 ⬜ 모양은 8개($4+4=8$), ⬜ 모양은 6개($3+3=6$), ⬤ 모양은 6개($3+3=6$)입니다.

따라서 ⬜ 모양은 ⬜ 모양보다 2개($8-6=2$) 더 필요합니다.

주의
주어진 모양을 2개 만들 때 필요한 모양의 개수를 구해야 하는데 1개로 생각하여 답을 구하면 안돼요.

해결 전략
모양을 1개 만들 때 필요한 ⬜, ⬜ 모양
➡ 모양을 2개 만들 때 필요한 ⬜, ⬜ 모양
➡ ⬜ 모양보다 더 필요한 ⬜ 모양의 수

서술형
19 접근 ≫ 사용한 ⬜, ⬜, ⬤ 모양의 수를 각각 구해 봅니다.

예 사용한 모양을 알아보면 ⬜ 모양은 6개, ⬜ 모양은 5개, ⬤ 모양은 4개입니다.
따라서 ⬜ 모양보다 하나 더 적게 사용한 모양은 ⬤ 모양입니다.

채점 기준	배점
사용한 모양의 수를 각각 구했나요?	3점
⬜ 모양보다 하나 더 적게 사용한 모양은 어떤 모양인지 찾았나요?	2점

해결 전략
손으로 짚어가며 세거나 X, V, ○ 등으로 표시하면서 사용한 ⬜, ⬜, ⬤ 모양을 세어 보세요.

서술형
20 접근 ≫ 가장 많이 사용한 모양을 알아봅니다.

예 가장 많이 사용한 모양은 ⬜ 모양입니다. ⬜ 모양의 특징은 '평평한 부분과 뾰족한 부분이 있습니다.', '잘 굴러가지 않습니다.' 등이 있습니다.

채점 기준	배점
가장 많이 사용한 모양은 어떤 모양인지 찾았나요?	2점
가장 많이 사용한 모양의 특징을 두 가지 설명했나요?	3점

해결 전략
사용한 모양의 수를 세어 가장 많이 사용한 모양을 찾고, 그 모양의 특징을 써 보세요.

교내 경시 3단원 덧셈과 뺄셈

01 (선 잇기) **02** ㉢ **03** 2, 5 **04** ㉣ **05** 8, 6 **06** 4, 1, 2
07 1개 **08** 5 **09** 9, 7, 2 / 9, 2, 7
10 (왼쪽에서부터) 7, 4, 3, 1 **11** 4명 **12** 7개 **13** ㉢, ㉡, ㉠, ㉣ **14** 3가지
15 3, 4, 5, 6 **16** 4 **17** 2개 **18** 1 **19** 7개 **20** 4개

1 접근 ≫ 어떤 두 수를 더했는지 식을 살펴봅니다.

두 수를 바꾸어 더해도 합은 같습니다.
$3+6=6+3$, $2+4=4+2$, $4+1=1+4$

지도 가이드

이 문제는 덧셈을 계산하여 해결하는 문제가 아닙니다. 덧셈의 성질 중 계산 순서를 바꾸어 계산해도 그 값이 같음을 알고 있는지 확인하는 문제이니 덧셈의 성질을 이용하여 해결할 수 있도록 지도해 주세요.

보충 개념

덧셈의 계산 순서를 바꾸어 계산해도 그 값은 같아요.

예 3+2=⑤
2+3=⑤

2 접근 ≫ 두 수를 각각 모으기해 봅니다.

㉠ 6과 3을 모으기하면 9입니다. ㉡ 1과 8을 모으기하면 9입니다.
㉢ 5와 2를 모으기하면 7입니다. ㉣ 4와 5를 모으기하면 9입니다.
따라서 두 수를 모으기했을 때 모으기한 수가 다른 것은 ㉢입니다.

보충 개념

• 9 모으기
(1, 8), (2, 7), (3, 6), (4, 5), (5, 4), (6, 3), (7, 2), (8, 1)

3 접근 ≫ 5를 3과 몇으로, 8을 3과 몇으로 가르기할 수 있는지 알아봅니다.

5는 2와 3으로, 8은 3과 5로 가르기할 수 있습니다.

해결 전략

5와 8을 각각 두 수로 가르기 한 수 중에 3이 있어야 해요. 즉, 5를 3과 몇으로, 8을 3과 몇으로 가르기해야 해요.

4 접근 ≫ 주어진 덧셈과 뺄셈을 해 봅니다.

㉠ 2+3=5 ㉡ 7+0=7 ㉢ 8−2=6 ㉣ 9−1=8
따라서 계산 결과가 가장 큰 것은 ㉣입니다.

해결 전략

5, 7, 6, 8을 작은 수부터 차례로 쓰면 5, 6, 7, 8이므로 가장 큰 수는 맨 뒤의 수인 8이에요.

5 접근 ≫ 가장 큰 수와 가장 작은 수를 먼저 찾아봅니다.

가장 큰 수는 7, 가장 작은 수는 1입니다.
합: 7+1=8, 차: 7−1=6

해결 전략

합을 구할 때 가장 큰 수와 가장 작은 수의 순서는 바꾸어도 되지만, 차를 구할 때는 반드시 가장 큰 수에서 가장 작은 수를 빼야 해요.

6 접근 ≫ 주어진 수 중에서 두 수를 모으기한 다음 다른 한 수를 모으기하여 7이 되는 경우를 찾아봅니다.

4와 1을 모으기하면 5이고, 5와 2를 모으면 7입니다.
따라서 모으기하여 7이 되는 세 수는 4, 1, 2입니다.

지도 가이드

두 수를 모으기하여 7이 되는 경우를 찾는 문제가 아님을 알려주세요.

해결 전략

6은 1을 모으기하여 7이 되므로 모으기하여 7이 되는 세 수에 6을 포함할 수 없고, 5, 1, 1을 모으기하여 7이 되는데 1은 한 개 있으므로 모으기하여 7이 되는 세 수에 5도 포함할 수 없어요.

7 접근 ≫ 뺄셈식을 이용하여 남은 곶감의 수를 구해 봅니다.

현지네 가족 5명이 먹은 곶감은 5개입니다.
따라서 남은 곶감은 6−5=1(개)입니다.

해결 전략

남은 곶감의 수를 구하기 위해서는 처음에 있던 곶감의 수에서 현지네 가족이 먹은 곶감의 수를 빼야 해요.

8 접근 ≫ 두 수를 바꾸어 더해도 합은 같습니다.

두 수를 바꾸어 더해도 합은 같습니다.

➡ ● + ♥ = ♥ + ●

● + ♥ = 5이므로 ♥ + ● = 5입니다.

지도 가이드

●와 ♥에 들어갈 수를 직접 구해서 푸는 문제가 아닙니다. 덧셈의 성질 중 계산 순서를 바꾸어 계산해도 그 값이 같음을 알고 있는지를 확인하는 문제입니다.

보충 개념

예 $2+6=8$
$6+2=8$

9 접근 ≫ 가장 큰 수가 뺄셈식의 맨 앞에 들어갑니다.

7, 9, 2를 사용하여 만들 수 있는 뺄셈식은 $9-7=2$ 또는 $9-2=7$입니다.

다른 풀이

7, 9, 2로 덧셈식을 만든 다음 뺄셈식을 만듭니다.

$7+2=9$ → $9-7=2$, $9-2=7$

해결 전략

세 수 중 가장 큰 수에서 한 수를 빼면 남은 한 수가 돼요.

10 접근 ≫ 빈칸에 들어갈 수를 어떤 순서로 구해야 되는지 알아봅니다.

9는 2와 7로 가르기할 수 있으므로 ㉠은 7입니다.
7은 4와 3으로 가르기할 수 있으므로 ㉡은 4입니다.
4는 1과 3으로 가르기할 수 있으므로 ㉢은 3입니다.
3은 2와 1로 가르기할 수 있으므로 ㉣은 1입니다.

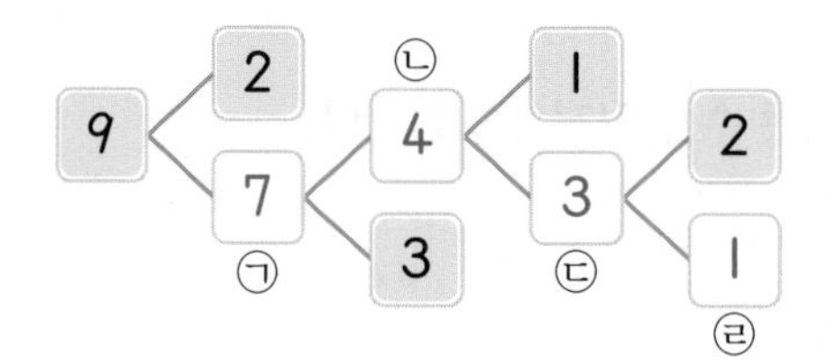

해결 전략

㉠, ㉡, ㉢, ㉣의 순서로 알맞은 수를 구해요.

11 접근 ≫ 야구의 한 팀 인원 수에서 농구의 한 팀 인원 수를 빼는 식을 만들어 봅니다.

야구의 한 팀 인원은 9명이고, 농구의 한 팀 인원은 5명이므로 야구는 농구보다 한 팀의 인원이 $9-5=4$(명) 더 많습니다.

보충 개념

두 개의 양을 비교하는 상황인 경우 뺄셈식을 만들어 해결해 보세요.

12 접근 ≫ 덧셈식으로 바구니 3개에 넣은 참외 수를 먼저 구합니다.

바구니 3개에 넣은 참외는 $2+2+2=6$(개)이고, 남은 참외가 1개이므로 참외는 모두 $6+1=7$(개)입니다.

보충 개념

• 세 수의 덧셈
두 수씩 더하여 계산해요.

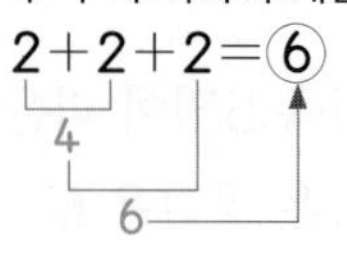

13 접근 ≫ ㉠, ㉡, ㉢, ㉣에 알맞은 수를 구합니다.

㉠ $3+\square=6$에서 $6-3=\square$, $\square=3$입니다.
㉡ $\square+5=9$에서 $9-5=\square$, $\square=4$입니다.
㉢ $\square-2=3$에서 $3+2=\square$, $\square=5$입니다.
㉣ $8-\square=6$에서 $8-6=\square$, $\square=2$입니다.
큰 수부터 차례로 쓰면 5, 4, 3, 2이므로 □ 안에 알맞은 수가 큰 것부터 차례로 기호를 쓰면 ㉢, ㉡, ㉠, ㉣입니다.

해결 전략
덧셈식과 뺄셈식의 관계를 이용하여 해결해 보세요.
$3+\square=6$
$6-3=\square$

14 접근 ≫ 4를 두 수로 가르기해 봅니다.

4는 1과 3, 2와 2, 3과 1로 가르기할 수 있습니다.
4를 가르기할 수 있는 방법은 모두 3가지이므로 나누어 가지는 방법은 모두 3가지입니다.

지도 가이드
4를 가르기할 때 1과 3, 3과 1이 서로 다른 방법임을 이해시켜 주세요.

해결 전략
소현이가 1개, 세창이가 3개를 나누어 가지는 경우와 소현이가 3개, 세창이가 1개를 나누어 가지는 경우는 다른 경우예요.

15 접근 ≫ 어떤 수를 □라 하고 식을 만들어 봅니다.

어떤 수를 □라 하면 6−□가 4보다 작은 수가 되어야 합니다.
□ 안에 0부터 수를 넣어 보면 $6-\boxed{0}=6$, $6-\boxed{1}=5$, $6-\boxed{2}=4$, $6-\boxed{3}=\underline{3}$, $6-\boxed{4}=\underline{2}$, $6-\boxed{5}=\underline{1}$, $6-\boxed{6}=\underline{0}$입니다.
따라서 어떤 수가 될 수 있는 수는 3, 4, 5, 6입니다.

다른 풀이
6−□가 4보다 작아야 하므로 6−□가 0, 1, 2, 3이 되는 경우를 생각합니다.
$6-\square=0 \rightarrow \square=6$, $6-\square=1 \rightarrow \square=5$, $6-\square=2 \rightarrow \square=4$, $6-\square=3 \rightarrow \square=3$
따라서 어떤 수가 될 수 있는 수는 3, 4, 5, 6입니다.

해결 전략
4보다 작은 수는 0, 1, 2, 3이에요.

16 접근 ≫ ●를 이용하여 ■, ▲, ★의 순서로 알맞은 수를 구해 봅니다.

●가 1이므로 ●+●+●=1+1+1=■, ■=3입니다.
■가 3이므로 ■+■=3+3=▲, ▲=6입니다.
▲가 6이므로 ▲−2=6−2=★, ★=4입니다.

17 접근 ≫ 6을 두 수로 가르기한 다음 조건에 맞는 수를 찾아봅니다.

6은 1과 5, 2와 4, 3과 3, 4와 2, 5와 1로 가르기할 수 있습니다. 이때 한 수가 다른 수보다 2만큼 더 큰 경우는 2와 4, 4와 2입니다. 은수가 동생보다 2개 더 많이 가졌으므로 은수가 가진 구슬은 4개, 동생이 가진 구슬은 2개입니다.

다른 풀이

(전체 구슬 수)=(은수가 가진 구슬 수)+(동생이 가진 구슬 수)=6입니다.
동생이 가진 구슬 수를 □라 하면 은수가 가진 구슬 수는 □+2입니다.

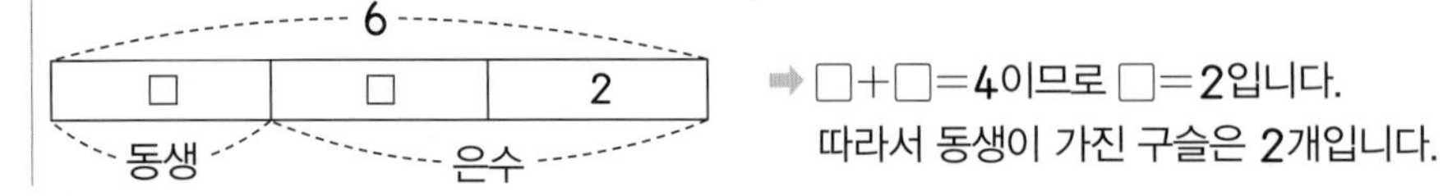

➡ □+□=4이므로 □=2입니다.
따라서 동생이 가진 구슬은 2개입니다.

지도 가이드

이 문제는 가르기, □를 이용한 식, 수의 크기 비교 등 여러 가지 방법으로 해결할 수 있습니다.
여러 가지 방법으로 생각할 수 있도록 지도해 주세요.

18 접근 ≫ 어떤 수를 □라 하여 어떤 수를 먼저 구합니다.

어떤 수를 □라 하면 □+4=9입니다. □+4=9 ➡ 9−4=□, □=5
따라서 바르게 계산하면 5−4=1입니다.

지도 가이드

어떤 수를 정답으로 쓸 수 있습니다. 바르게 계산한 결과를 구하는 문제임을 상기시켜 주세요.

해결 전략

덧셈식을 뺄셈식으로 바꾸어 해결해 보세요.
□+4=9
9−4=□

서술형

19 접근 ≫ 먼저 수영이가 먹은 땅콩의 수를 구해 봅니다.

예 유진이는 땅콩을 3개 먹었고, 수영이는 유진이보다 1개 더 많이 먹었으므로 수영이가 먹은 땅콩은 3+1=4(개)입니다.
따라서 두 사람이 먹은 땅콩은 모두 3+4=7(개)입니다.

채점 기준	배점
수영이가 먹은 땅콩의 수를 구했나요?	2점
두 사람이 먹은 땅콩의 수를 구했나요?	3점

보충 개념

덧셈으로 계산하는 상황에는 처음에 있던 양에 어떤 양만큼 더해지는 상황과 두 개의 양을 더하는 상황이 있어요.

서술형

20 접근 ≫ 현준이에게 남은 자두 맛 사탕 수와 포도 맛 사탕 수를 각각 구해 봅니다.

예 현준이에게 남은 자두 맛 사탕은 4−1=3(개)이고,
포도 맛 사탕은 6−5=1(개)입니다.
따라서 현준이에게 남은 사탕은 모두 3+1=4(개)입니다.

해결 전략

뺄셈으로 현준이에게 남은 자두 맛 사탕 수와 포도 맛 사탕 수를 각각 구한 다음, 덧셈으로 현준이에게 남은 사탕 수를 구해요.

채점 기준	배점
현준이에게 남은 자두 맛 사탕 수와 포도 맛 사탕 수를 각각 구했나요?	3점
현준이에게 남은 사탕은 모두 몇 개인지 구했나요?	2점

교내 경시 4단원 비교하기

01 솜 **02** (○)(△)( ) **03** ㉠, ㉡ **04** (○) (△) ( )
05 소정이네 집 **06** ㉢ **07** 자 **08** ㈎
09 코끼리, 사자, 오리 **10** 민규
11 성태, 유리, 상원, 지은 **12** 5개 **13** ㈐, ㈎, ㈏ **14** 다, 가, 나 **15** ㉰, ㉯, ㉮
16 민경 **17** ㈐, ㈏, ㈎ **18** 4개 **19** 대야 **20** 병호, 형우, 상미

1 접근 » 모래와 솜의 특징을 생각하여 무게를 비교해 봅니다.

모래가 솜보다 더 무거우므로 컵 속에 모래를 가득 채웠을 때와 솜을 가득 채웠을 때 솜을 넣은 컵이 더 가볍습니다.

보충 개념
무게는 크기 이외에도 물건의 여러 가지 성질에 영향을 받아요.

2 접근 » 위쪽 끝이 맞추어져 있는 경우 아래쪽 끝을 비교해 봅니다.

위쪽 끝이 맞추어져 있으므로 아래쪽 끝이 많이 내려올수록 키가 더 큽니다.

3 접근 » 주어진 컵보다 큰 그릇이 무엇인지 찾아봅니다.

주어진 컵보다 큰 그릇에 물을 더 많이 담을 수 있으므로 ㉠, ㉡입니다.

보충 개념
그릇의 크기가 클수록 물이 더 많이 들어가요.

4 접근 » 구부러진 부분을 폈을 때의 길이를 생각해 봅니다.

양쪽 끝이 맞추어져 있으므로 많이 구부러져 있을수록 폈을 때 길이가 더 깁니다.

5 접근 » 7층, 5층, 9층 중 가장 낮은 층을 생각해 봅니다.

층을 나타내는 수가 작을수록 낮은 층입니다.
7, 5, 9 중에서 가장 작은 수는 5이므로 가장 낮은 층에 있는 집은 소정이네 집입니다.

보충 개념
높이를 비교할 때에는 '높다', '낮다'로 표현해요.

6 접근 » 작은 한 칸의 칸 수를 세어 봅니다.

작은 한 칸의 크기가 같으므로 칸 수를 세어 보면 ㉠ 7칸, ㉡ 10칸, ㉢ 11칸입니다.
따라서 가장 넓은 것은 ㉢입니다.

보충 개념
작은 한 칸의 크기가 같으면 칸 수가 많을수록 더 넓어요.

7 접근 » 늘어난 고무줄의 길이를 비교하여 가장 가벼운 것을 찾아봅니다.

고무줄이 적게 늘어날수록 물건의 무게가 더 가볍습니다.
가장 적게 늘어난 것을 찾으면 되므로 가장 가벼운 것은 자입니다.

보충 개념
늘어난 고무줄의 길이를 비교하여 무거운 순서대로 쓰면 장화 → 음료수 → 포도 → 자예요.

8 접근 » 그릇의 크기와 부어야 하는 횟수 사이의 관계를 생각해 봅니다.

컵이 작으면 한 번에 부을 수 있는 양이 적으므로 붓는 횟수가 많아집니다.
따라서 물이 더 적게 들어가는 컵은 붓는 횟수가 더 많은 ㈎ 컵입니다.

9 접근 » 코끼리, 오리, 사자의 무게를 비교해 봅니다.

오리는 코끼리보다 더 가볍습니다. ➡ 코끼리는 오리보다 더 무겁습니다.
코끼리는 사자보다 더 무겁고, 사자는 오리보다 더 무거우므로 가장 무거운 동물은 코끼리이고, 가장 가벼운 동물은 오리입니다.
따라서 무거운 동물부터 차례로 쓰면 코끼리, 사자, 오리입니다.

해결 전략

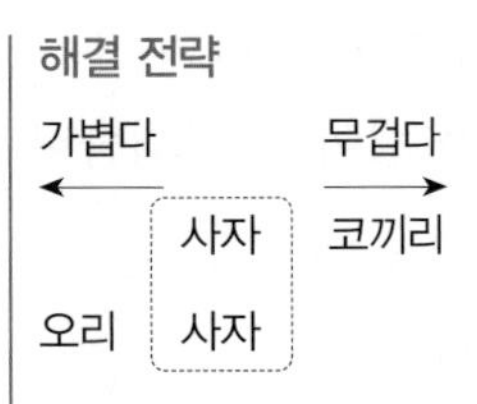

10 접근 » 키와 남은 끈의 길이 사이의 관계를 생각해 봅니다.

키가 클수록 재고 남은 끈의 길이가 짧아집니다.
따라서 남은 끈의 길이가 가장 짧은 민규가 키가 가장 크고, 남은 끈의 길이가 가장 긴 태현이가 키가 가장 작습니다.

지도 가이드
키가 클수록 재고 남은 끈의 길이가 짧아진다는 것을 알고 있는지 묻는 문제입니다. 이 문제는 남은 물의 양 비교하기(같은 주전자의 물을 여러 가지 모양의 그릇에 옮겨 담을 때, 주전자 안에 남는 물의 양 비교하기)와 같은 원리로 푸는 문제입니다.

11 접근 » 그림으로 나타내어 해결해 봅니다.

키가 작다 ← → 키가 크다

지은이는 상원이보다 키가 더 큽니다. ······ 상원 지은
성태는 유리보다 키가 더 작습니다. ······ 성태 유리

상원이는 유리보다 키가 더 크므로 키가 작은 사람부터 차례로 쓰면 성태, 유리, 상원, 지은입니다.

해결 전략

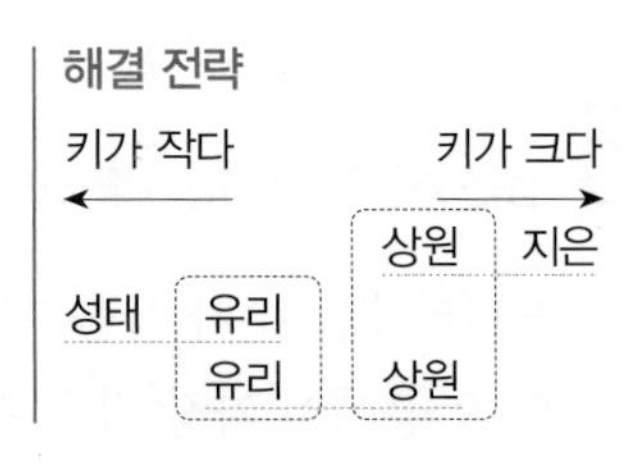

12 접근 » 구슬을 1개 넣었을 때 물의 높이가 몇 칸 올라갔는지 알아봅니다.

구슬을 1개 넣었을 때 물의 높이가 1칸 올라갔습니다. 처음 물의 높이는 눈금 5칸이고, 가장 위의 눈금까지 5칸이 남습니다.
따라서 구슬을 모두 5개 넣어야 합니다.

13 접근 » 나무 막대의 굵기와 끈의 길이 사이의 관계를 생각해 봅니다.

끈이 감긴 횟수가 2번으로 모두 같으므로 가장 가는 막대에 감긴 끈의 길이가 가장 짧습니다.
따라서 끈의 길이가 짧은 것부터 차례로 쓰면 (다), (가), (나)입니다.

해결 전략
끈의 길이는 막대의 굵기와 상관이 있고, 막대의 길이와는 상관이 없어요.

14 접근 » 문장을 읽고 그릇의 크기가 큰 순서대로 정리해 봅니다.

가 그릇에 물을 가득 채워서 나 그릇에 부으면 물이 넘치므로 가 그릇이 나 그릇보다 더 큽니다.
다 그릇의 물로 가 그릇과 나 그릇을 모두 채울 수 있으므로 다 그릇이 가장 큽니다.
따라서 그릇의 크기가 큰 순서대로 쓰면 다, 가, 나입니다.

해결 전략
그릇의 크기를 그림으로 나타내 보세요.

작다 ← 나 가 다 → 크다

15 접근 » ㉯=㉮+㉮+㉮에서 ㉮와 ㉯ 중 어느 것이 더 무거운지 생각해 봅니다.

㉯=㉮+㉮+㉮이므로 ㉯ 구슬이 ㉮ 구슬보다 더 무겁습니다.
㉮+㉯=㉰이고, ㉯=㉮+㉮+㉮이므로 ㉮+㉮+㉮+㉮=㉰입니다.
㉰ 구슬 1개는 ㉮ 구슬 4개와 무게가 같으므로 ㉰ 구슬이 가장 무겁습니다.
따라서 무거운 구슬부터 차례로 쓰면 ㉰, ㉯, ㉮입니다.

지도 가이드
저울이 수평을 이룰 때 양쪽의 무게가 같음을 이용하여 구슬의 무게를 비교할 수 있습니다.
오른쪽 저울을 통해 ㉰ 구슬이 가장 무거운 것을 알 수 있고, 왼쪽 저울을 통해 ㉮ 구슬이 가장 가벼운 것을 알 수 있습니다.

보충 개념
저울이 수평이 되려면 양쪽의 무게가 같아야 해요.

해결 전략
㉯ 구슬 1개와 ㉮ 구슬 3개의 무게가 같으려면 ㉯ 구슬 1개의 무게가 ㉮ 구슬 1개의 무게보다 무거워야 해요.

16 접근 » 잘라 만든 색종이 조각 수에 따라 끈의 길이가 어떻게 달라지는지 생각해 봅니다.

자른 색종이 한 조각의 길이는 모두 같고 민경이는 색종이 6조각을 이어 붙일 수 있고, 상욱이는 색종이 4조각을 이어 붙일 수 있습니다.
따라서 더 많은 조각을 이어 붙일 수 있는 민경이가 끈을 더 길게 만들 수 있습니다.

해결 전략
색종이를 더 많은 조각으로 자른 민경이가 상욱이보다 끈을 더 길게 만들 수 있어요.

보충 개념

똑같은 크기의 색종이를 2등분, 3등분하여 이어 붙인 경우

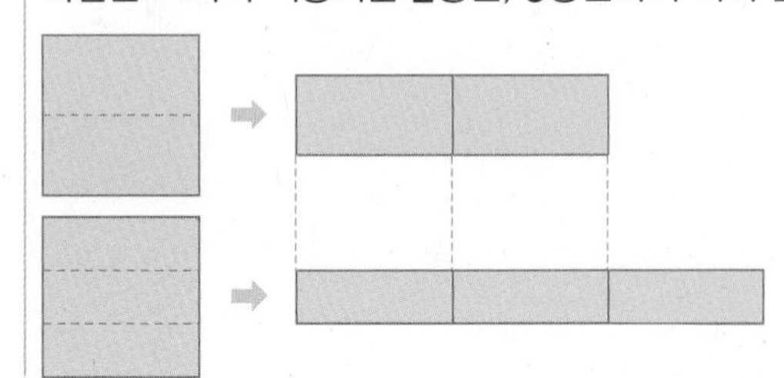

따라서 3등분하여 이어 붙인 끈이 더 길어요.

17 접근 » ■의 넓이를 1이라고 하여 각 모양의 넓이를 구해 봅니다.

■의 넓이를 1이라고 하여 각 모양의 넓이를 구합니다.

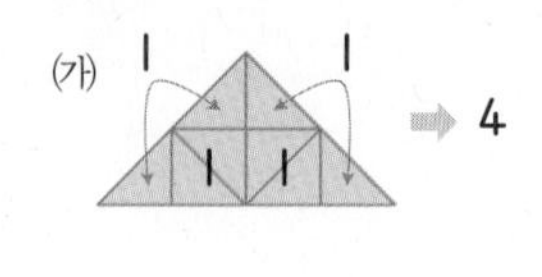

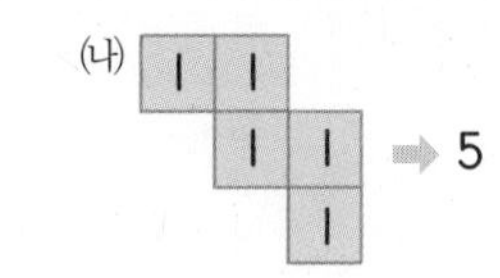

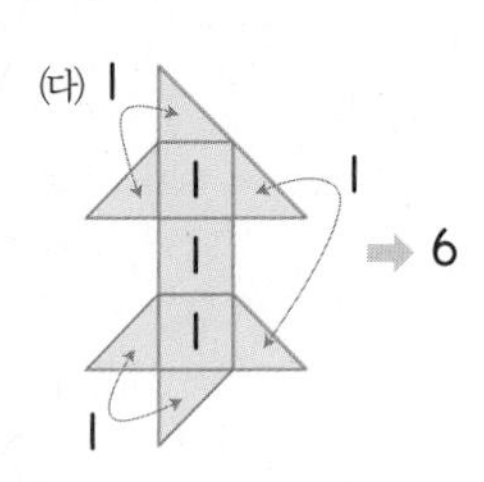

따라서 넓은 것부터 차례로 쓰면 (다), (나), (가)입니다.

해결 전략

■의 넓이를 1이라고 하면 ◢ 모양 2개의 넓이가 1이 돼요.

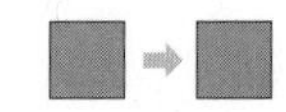

18 접근 » 상자 모양의 무게를 이용하여 원기둥 모양과 공 모양의 무게를 비교해 봅니다.

상자 = 원기둥 공 공 이고, 상자 = 원기둥 원기둥 이므로 원기둥 공 공 = 원기둥 원기둥 입니다.

원기둥 공 공 = 원기둥 원기둥 에서 원기둥 모양 1개씩을 덜어 내면 공 공 = 원기둥 이므로

공 공 = 원기둥 입니다.

상자 = 원기둥 공 공 이므로 상자 = 공 공 공 공 입니다.

따라서 상자 모양 1개의 무게는 공 모양 4개의 무게와 같습니다.

보충 개념

수평인 저울에서 같은 무게만큼 덜어 내도 저울은 수평이 돼요.

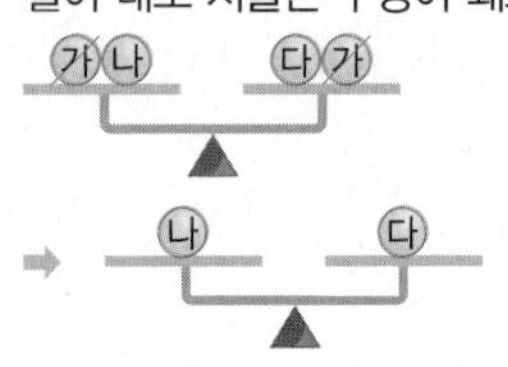

서술형 19 접근 » (가), (나), (다) 그릇의 크기를 비교해 봅니다.

예 그릇으로 부은 횟수가 같으므로 가장 작은 (다) 그릇으로 부은 물의 양이 가장 적습니다. 따라서 대야에 물을 가장 적게 담을 수 있습니다.

채점 기준	배점
(가), (나), (다) 그릇 중 물을 가장 적게 담을 수 있는 그릇을 찾았나요?	2점
냄비, 수조, 대야 중에서 물을 가장 적게 담을 수 있는 것을 찾았나요?	3점

해결 전략

그릇으로 부은 횟수가 같은 경우에는 그릇의 크기가 작을수록 부은 물의 양이 적어요.

지도 가이드

문장이 길어서 헷갈릴 수 있습니다. 냄비는 (가) 그릇, 수조는 (나) 그릇, 대야는 (다) 그릇으로 물을 채웠다는 것을 먼저 알 수 있도록 지도해 주세요.

서술형 **20** **접근 ≫ 형우, 상미, 병호의 방의 넓이를 비교해 봅니다.**

예 형우의 방은 상미의 방보다 더 넓고, 형우의 방은 병호의 방보다 더 좁으므로 방이 가장 넓은 사람은 형우, 방이 가장 좁은 사람은 상미입니다.
따라서 방이 넓은 사람부터 차례로 쓰면 병호, 형우, 상미입니다.

채점 기준	배점
방이 가장 넓은 사람과 가장 좁은 사람을 각각 찾았나요?	2점
방이 넓은 사람부터 차례로 이름을 썼나요?	3점

해결 전략

형우와 병호의 말을 그림으로 나타내 보세요.

좁다 ← → 넓다

상미 형우

형우 병호

교내 경시 5단원 50까지의 수

01 47개 **02** 32 **03** ③ **04** ㉡ **05** 현석 **06** 5권
07 47장 **08** 3상자, 6개 **09** 7 **10** ㉢ **11** 30개 **12** 0, 1
13 45개 **14** 미선 **15** 민경 **16** 40 **17** 20, 21, 22 **18** 3
19 39 **20** 12개

1 **접근 ≫ 개수가 많은 경우 10개씩 묶어서 세어 봅니다.**

구슬을 10개씩 묶어 보면 10개씩 묶음 4개와 낱개 7개로 40과 7이므로 구슬은 모두 47개입니다.

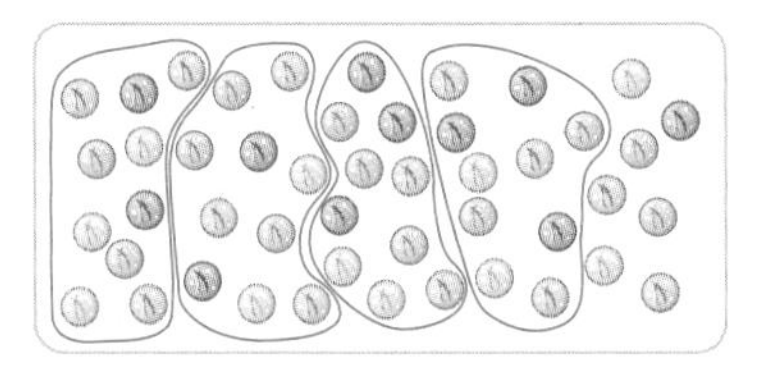

보충 개념

묶어 세기를 하면 많은 수를 빠트리지 않고 셀 수 있고, 다시 세어야 할 때 처음부터 셀 필요가 없어요.

2 **접근 ≫ 10개씩 묶음의 수를 먼저 비교하고, 낱개의 수를 비교해 봅니다.**

10개씩 묶음의 수를 비교하면 37, 32가 45보다 작습니다.
37과 32의 낱개의 수를 비교하면 32가 37보다 작으므로 가장 작은 수는 32입니다.

보충 개념

10개씩 묶음의 수가 낱개의 수보다 큰 수를 나타내기 때문이에요.
45는 40과 5, 37은 30과 7, 32는 30과 2로 나타낼 수 있어요.

3 **접근 ≫ 각각의 수를 두 가지 방법으로 읽어 봅니다.**

① 26－이십육, 스물여섯 ② 31－삼십일, 서른하나 ③ 49－사십구, 마흔아홉
④ 17－십칠, 열일곱 ⑤ 35－삼십오, 서른다섯

해결 전략

수를 읽을 때 하나, 둘, 셋, ...과 일, 이, 삼, ...을 섞어서 읽으면 안 돼요.

4 접근 ≫ 모두 수로 나타내 봅니다.

㉠ 서른넷 → 34 ㉡ 35보다 1만큼 더 큰 수 → 36
㉢ 10개씩 묶음 3개와 낱개 4개 → 30과 4 → 34 ㉣ 37보다 3만큼 더 작은 수 → 34
따라서 나타내는 수가 다른 것은 ㉡입니다.

5 접근 ≫ 35와 42 중 더 큰 수를 찾아봅니다.

10개씩 묶음의 수를 비교하면 42가 35보다 크므로 사과를 더 많이 딴 사람은 현석입니다.

보충 개념
10개씩 묶음의 수가 낱개의 수보다 더 큰 수를 나타내므로 10개씩 묶음의 수를 먼저 비교해요.

6 접근 ≫ 29보다 크고 35보다 작은 수를 알아봅니다.

29와 35 사이에 있는 수는 30, 31, 32, 33, 34이므로 29번 책과 35번 책 사이에는 책이 5권 있습니다.

해결 전략
29와 35 사이에 있는 수에 29와 35는 포함되지 않아요.

7 접근 ≫ 마흔여섯보다 1만큼 더 큰 수를 알아봅니다.

마흔여섯은 46입니다. 46보다 1만큼 더 큰 수는 47입니다.
따라서 호정이가 가지고 있는 색종이는 47장입니다.

보충 개념
1만큼 더 작은 수 1만큼 더 큰 수
45 ← 46 → 47

8 접근 ≫ 36은 10개씩 묶음 몇 개와 낱개 몇 개인지 알아봅니다.

36은 10개씩 묶음 3개와 낱개 6개입니다.
따라서 지우개 36개를 한 상자에 10개씩 담으면 3상자가 되고, 6개가 남습니다.

해결 전략
상자의 수는 묶음의 수를 나타내고, 남은 지우개의 수는 낱개의 수를 나타내요.

9 접근 ≫ 수 배열표의 가로와 세로에 배열된 수의 규칙을 찾아봅니다.

오른쪽으로 1칸 갈 때마다 1씩 커지고, 아래쪽으로 1칸 갈 때마다 5씩 커집니다.
규칙에 따라 각 칸에 수를 쓰면 ▲는 43, ■는 50입니다.

36	37	38	39	40
41	42	▲ 43	44	45
46	47	48	49	■ 50

50은 43보다 7만큼 더 큰 수입니다.

해결 전략
오른쪽으로 갈수록 1씩 커지고, 한 줄에 5칸이 있으므로 아래로 갈수록 5씩 커져요.

보충 개념

43부터 50까지 수를 순서대로 세어 보세요.

43−44−45−46−47−48−49−50

7만큼 더 큰 수

10 접근 » ㉠, ㉡, ㉢, ㉣을 수로 나타내 봅니다.

㉠ 스물아홉 → 29　　㉡ 28보다 4만큼 더 큰 수 → 32

㉢ 40보다 5만큼 더 작은 수 → 35

㉣ 10개씩 묶음 3개와 낱개 1개 → 30과 1 → 31

따라서 나타내는 수가 가장 큰 것은 ㉢입니다.

해결 전략

29, 32, 35, 31을 작은 수부터 차례로 쓰면 29, 31, 32, 35이므로 가장 큰 수는 35예요.

11 접근 » 50을 10개씩 몇 묶음으로 나타낸 다음 문제를 해결해 봅니다.

50개는 10개씩 묶음 5개이므로 10개씩 묶음 3개가 더 있어야 합니다.

10개씩 묶음 3개는 30개이므로 사탕이 50개가 되려면 30개가 더 있어야 합니다.

다른 풀이

10개씩 묶음 2개는 20입니다. 50은 20보다 얼마나 더 큰 수인지 알아보기 위해 10개씩 묶음의 수를 비교하면 5가 2보다 3만큼 더 큰 수이므로 50은 20보다 30만큼 더 큰 수입니다.
따라서 사탕이 50개가 되려면 사탕이 30개 더 있어야 합니다.

해결 전략

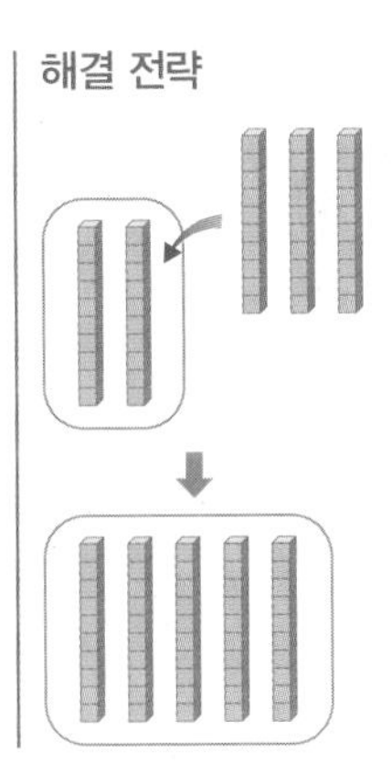

12 접근 » 10개씩 묶음의 수가 같으므로 낱개의 수를 비교해 봅니다.

10개씩 묶음의 수가 3으로 같으므로 낱개의 수를 비교하면 □는 2보다 작습니다.

0부터 9까지의 수 중에서 2보다 작은 수는 0, 1이므로 □ 안에 들어갈 수 있는 수는 0, 1입니다.

보충 개념

10개씩 묶음의 수가 같은 경우 낱개의 수가 작을수록 작은 수예요.

13 접근 » 종혁이가 가지고 있는 구슬을 10개씩 묶음의 수와 낱개의 수로 나타내 봅니다.

낱개 15개는 10개씩 묶음 1개와 낱개 5개와 같습니다.

따라서 종혁이가 가지고 있는 구슬은 10개씩 묶음 $3+1=4$(개)와 낱개 5개로 40과 5이므로 모두 45개입니다.

해결 전략

10개씩 묶음	낱개
3	0
1	5
⬇	
4	5

⬇

40과 5 ➡ 45

14 접근 » 가지고 있는 연필의 수를 모두 수로 나타내 봅니다.

연필을 미선이는 32자루, 수호는 25자루, 유정이는 30자루 가지고 있습니다.

32, 25, 30의 10개씩 묶음의 수를 비교하면 32와 30이 25보다 큽니다.

보충 개념

10개씩 묶음의 수가 낱개의 수보다 더 큰 수를 나타내므로 10개씩 묶음의 수를 먼저 비교해요.

32와 30의 낱개의 수를 비교하면 2가 0보다 크므로 32가 30보다 큽니다.
따라서 연필을 가장 많이 가지고 있는 사람은 미선입니다.

15 접근 » 지훈, 혜진, 민경이가 가지고 있는 딱지의 수를 구해 봅니다.

혜진이가 가지고 있는 딱지는 10장씩 4묶음과 낱장 3장으로 40과 3이므로 43장이고,
민경이가 가지고 있는 딱지는 46장입니다.
45, 43, 46의 10개씩 묶음의 수가 같으므로 낱개의 수를 비교하면 6이 가장 크므로
46장을 가진 민경이가 딱지를 가장 많이 가지고 있습니다.

16 접근 » 만들 수 있는 가장 큰 몇십몇을 만들어 봅니다.

수 카드의 수를 큰 수부터 차례로 쓰면 4, 2, 1, 0입니다.
가장 큰 몇십몇을 만들려면 10개씩 묶음의 수를 가장 큰 수로 놓습니다.
10개씩 묶음의 수를 4로 할 때 남는 수는 2, 1, 0이고, 이 중 가장 큰 수를 낱개의 수로 하면 가장 큰 몇십몇을 만들 수 있습니다. → 42
둘째로 큰 수는 10개씩 묶음의 수가 4이고, 낱개의 수는 2, 1, 0 중 둘째로 큰 수인 1이 됩니다. → 41
따라서 셋째로 큰 수는 10개씩 묶음의 수가 4이고, 낱개의 수는 2, 1, 0 중 셋째로 큰 수인 0이 됩니다. → 40

보충 개념

같은 수라도 10개씩 묶음의 수로 사용되는 것이 낱개의 수로 사용되는 것보다 큰 수를 나타내요.
예 2와 3으로 몇십몇을 만들 때 2가 10개씩 묶음의 수가 되면 20을, 3이 10개씩 묶음의 수가 되면 30을 나타내요.

17 접근 » ㉠과 ㉡에 들어갈 수를 구합니다.

14와 ㉠ 사이의 수가 4개이므로 15부터 4개의 수를 순서대로 쓰면 15, 16, 17, 18이므로 ㉠은 19입니다.
㉡과 30 사이의 수가 6개이므로 29부터 6개의 수를 거꾸로 쓰면 29, 28, 27, 26, 25, 24이므로 ㉡은 23입니다.
따라서 19보다 크고 23보다 작은 수는 20, 21, 22입니다.

해결 전략

14 15 16 17 18 19 → ㉠

23 24 25 26 27 28 29 30 → ㉡

19 20 21 22 23

19보다 크고 23보다 작은 수

18 접근 » □ 안에 들어갈 수 있는 수를 생각한 다음 조건에 맞는지 확인해 봅니다.

□8에서 10개씩 묶음의 수는 4보다 작아야 하므로 □ 안에 들어갈 수 있는 수는 1, 2, 3입니다.
□가 1일 때, 18보다 크고 41보다 작은 수는 22개이므로 조건에 맞지 않습니다.
(19부터 40까지의 수)
□가 2일 때, 28보다 크고 42보다 작은 수는 13개이므로 조건에 맞지 않습니다.
(29부터 41까지의 수)
□가 3일 때, 38보다 크고 43보다 작은 수는 4개이므로 조건에 맞습니다.
따라서 □ 안에 공통으로 들어갈 수 있는 수는 3입니다.

해결 전략

□가 4인 경우 48이 44보다 크므로 조건에 맞지 않아요.

39부터 42까지의 수이므로 39, 40, 41, 42로 4개예요.

다른 풀이

□8이 4□보다 작으려면 □ 안에 들어갈 수 있는 수는 1, 2, 3입니다. 조건을 만족하는 어떤 수가 4개이어야 하므로 10개씩 묶음의 수가 1, 2가 될 수는 없습니다. 따라서 □는 3입니다.

서술형 **19** **접근 ≫ 10개씩 묶음이 3개인 몇십몇을 찾아봅니다.**

예 10개씩 묶음이 3개인 몇십몇은 3□로 나타낼 수 있습니다.
이 중에서 가장 큰 수는 낱개가 9개인 39입니다.

채점 기준	배점
10개씩 묶음이 3개인 수를 찾았나요?	2점
10개씩 묶음이 3개인 수 중에서 가장 큰 수를 찾았나요?	3점

해결 전략

10개씩 묶음의 수가 정해진 몇십몇에서 가장 큰 수는 낱개가 9개인 수예요.

서술형 **20** **접근 ≫ 남은 도넛을 10개씩 묶음의 수와 낱개의 수로 나타내 봅니다.**

예 학생들에게 나누어 주고 남은 도넛은 10개씩 $3-2=1$(상자)와 낱개 2개입니다.
10개씩 1상자와 낱개 2개는 10과 2이므로 남은 도넛은 12개입니다.

채점 기준	배점
남은 도넛은 10개씩 몇 상자와 낱개 몇 개인지 구했나요?	3점
남은 도넛은 몇 개인지 구했나요?	2점

지도 가이드

10개씩 3상자와 낱개 2개를 32로, 2상자를 20으로 고쳐서 계산하지 않도록 해 주세요.
$32-20$은 2학년에서 배우는 과정이므로 1학년에 적합한 풀이 방법이 아닙니다.

수능형 사고력을 기르는 1학기 TEST − 1회

01 ③　**02** (2)(1)(3)　**03** 2, 4, 0　**04** (　)(○)(　)(　)
05 ②, ④　**06** ㉡　**07** 예 $5+4=9$
08 (위에서부터) 26, 3, 3　**09** $6-4=2$, $6-2=4$
10 6가지　**11** 넷째　**12** 49　**13** 5개　**14** 7　**15** ㉡, ㉢, ㉣
16 5　**17** 40장　**18** 1개　**19** 3　**20** 39

1 2단원 접근 ≫ 주어진 물건의 모양을 알아봅니다.

상자, 리모컨, 서랍장은 ▢ 모양입니다. 두루마리 휴지, 탬버린은 ▢ 모양입니다. 구슬은 ○ 모양입니다.

해결 전략
▢ 모양: 평평한 부분과 뾰족한 부분이 있어요.
▢ 모양: 평평한 부분과 둥근 부분이 있어요.
○ 모양: 둥근 부분만 있어요.

2 4단원 접근 ≫ 그릇의 모양과 크기를 먼저 살펴봅니다.

모양과 크기가 같은 그릇에 물이 담겨 있으므로 물의 높이를 비교합니다.
가운데 그릇에 담긴 물의 높이가 가장 높으므로 물이 가장 많이 담겨 있습니다.
오른쪽 그릇에 담긴 물의 높이가 가장 낮으므로 물이 가장 적게 담겨 있습니다.

보충 개념
그릇에 들어 있는 물의 양을 비교하려면 우선 그릇의 모양과 크기가 같은지 확인해 보아야 합니다. 그릇의 모양과 크기가 같으면 물의 높이가 높을수록 물이 더 많이 들어 있고, 그릇의 크기가 다르고 물의 높이가 같으면 크기가 큰 그릇일수록 물이 더 많이 들어 있습니다.

3 1단원 접근 ≫ 주어진 수를 작은 수부터 차례로 써 봅니다.

주어진 수를 작은 수부터 차례로 쓰면 0, 2, 4, 8, 9입니다.
따라서 5보다 작은 수는 0, 2, 4입니다.

보충 개념
0부터 9까지의 수를 순서대로 써 보고, 5가 어떤 위치에 있는지 알아봅니다.
0 1 2 3 4 ⑤ 6 7 8 9
5보다 작습니다. 5보다 큽니다.

주의
사물의 양을 비교할 때에는 '많다, 적다'로 말하지만 수를 비교할 때는 '크다, 작다'로 말해요.

4 4단원 접근 ≫ 물건의 길이를 비교할 때에는 한쪽 끝을 맞추어 비교합니다.

왼쪽 끝이 맞추어져 있으므로 오른쪽으로 가장 많이 나온 자가 가장 깁니다.

보충 개념
두 가지 물건의 길이를 비교할 때에는 '더 길다, 더 짧다'로 표현하고, 세 가지 물건의 길이를 비교할 때에는 '가장 길다, 가장 짧다'로 표현해요.

5 1단원 접근 ≫ 어떤 수보다 1만큼 더 큰 수는 그 수보다 하나 더 많은 수입니다.

6만큼 ●를 그린 다음 ●를 1개 더 그려 봅니다. ➡ ●●●●●●● (6)
따라서 6보다 1만큼 더 큰 수는 7입니다. 7은 칠 또는 일곱이라고 읽습니다.
① 오른손 손가락의 수: 5 ② 8보다 1만큼 더 작은 수: 7 ③ 여덟: 8
④ 7 ⑤ 5 바로 앞의 수: 4

지도 가이드
1만큼 더 큰 수와 1만큼 더 작은 수를 찾을 때에는 동일한 대상을 하나 첨가하거나 제거하는 활동 또는 수의 순서를 이용하여 지도해 주세요.

6
3단원

접근 ≫ 덧셈과 뺄셈을 먼저 계산하고 계산 결과를 비교합니다.

㉠ $2+3=5$ ㉡ $4+3=7$ ㉢ $7-5=2$ ㉣ $6-0=6$

5, 7, 2, 6 중에서 가장 큰 수는 7이므로 계산한 값이 가장 큰 것은 ㉡입니다.

> 해결 전략
> 어떤 수에서 0을 빼면 그 값은 변하지 않아요.
> (어떤 수)$-0=$(어떤 수)

7
2단원+3단원

접근 ≫ 모양과 모양을 먼저 찾아봅니다.

모양은 5개, 모양은 4개입니다.

따라서 모양과 모양이 모두 몇 개인지 식으로 나타내면 $5+4=9$입니다.

> 해결 전략
> '더 많이', '모두' 등은 덧셈식으로 나타내고 계산해요.
> (모양의 수)
> $+$(모양의 수)
> $=$(모양과 모양의 수의 합)

8
5단원

접근 ≫ 10개씩 묶음과 낱개가 각각 몇 개인지 알아본 다음 수를 구합니다.

10개씩 묶음 2개와 낱개 6개는 20과 6이므로 26입니다.
43은 40과 3이므로 10개씩 묶음 4개와 낱개 3개입니다.
35는 30과 5이므로 10개씩 묶음 3개와 낱개 5개입니다.

> 보충 개념

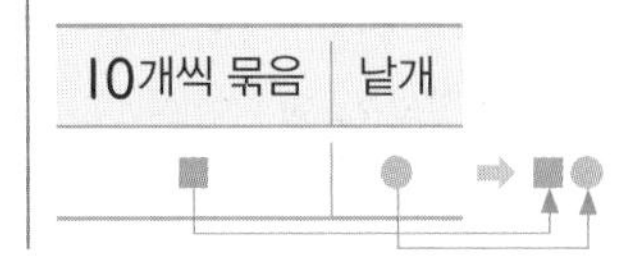

9
3단원

접근 ≫ 뺄셈식이므로 처음 수는 가장 큰 수이어야 합니다.

가장 큰 수에서 나머지 수를 하나씩 빼서 뺄셈식을 만들어 봅니다.
가장 큰 수는 6이므로 6에서 나머지 두 수를 차례로 뺍니다.
따라서 $6-4=2$, $6-2=4$를 만들 수 있습니다.

> 해결 전략
> 덧셈식을 통해 뺄셈식을 만들 수 있어요.
> $4+2=6$ → $6-4=2$, $6-2=4$

10
3단원

접근 ≫ 13을 두 수로 가르기해 봅니다.

13을 두 수로 가르기하는 경우는 (12, 1), (11, 2), (10, 3), (9, 4), (8, 5), (7, 6), (6, 7), (5, 8), (4, 9), (3, 10), (2, 11), (1, 12)입니다. 이 중에서 왼쪽 우리에 토끼를 더 많이 넣는 방법은 (12, 1), (11, 2), (10, 3), (9, 4), (8, 5), (7, 6)으로 모두 6가지입니다.

> 해결 전략
> 수를 가르기할 때 한쪽의 수를 1씩 커지게 하고, 다른 쪽의 수를 1씩 작아지게 하면 빠짐없이 가르기할 수 있어요.

11
1단원+4단원

접근 ≫ 넓이를 비교할 때에는 한 물건을 다른 물건에 포개어 겹쳐 본 후에 비교합니다.

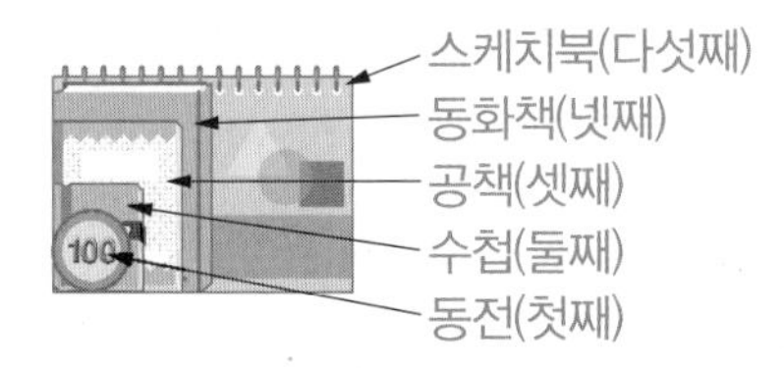

넓은 것부터 바닥에 차례로 쌓으므로 좁을수록 위에 쌓이게 됩니다. 좁은 것부터 차례로 쓰면 동전, 수첩, 공책, 동화책, 스케치북입니다.

동전 → 수첩 → 공책 → 동화책 → 스케치북
(위에서) (첫째) (둘째) (셋째) (넷째) (다섯째)
따라서 동화책은 위에서 넷째입니다.

해결 전략
순서를 정할 때에는 첫째가 되는 기준이 어디인지 알아야 해요. 위에서 몇째인지 물었으므로 동전이 첫째가 돼요.

지도 가이드
넓이를 먼저 비교한 다음 위에서부터 차례로 순서를 알아보도록 지도해 주세요.

12
2단원+5단원
접근 » 먼저 동규가 설명하는 모양을 찾아봅니다.

뾰족한 부분이 있고 잘 쌓을 수 있는 모양은 ▢ 모양입니다.
▢ 모양의 블록에 적힌 수는 19, 20, 49, 33이고, 이 중에서 가장 큰 수는 49입니다.

해결 전략
잘 쌓을 수 있기 위해서는 평평한 부분이 있어야 해요.

13
1단원
접근 » 진호가 가진 귤의 수는 정우가 가진 귤의 수보다 3만큼 더 큰 수입니다.

진호가 가진 귤과 정우가 가진 귤을 하나씩 짝지었을 때 진호가 가진 귤이 3개 남아야 합니다. 이 중에서 귤이 7개가 되는 경우는 진호 5개, 정우 2개인 경우입니다.
진호가 가진 귤: ○ ○ ○ ○ ○
정우가 가진 귤: ○ ○

14
1단원+3단원
접근 » 가와 나에 알맞은 수를 구해 봅니다.

5보다 작습니다.
0 1 ② 3 4 ⑤ 6 7 8 9
2보다 큽니다.

가는 5보다 작으므로 0, 1, 2, 3, 4입니다.
나는 2보다 크므로 3, 4, 5, 6, 7, 8, 9입니다.
가와 나에 공통으로 들어가는 수는 3과 4이고 3과 4를 더하면 $3+4=7$입니다.

해결 전략
가와 나에 공통으로 들어가는 수는 2보다 크고 5보다 작은 수이므로 3과 4예요.

지도 가이드
어떤 수보다 크거나 작은 수를 찾을 때 학생이 어려워한다면 수를 순서대로 쓴 다음 앞에 있을수록 작은 수이고, 뒤에 있을수록 큰 수임을 알려주세요.

15
2단원
접근 » 반복되는 모양을 찾아봅니다.

첫째 줄은 ◯, ▢ 모양이 반복되는 규칙이므로 ㉠에는 ◯ 모양, ㉡에는 ▢ 모양이 들어갑니다.

둘째 줄은 □, □, □ 모양이 반복되는 규칙이므로 ㉢에는 □ 모양이 들어갑니다.

셋째 줄은 □, □, ○ 모양이 반복되는 규칙이므로 ㉣에는 □ 모양, ㉤에는 □ 모양이 들어갑니다.

따라서 □ 모양이 들어가는 곳은 ㉡, ㉢, ㉣입니다.

해결 전략

16

3단원

접근 ≫ ■에 2를 넣어 ●, ★, ♥의 순서로 알맞은 수를 구해 봅니다.

■가 2이므로 ■+■=2+2=●, ●=4입니다.

●가 4이므로 ●+■=4+2=★, ★=6입니다.

★이 6이므로 ★−1=6−1=♥, ♥=5입니다.

17

4단원+5단원

접근 ≫ 빨간색 종이 4장은 파란색 종이 몇 장으로 덮을 수 있는지 알아봅니다.

빨간색 종이 1장은 파란색 종이 10장으로 덮을 수 있으므로 빨간색 종이 4장은 파란색 종이 10장씩 4묶음으로 덮을 수 있습니다.

10장씩 4묶음은 40장이므로 파란색 종이는 적어도 40장이 있어야 합니다.

해결 전략

빨간색 종이	파란색 종이
1장	10장씩 1묶음
2장	10장씩 2묶음
3장	10장씩 3묶음
4장	10장씩 4묶음

18

3단원

접근 ≫ 동현이에게 남은 사탕 수를 먼저 구하고, 동현이가 먹은 사탕 수를 구합니다.

문제 분석

윤지는 사탕을 7개 가지고 있고, 동현이는 사탕을 5개 가지고 있습니다. 윤지가 사탕을 3개 먹고, 동현이가 사탕을 몇 개 먹었더니 두 사람에게 남은 사탕은 모두 8개가 되었습니다. 동현이가 먹은 사탕은 몇 개일까요?

❶ 윤지가 먹고 남은 사탕 수를 구하고 ❸ 동현이가 먹은 사탕 수를 구해요. ❷ 동현이가 먹고 남은 사탕 수를 구한 다음

❶ 윤지가 먹고 남은 사탕 수를 구합니다.

(윤지에게 남은 사탕 수)=(윤지가 처음에 가지고 있던 사탕 수)−(윤지가 먹은 사탕 수)

=7−3=4(개)

❷ 두 사람에게 남은 사탕 수를 이용하여 동현이가 먹고 남은 사탕 수를 구합니다.

(동현이에게 남은 사탕 수)=(전체 남은 사탕 수)−(윤지에게 남은 사탕 수)

=8−4=4(개)

해결 전략

(전체 남은 사탕 수)
=(윤지에게 남은 사탕 수)+
(동현이에게 남은 사탕 수)

❸ 동현이가 먹은 사탕 수를 구합니다.

(동현이가 먹은 사탕 수)=(동현이가 처음에 가지고 있던 사탕 수)
−(동현이에게 남은 사탕 수)

=5−4=1(개)

19 5단원
접근 ≫ ㉠과 ㉡에 알맞은 수를 구합니다.

18과 ㉠ 사이의 수가 6개이므로 19부터 6개의 수를 순서대로 쓰면 19, 20, 21, 22, 23, 24이고 ㉠은 24 바로 뒤의 수인 25가 됩니다.
㉡과 37 사이의 수가 8개이므로 36부터 8개의 수를 거꾸로 쓰면 36, 35, 34, 33, 32, 31, 30, 29이고 ㉡은 29 바로 앞의 수인 28이 됩니다.
따라서 28은 25보다 3만큼 더 큰 수입니다.

해결 전략
18과 ㉠ 사이의 수는 19부터 (㉠−1)까지예요.
㉡과 37 사이의 수는 (㉡+1)부터 36까지예요.

20 3단원+5단원
접근 ≫ 1부터 9까지의 수 중에서 주어진 조건에 알맞은 수를 찾아봅니다.

●가 1일 때, ■는 1+1+1=3이므로 ●■는 13입니다.
●가 2일 때, ■는 2+2+2=6이므로 ●■는 26입니다.
●가 3일 때, ■는 3+3+3=9이므로 ●■는 39입니다.
●가 3보다 큰 경우는 ■가 십몇 또는 몇십몇이 되므로 몇십몇인 ●■를 만들 수 없습니다.
따라서 ●■가 될 수 있는 수는 13, 26, 39이고, 이 중에서 가장 큰 수는 39입니다.

보충 개념
●가 0인 경우는 ●■가 몇십몇이 되지 않으므로 생각하지 않아요.

수능형 사고력을 기르는 1학기 TEST – 2회

01 ㉣	**02** 3개	**03** ㉠, ㉡, ㉥	**04** ④	**05** 은경, 지민, 동수
06 3개	**07** ㉠	**08** 5648	**09** (그림)	**10** 7명
11 (위에서부터) 7, 4, 5		**12** 15번	**13** 가, 다, 나	**14** 지민, 2장
15 순희, 동현, 지현, 철수		**16** 26, 36	**17** 43	**18** 4, 8
19 34	**20** ㉠, ㉦, ㉧			

1 1단원
접근 ≫ 각각의 나타내는 수를 알아봅니다.

㉠ 하나 둘 셋 넷 다섯 여섯 ➡ 6
㉡ 여섯 ➡ 6 ㉢ 7보다 1만큼 더 작은 수 ➡ 6
㉣ 팔 ➡ 8
따라서 나타내는 수가 다른 것은 ㉣입니다.

보충 개념
1 – 일, 하나 2 – 이, 둘
3 – 삼, 셋 4 – 사, 넷
5 – 오, 다섯 6 – 육, 여섯
7 – 칠, 일곱 8 – 팔, 여덟
9 – 구, 아홉

2 3단원
접근 ≫ 오른손의 구슬 수를 보고 왼손에 쥐고 있는 구슬 수를 구합니다.

오른손에 구슬이 4개 있으므로 7을 4와 몇으로 가르기해 봅니다.
7은 4와 3으로 가르기할 수 있습니다. 따라서 왼손에 쥐고 있는 구슬은 3개입니다.

보충 개념
7을 두 수로 가르기
(1, 6), (2, 5), (3, 4), (4, 3), (5, 2), (6, 1)

3
2단원

접근 » 일부분의 모양을 보고 전체 모양을 생각해 봅니다.

일부분만 보이는 모양에서 평평한 부분과 둥근 부분을 볼 수 있으므로 (원기둥) 모양입니다.

㉠, ㉡, ㉥은 (원기둥) 모양, ㉢, ㉣은 (상자) 모양, ㉤은 (공) 모양입니다.

따라서 (원기둥) 모양의 물건은 ㉠, ㉡, ㉥입니다.

보충 개념

평평한 부분
둥근 부분

4
3단원

접근 » 왼쪽의 두 수와 =의 오른쪽 수와의 관계를 생각해 봅니다.

계산 결과가 왼쪽의 두 수보다 커지면 더한 것이고, 가장 왼쪽 수보다 작아지면 뺀 것입니다.

① $5+2=7$ ② $3+2=5$ ③ $7+1=8$ ④ $6-4=2$ ⑤ $5+4=9$

따라서 +와 − 중 다른 것이 들어가는 것은 ④입니다.

다른 풀이

□ 안에 + 또는 −를 넣어 식이 맞는지 확인해 봅니다.

① 5[+]2=7(○), 5[−]2=7(×) ② 3[+]2=5(○), 3[−]2=5(×)

③ 7[+]1=8(○), 7[−]1=8(×) ④ 6[+]4=2(×), 6[−]4=2(○)

⑤ 5[+]4=9(○), 5[−]4=9(×)

5
4단원

접근 » 동수, 지민, 은경이의 몸무게를 비교합니다.

동수는 지민이보다 더 가벼우므로 지민이는 동수보다 더 무겁습니다.

은경이는 지민이보다 더 무거우므로 가장 무거운 사람은 은경이고, 가장 가벼운 사람은 동수입니다.

따라서 무거운 순서대로 이름을 쓰면 은경, 지민, 동수입니다.

해결 전략

가벼움 ← → 무거움

동수 지민

지민 은경

보충 개념

10은 10개씩 1묶음
20은 10개씩 2묶음
30은 10개씩 3묶음
40은 10개씩 4묶음
50은 10개씩 5묶음

6
5단원

접근 » 주어진 블록을 왼쪽의 블록의 수만큼 묶어 봅니다.

왼쪽의 모양은 블록 10개로 만든 모양입니다. 주어진 블록을 10개씩 묶어 보면 10개씩 3묶음이므로 왼쪽의 모양을 3개까지 만들 수 있습니다.

지도 가이드

■0은 10개씩 ■묶음이라는 것을 알고 있는지 확인해 주세요.

보충 개념

(상자) 모양: 평평한 부분과 뾰족한 부분이 있어요. 잘 굴러가지 않아요.

(원기둥) 모양: 평평한 부분과 둥근 부분이 있어요. 세우면 쌓을 수 있고 눕히면 잘 굴러가요.

(공) 모양: 모든 부분이 둥글어 어느 방향으로도 잘 굴러가고, 쌓을 수 없어요.

7
2단원+4단원

접근 » 주어진 조건에 알맞은 모양을 먼저 알아봅니다.

잘 굴러가고 평평한 부분과 뾰족한 부분이 없는 것은 (공) 모양입니다.

(공) 모양은 ㉠ 수박, ㉢ 풍선, ㉤ 야구공이고, 이 중에서 가장 무거운 것은 ㉠ 수박입니다.

8
1단원
접근 ≫ ㉠으로 ㉡, ㉢을 구하고, ㉡으로 ㉣을 구해 봅니다.

㉠은 5이고, ㉡은 5보다 1만큼 더 큰 수인 6, ㉢은 5보다 1만큼 더 작은 수인 4입니다.
㉣은 6보다 2만큼 더 큰 수인 8입니다.
따라서 민주네 집 전화번호 뒷자리 수는 5648입니다.

보충 개념
6보다 1만큼 더 큰 수는 7이고, 7보다 1만큼 더 큰 수는 8이므로 6보다 2만큼 더 큰 수는 8이에요.

9
2단원
접근 ≫ 주어진 모양을 만드는 데 사용한 ▢, ▢, ◯ 모양을 각각 세어 봅니다.

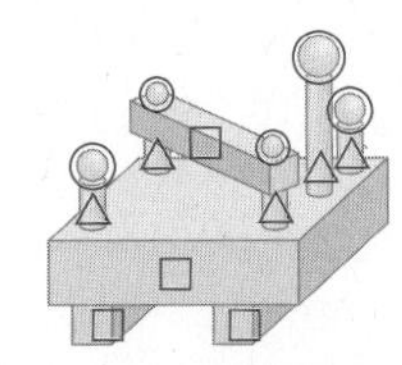

▢ 모양은 4개, ▢ 모양은 5개, ◯ 모양은 5개이므로 사용한 개수가 다른 모양은 ▢ 모양입니다.

지도 가이드
모양의 수를 셀 때 빠트리지 않도록 ×나 ○표시를 하면서 세어 보도록 지도해 주세요.

10
1단원
접근 ≫ 그림을 그려서 해결해 봅니다.

수진이는 앞에서 셋째이므로 수진이 앞에 2명이 있고, 뒤에서 다섯째이므로 수진이 뒤에 4명이 있습니다.
따라서 달리기를 하고 있는 어린이는 모두 7명입니다.

(앞) ○○●○○○○ (뒤)
↑
수진

해결 전략

(앞)	첫째	둘째	셋째	넷째	다섯째	여섯째	일곱째	
	○	○	●	○	○	○	○	
	일곱째	여섯째	다섯째	넷째	셋째	둘째	첫째	(뒤)

11
3단원
접근 ≫ 먼저 2와 어떤 수를 모으기하여 6이 되는지 구해야 합니다.

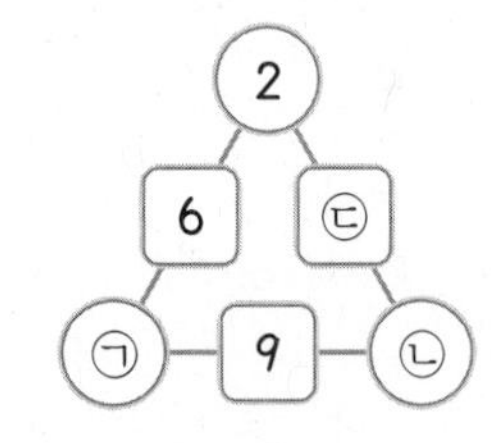

2와 ㉠을 모으기하면 6이 되므로 ㉠은 4입니다.
4와 ㉡을 모으기하면 9가 되므로 ㉡은 5입니다.
2와 5를 모으기하면 ㉢이므로 ㉢은 7입니다.

해결 전략
㉠, ㉡, ㉢의 순서로 구해요.

12
5단원
접근 ≫ 3이 10개씩 묶음의 수에 쓰인 경우와 낱개의 수에 쓰인 경우를 생각해 봅니다.

1부터 50까지의 수를 한 번씩 모두 썼을 때 낱개의 수에 3을 쓰는 경우는 3, 13, 23, 33, 43이고, 10개씩 묶음의 수에 3을 쓰는 경우는 30, 31, 32, 33, 34, 35, 36, 37, 38, 39입니다. 따라서 숫자 3은 모두 15번 쓰게 됩니다.

주의
숫자 3을 찾는 것이므로 33은 3을 2번 쓴 것이에요.

4단원

13 접근 ≫ 가 그릇에 들어가는 물의 양을 이용하여 나, 다 그릇에 들어가는 물의 양을 구해 봅니다.

문제 분석 세 개의 그릇 가, 나, 다가 있습니다. 크기가 같은 컵으로 물을 부어 가득 채웠을 때, 가 그릇에는 4컵이 들어가고, 가와 나 그릇에는 합해서 6컵, 가, 나, 다 그릇에는 합해서 9컵이 들어갑니다. 물이 많이 들어가는 그릇부터 차례로 써 보세요. (단, 컵에 물을 가득 채워서 붓습니다.)

❶ 나 그릇에 들어가는 물의 양을 구하고
❷ 다 그릇에 들어가는 물의 양을 구하여
❸ 가, 나, 다 그릇에 들어가는 물의 양을 비교합니다.

❶ 나 그릇에 들어가는 물의 양을 구합니다.
가 그릇에는 4컵이 들어가고, 가와 나 그릇에는 합해서 6컵이 들어가므로 나 그릇에는 $6-4=2$(컵)이 들어갑니다.
❷ 다 그릇에 들어가는 물의 양을 구합니다.
가, 나, 다 그릇에는 합해서 9컵이 들어가므로 다 그릇에는 $9-6=3$(컵)이 들어갑니다.
❸ 가, 나, 다 그릇에 들어가는 물의 양을 비교합니다.
들어가는 물의 양이 가는 4컵, 나는 2컵, 다는 3컵이므로 물이 많이 들어가는 그릇부터 차례로 쓰면 가, 다, 나입니다.

해결 전략
가=4컵, 가+나=6(컵)
⇒ 나=2컵
가+나+다=9(컵)
가+나=6(컵)
⇒ 다=3컵

1단원+3단원

14 접근 ≫ 진호가 지민이에게 딱지를 준 후에 진호와 지민이의 딱지 수를 알아봅니다.

진호는 지민이에게 딱지를 4장 주면 $8-4=4$(장)이 남고,
지민이는 진호에게 딱지를 4장 받으면 $2+4=6$(장)이 됩니다.
따라서 지민이가 진호보다 딱지를 $6-4=2$(장) 더 많이 가지게 됩니다.

해결 전략
진호는 4장을 주었으므로 처음에 가지고 있던 딱지 수에서 4장을 빼야 해요.
지민이는 4장을 받았으므로 처음에 가지고 있던 딱지 수에 4장을 더해야 해요.

지도 가이드
덧셈과 뺄셈의 상황을 이해하고 있는지 지도해 주세요.
덧셈의 상황: 처음에 있던 양이 증가하는 경우, 2개의 양을 합하는 경우
뺄셈의 상황: 처음에 있던 양이 감소하는 경우, 2개의 양을 비교하는 경우

다른 풀이
진호는 지민이에게 딱지를 4장 주면 8보다 4만큼 더 작은 수인 4장이 남고, 지민이는 진호에게 딱지를 4장 받으면 2보다 4만큼 더 큰 수인 6장이 됩니다.
6은 4보다 2만큼 더 큰 수이므로 지민이가 진호보다 딱지를 2장 더 많이 가지게 됩니다.

4단원

15 접근 ≫ 키와 키를 재고 남은 끈의 길이의 관계를 생각해 봅니다.

똑같은 길이의 끈으로 키를 재었으므로 키를 재고 남은 끈의 길이가 짧을수록 키가 더 큽니다.
남은 끈의 길이가 가장 짧은 순희가 키가 가장 크고, 남은 끈의 길이가 가장 긴 철수가 키가 가장 작습니다. 또 동현이의 남은 끈의 길이는 순희보다 길고 지현이보다 짧으므로 동현이는 키가 순희보다 작고 지현이보다 큽니다.
따라서 키가 큰 사람부터 차례로 쓰면 순희, 동현, 지현, 철수입니다.

해결 전략
남은 끈이 길다는 것은 키가 더 작다는 말이고, 남은 끈이 짧다는 것은 키가 더 크다는 말이에요.
키가 작다 ← → 키가 크다
지현 동현 순희

16 5단원

접근 ≫ 25보다 크고 42보다 작은 수 중에서 낱개가 6개인 수를 생각합니다.

10개씩 묶으면 낱개가 6개인 수는 ●6입니다.
●6이 될 수 있는 수는 16, 26, 36, 46, ...입니다.
이 중에서 25보다 크고 42보다 작은 수는 26, 36입니다.

다른 풀이

25보다 크고 42보다 작은 수는 26, 27, 28, 29, 30, ..., 41입니다.
이 중에서 낱개가 6개인 수는 26, 36입니다.

해결 전략

낱개가 6개인 몇십몇에서 25보다 크고 42보다 작은 수를 찾아도 되고, 25보다 크고 42보다 작은 수 중에서 낱개가 6개인 수를 찾아도 돼요.

17 1단원+5단원

접근 ≫ □ 안에 들어갈 수 있는 수를 구합니다.

5는 □보다 크므로 □ 안에 들어갈 수 있는 수는 0, 1, 2, 3, 4입니다.
0, 1, 2, 3, 4로 만들 수 있는 몇십몇 중에서 가장 큰 수는 43입니다.

해결 전략

5는 □보다 크므로 □는 5보다 작은 수예요. 따라서 0, 1, 2, 3, 4가 들어갈 수 있어요.

0, 1, 2, 3, 4 중 가장 큰 수인 4를 몇십의 자리에, 둘째로 큰 수인 3을 몇의 자리에 놓아요.

18 3단원+4단원

접근 ≫ 양쪽 줄에 매달린 수의 크기가 같도록 만들어 봅니다.

㉠이 매달린 막대의 오른쪽 수는 2와 2이므로 ㉠은 $2+2=4$이어야 합니다.
㉡이 매달린 막대의 왼쪽 수는 4, 2, 2이므로 ㉡은 $4+2+2=8$이어야 합니다.

해결 전략

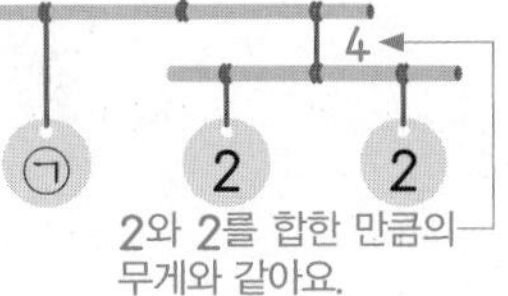

19 3단원+5단원

접근 ≫ ■와 ▲의 관계를 생각해 봅니다.

■▲가 50보다 작고, ■는 ▲보다 1만큼 더 작습니다. 50보다 작은 수 중에서 ■가 ▲보다 1만큼 더 작은 수를 찾으면 12, 23, 34, 45입니다.
이 중에서 ■와 ▲의 합이 7인 경우는 $3+4=7$이므로 ■▲는 34입니다.

주의

▲가 1일 때 ■는 0이므로 ▲는 1이 될 수 없어요.

20 2단원+3단원

접근 ≫ 두 사람의 점수가 같아지려면 수정이는 몇 점이 필요한지 생각해 봅니다.

영은이는 8점, 수정이는 6점이므로 영은이와 수정이의 점수가 같아지려면 수정이가 2점을 더 얻어야 합니다. 상자, 원기둥, 공 모양 중 평평한 부분이 2개인 모양은 원기둥 모양이므로 원기둥 모양에 해당하는 물건인 ㉠, ㉦, ㉧ 중 하나를 뽑아야 합니다.

보충 개념

상자, 원기둥, 공 모양의 평평한 부분의 수
상자 모양: 6개, 원기둥 모양: 2개, 공 모양: 0개

해결 전략

(영은이의 점수)
$=0+6+0+2=8$(점)
(수정이의 점수)
$=2+2+2=6$(점)
$8-6=2$(점)이므로 영은이가 수정이보다 2점 더 높아요.

상위권의 기준

최상위
사고력

상위권을 위한
사고력

생각하는 방법도
최상위!